Handbuch der Toxikologie.

Im Anschlusse an die zweite Auflage von

A W. M. van Hasselts Handleiding tot de vergiftleer

für Aerzte und Apotheker bearbeitet

von

Dr. med. Th. Husemann,
Privatdocent der Pharmakologie und Toxikologie an der Universität Göttingen

und

Dr. phil. A. Husemann,
Professor der Chemie und Physik an der Cantonsschule zu Chur.

Supplementband.

Berlin.

Verlag von Georg Reimer.

1867.

Supplementband

zu

Th. und A. Husemann's

Handbuch der Toxikologie.

Bearbeitet von

Dr. med. Th. Husemann,

Privatdocent der Pharmakologie und Toxikologie an der Universität Göttingen.

Berlin.

Verlag von Georg Reimer.

1867.

Vorwort.

Die bedeutenden Erweiterungen, welche in den letzten fünf Jahren das Gebiet der Toxikologie durch die verschiedenartigsten Arbeiten nach allen Richtungen hin erfahren hat, machten die Ausarbeitung eines Supplementbandes zu dem von mir in Verbindung mit Professor A. Husemann herausgegebenen Handbuche der Toxikologie nothwendig. Die Ausführung desselben geschah nach dem dem Handbuche zu Grunde liegenden Plane. Es war vor Allem meine Absicht dahin gerichtet, ohne überflüssige Casuistik eine geordnete kritische Darstellung der toxikologischen Leistungen der Jahre 1862—1866 in der Weise zu geben, dass dadurch dem praktischen Bedürfnisse der Aerzte und Apotheker sowohl als auch derjenigen, welche sich mit selbstständigen auf Gifte bezüglichen Arbeiten beschäftigen, Genüge geleistet wird. Im Interesse der Letzteren habe ich in dem vorliegenden Supplemente überall genau den Ort angegeben, an welchem sich die einzelnen von mir benutzten Journalartikel citirter Autoren finden, wozu mich besonders zahlreiche Anfragen über die Quelle verschiedener Angaben im Handbuche, in welchem der Raumersparniss wegen ein vollständiges Literaturverzeichniss nicht gegeben ist, veranlassten. An wenigen Stellen bin ich auch, um Lücken im Handbuche auszufüllen, auf Arbeiten vor dem Jahre 1862 zurückgegangen. Sehr erfreulich war es mir in verschiedenen Abschnitten die Resultate eigener, noch nicht publicirter grösserer toxikologischer Arbeiten niederlegen zu können, hinsichtlich welcher ich auf die Capitel Euphorbiaceae, Strychnin, Pfeilgifte, Phosphor hier hinzuweisen mir erlaube.

Die fremden Arbeiten habe ich, wo es mir möglich war, im Originale benutzt, wozu mich das seit 1863 von mir übernommene Referat über Pharmakologie und Toxikologie in Canstatt's Jahresbericht gewissermassen zwang.

Wegen Verhinderung meines früheren Mitarbeiters durch anderweitige Beschäftigungen fiel mir für diesen Supplementband auch die Bearbeitung des chemischen Theiles zu, durch deren Uebernahme bei den verhältnissmässig nur geringen Fortschritten in diesem Zweige der Toxikologie mir keine besonderen Schwierigkeiten erwuchsen.

Durch die Hinzufügung eines Gesammtregisters über Handbuch und Supplement an Stelle eines gesonderten Inhaltsverzeichnisses des letzteren glaube ich der bequemeren Benutzung des Werkes Vorschub geleistet zu haben.

Göttingen, den 30. November 1866.

Dr. Th. Husemann.

Allgemeine Toxikologie.

I. Begriffsbestimmung (S. 1).

[Zusatz zu §. 5. S. 6.]

Der neueste Versuch einer Definition des Begriffes Gift, welchen Pietro Ziliotto (Giorn. veneto d. sc. mediche. Ser. 2. T. XXIV. Febbr. e marzo 1864.) dahin gemacht hat, dass er die Gifte als sostanze potenzialmente mortifere definirt wissen will, kann als dem Ziele einer guten Begriffsbestimmung nahekommend nicht angesehen werden, da dadurch die auf mechanische Weise tödtlich wirkenden Schädlichkeiten nicht gehörig ausgeschlossen werden.

Ziliotto stellt zur Begründung seiner Definition neun zum Theil völlig richtige zum Theil aber auch recht sonderbare Grundsätze für eine medico-legale Bestimmung des Giftbegriffs auf: 1) Die Heimlichkeit der Beibringung, obschon nothwendige Grundbedingung des criminellen Giftmords, darf in eine medico-legale Definition nicht aufgenommen werden. Es harmonirt dies ganz mit unseren Ansichten, nur ist der Zwischensatz schlecht formulirt, indem danach das gewaltthätige Einschütten von Schwefelsäure z. B. nicht als Giftmord anzusehen sein würde. 2) Das Gift, wo es auch applicirt sein mag, wirkt stets auf die Lebenscentra. Hiergegen ist zu erinnern, dass man Gifte kennt, welche ihre directe Wirkung auf die peripherischen Nerven ausüben und indirect Tod, Erstickungstod durch Lähmung der Respirationsmuskeln, bewirken z. B. Urari; bei vielen Vergiftungen kommt es gar nicht zu einer Beinträchtigung der vitalen Centra, sondern des Magens und Darmcanals, oft nur der Epithelien u. s. w. 3) und 4) beziehen sich auf Dosis des Giftes und Dauer der Vergiftung, welche Ziliotto mit Recht als irrelevant für die Definition bezeichnet. 5) Es leuchtet ein, dass eine Potenz weniger wirkt, als ihre Kräfte gestatten, niemals aber kann sie mehr wirken, oder specieller ausgedrückt, dass eine Potenz, die das Leben vernichten kann, nur Schädigung der Gesundheit bewirkt, nicht aber dass eine bloss gesundheitsschädliche Substanz das Leben vernichtet. Dieser medicinisch-philosophische Jargon soll so viel heissen wie: die tödtliche Wirkung des Giftes setzt als niedrigere Stufe die Schädigung der Gesundheit voraus, folglich braucht nur erstere, nicht aber letztere in die Definition aufgenommen zu werden, die Aufnahme der letzteren allein genügt aber nicht. Wir können darin, dass man die Gifte statt unter die Noxen unter die Todesursachen subsumirt, keinen besonderen Fortschritt sehen. 6) Das Gift wird niemals Arzneimittel virtute propria, sondern durch äussere Umstände, indem die Heilkunde seine Wirkung corrigirt oder die Krankheit sie modificirt. 7) Die Wirkungsweise des Giftes, wenn auch wissenschaftlich festgestellt, gehört nicht in die Definition. Dass man ohne diese gar nicht im Stande ist, das siedende Blei oder gar die Spitzkugel aus dem Gebiete der Giftlehre zu exterminiren, welche auch sostanze potentialmente mortifere sind, liegt auf der Hand. 8) Das Gesetz fordert vom Gift, dass es Gift sei, wenn es in den Körper gelangt, nicht dass es solches erst im Körper werde. Hier haben wir zu erinnern: Wenn das Gesetz wirklich diese Forderung stellt, so ist eine offenbare Lücke in der Gesetzgebung vorhanden: es würde danach Jemand, der eine Blausäurevergiftung dadurch herbeiführt, dass er Emulsin und Amygdalin hinter einander verabreicht, nicht als Vergifter zu bezeichnen sein, denn keine der verabreichten Substanzen ist giftig. Kohlensaurer Baryt ist als unlösliche Substanz vom Unterhautzellgewebe aus ungiftig, er wird im Magen Gift, indem er sich in ein lösliches Barytsalz umwandelt und derartige Substanzen gibt es in Menge. Wenn endlich 9) Ziliotto fordert, es müsse die Definition von Gift sich streng anschliessen an jede Art Vergiftung, vollendete und versuchte, strafbare und zufällige, so müssen wir dagegen insonderheit hervorheben, dass es nicht Aufgabe des Arztes ist, den Begriff des Giftes nach den juristischen Unterabtheilungen der Vergiftung zu moduliren und dass es dem Toxikologen darauf ankommt, die als Gifte vom medicinischen Standpunkte aus zu bezeichnenden Stoffe durch eine bestimmte Begrenzung zu einem harmonischen Ganzen zu vereinigen, wie das mit der von uns gegebenen Definition (Handbuch der Toxikologie S. 2) recht wohl möglich ist. Es würde sicher vielem unnöthigen Wortgeplänkel ein Ende gemacht sein, wenn man in Criminalgesetzbüchern den Ausdruck „Gift" überall striche und durch „zur Zerstörung der Gesundheit und Vernichtung des Lebens geeignete Stoffe" ersetzte, worunter die mechanisch wirkenden Schädlichkeiten, z. B. siedendes Blei, ferner trichinöse Wurst u. s. w. mit den eigentlichen Giften verstanden werden können, deren Darreichung unseres Erachtens criminell gleich strafbar sein muss wie die von Canthariden u. a. Höchst ungerechtfertigt aber ist es, wenn ein sogenannter Koryphäe der gerichtlichen Medicin, der bekannte Tardieu (Annales d'hygiène. Octbr. 1864.) die Toxikologie als Wissenschaft opfern will, weil die Gifte undefinirbar seien!

II. Beziehungen der allgemeinen Eigenschaften der Gifte zu ihrer Wirkungsweise (S. 14).

[Zusatz zu §. 16. S. 21.]

Zu den eiweissartigen Stoffen, welche bei der Einwirkung der Gifte auf den thierischen Organismus insbesondere in Betracht kommen, gehören auch das Hämatoglobulin oder Hämatokrystallin, insgemein Hämoglobin genannt, das als hauptsächlicher Bestandtheil der rothen Blutkörperchen nicht ohne Wichtigkeit ist und in Bezug auf das Verhalten zu Gasen in neuerer Zeit vorzüglich von Hoppe-Seyler untersucht ist, sowie ferner das von O. Liebreich (Annal. d. Chemie u. Pharm. Bd. 134. pag. 129 1865) entdeckte, den

Hauptbestandtheil des Nervenmarks sowol in den Centren als in den peripherischen Nerven bildende, ausserdem reichlich in den farblosen Blutkörperchen vorhandene und in den rothen nicht fehlende Protagon, als dessen weniger reine Zustände das Cerebrin und Myelin älterer Autoren anzusehen sind. Das Hämoglobin, welches im Blute als solches und mit Sauerstoff verbunden (sog. Oxyhämoglobin) vorkommt, wird aus wässriger Lösung von Alkohol hellroth gefällt, der Niederschlag färbt sich allmälig braun und ist dann in Hämatin und einen Albuminstoff gespalten; sehr wässriger Spiritus löst Hämoglobin etwas und conservirt es bei niederer Temperatur. Alkalien und besonders rasch Säuren spalten es ohne vorhergehende Fällung; bei gewöhnlicher Temperatur nur allmälig; der entstehende Albuminstoff bleibt bei Anwendung von Essigsäure, Weinsäure, Kalilauge in Lösung, bei SO^3, NO^5 schlägt er sich nieder. Schwefelwasserstoff wirkt nur auf Oxyhämoglobin; zunächst wird der locker gebundene Sauerstoff getrennt, dann tritt eine Umwandlung des Hämoglobins in einen von Hämatin oder Methämoglobin verschiedenen Körper ein und bei weiterer Einwirkung entsteht unter Abscheidung von Schwefel und Albuminstoffen eine in dünnen Schichten olivengrüne, in dicken braunrothe Substanz, die denselben Eisen- und einen 4fach grössren Schwefelgehalt wie das Hämoglobin hat (Hoppe-Seyler, Med.-chem. Unters. Heft 1. pag. 151 1866). Kohlenoxyd treibt den Sauerstoff aus Oxyhämoglobinlösungen aus und bildet dann ebenso wie mit dem Hämoglobin Kohlenoxydhämoglobin, das sich in seinem spectroskopischen und mikroskopischen Verhalten dem Oxyhämoglobin sehr nähert. — Vom Protagon ist bekannt, dass es sich in Aether kaum löst, dagegen leicht in warmem Weingeist, sehr leicht in Fetten und ätherischen Oelen. Ludimar Hermann (Reichert's Archiv f. Anat. Heft 1. pag. 33 1866.) will die Einwirkung der Anaesthetica auf die Lösung des Protagons zurückführen, wogegen aber Hoppe-Seyler (dessen Med.-chem. Unters. Heft 1 pag. 143) nicht ohne Grund bemerkt, dass Aether und Chloroform weniger Protagon lösen, als Cholesterin, das ebenfalls reichlich in der Marksubstanz des Gehirns und aller Nerven und in den Blutkörperchen sich findet und sicher auch als ein für die Wirkungsweise der Gifte nicht unbedeutender Stoff anzusehen ist.

III. Bedingungen der Giftwirkung (S. 23).

[Zusatz zu §. 22. S. 29.]

Die Immunitäten bestimmter Thierspecies gegen bestimmte Gifte glaubt Cl. Bernard als auf Täuschungen beruhend bezeichnen zu müssen und meint, dass sie aus Beobachtungen an Thieren mit stark gefülltem Magen zu erklären seien. Dass diese Erklärung ungenügend ist, hat Ambr. Tardieu (Ann. d'hyg. 85. Octbr. 1864.) richtig dargethan. Indessen ist sie doch für einzelne Angaben in der Literatur bestimmt richtig. Aehnlich erklärt sich die Immunität der Hühner gegen Nuces vomicae, zuerst von Desportes behauptet und leicht als richtig zu constatiren, wenn man ihnen grobzerkleinerte Brechnüsse administrirt. Bekommen sie dagegen mit Strychninlösung imprägnirte Hafergrütze oder wird ihnen hypodermatisch Strychninlösung oder Upas Tienté applicirt, so sterben sie rasch an Strychninvergiftung. Die grob zerkleinerten Nuces vomicae gehen wieder mit den Excreten ab, ohne dass das Strychnin ihnen in toxisch wirkender Quantität entzogen ist. Andrerseits muss man aber für manche Immunitäten die Organisation der Thierspecies als Erklärung der Immunität oder der besondern Prädispositionen festhalten. So z. B. für die so auffallend starke Wirkung des Strychnins auf Frösche durch die hohe Reizbarkeit des Thieres, dem ja leichte Schnittwunden schon zu tetanischen Anfällen verhelfen können; an sich wirkt das Strychnin nicht stärker als auf andere Thiere auf den Frosch ein, denn er kann bei guter Pflege der Haut nach 0,025 Gran salpetersauren Strychnins wieder genesen, was für die Verwerthung antidotarischer Experimente bei mit Strychnin vergifteten Fröschen häufig übersehen ist. Ferner darf wol auf die specielle Organisation des Darmes die viel heftigere Wirkung der drastischen Stoffe bei Hunden und Carnivoren überhaupt, von denen erstere ja schon nach Magnesia usta Dysenterie bekommen können, zurückgeführt werden, welche in Bezug auf das Helleboreïn neuerdings von W. Marmé (Henle's Ztschr. f. rat. Med. XXVI. 1. pag. 79. 1865) constatirt wurde. Wie wichtig die Organisation des Thieres für die Wirkungsdifferenzen der Gifte ist, lehren am besten das Wiedergenesen der Frösche nach Curare trotz völlig aufgehobener Lungenthätigkeit, was nur auf Rechnung der bei Kaltblütern so überaus bedeutenden Hautathmung zu setzen ist, und das eigenthümliche, bisweilen über ¼ Stunde lang anhaltende Umherhüpfen derselben Thiere mit stillstehendem Herzen bei Application von Herzgiften. Für verschiedene der im Handbuche genannten Immunitäten fehlt uns jedoch noch immer ein triftiger Erklärungsgrund.

[Zusatz zu §. 27. S. 35.]

Nach den neuern Untersuchungen über die Application von wirksamen Substanzen unter die Haut vermittelst der sog. subcutanen Injection ist diese Applicationsstelle hinsichtlich der Schnelligkeit des Eintrittes der Wirkungen ganz bestimmt in der im Handbuche angegebenen Reihenfolge dem Magen und wohl auch dem Dickdarm vorauszustellen.

Besonders massgebend sind in dieser Beziehung die Versuche von A. Eulenburg (die hypodermatische Injection der Arzneimittel. 2. Aufl. Berlin, 1867. p. 48—65). Bei Menschen zeigen sich nach ⅛—¼ Gr. Morphium häufig fast momentan narkotische Erscheinungen und in wenigen Minuten Schlaf; $\frac{1}{60}$—$\frac{1}{40}$ Gr. Atropin subcutan injicirt schon nach 5—8 Min. Steigen der Pulsfrequenz und nach ¼ Std. starke Mydriasis u. s. w. Die raschere, oft sehr rapide toxische Wirkung des Atropins, Chinins, Strychnins bei Kaninchen und Fröschen vom Unterhautzellgewebe aus wird von Eulenburg sehr betont; es scheinen aber die Mehrzahl der giftigen Alkaloide rascher und in kleinerer Dose toxisch bei subcutaner Injection zu wirken, selbst das Samandarin (Zalesky) und es bedarf keiner besondern Tabelle. Deutsches Aconitin z. B. wirkt zehnmal stärker bei subcutaner Injection. Ein Körper, der ähnlich wie Curare vom Magen aus nicht oder doch nur in äusserst grossen Dosen toxisch zu wirken scheint, bei subcutaner Application aber rasch Vergiftung bedingt, ist Methylstrychnin (Stahlschmidt, Schroff). Dass andrerseits in Wasser unlösliche Substanzen, welche erst mit den im Magen vorhandenen Säuren giftige Salze bilden, vom Unterhautzellgewebe aus ungiftig sind, z. B. kohlensaurer Baryt, ist einleuchtend. Auf Eulenburg's Versuche über die Beziehungen der Applicationsstellen zur Resorption und Elimination kommen wir weiter unten zurück.

IV. Wirkung der Gifte auf den Organismus (S. 36).

[Zusatz zu §. 30. S. 40.]

Gegen die nervöse Theorie des Zustandekommens der Vergiftung und insbesondere gegen die Morgan und Addison'sche Theorie von der Betheiligung der Gefässnerven bei der Giftwirkung ist eine Arbeit von Alex. Ingr. Spence (Edinb. med. journ. Juli. pag. 44. 1866) gerichtet, welche auf folgende, leicht als richtig zu constatirende Experimente hinweist: Bei Fröschen tritt nach Ligatur des Herzens Tetanus nicht ein, wenn man Strychnin innerlich oder in die Bauchhöhle applicirt, wohl aber bei directer Application auf das Hirn. Ebenfalls bleibt der Tetanus aus, wenn man Strychninlösung in die vordere Bauchvene einspritzt, nachdem zuvor die Spitze des Herzventrikels weggeschnitten wurde, wobei die etwaige Leitung durch die Gefässnerven nicht unterbrochen ist.

Es lassen sich übrigens als ein sehr wichtiger Beweis für die Vermittlung der Giftwirkung durch die Circulation die bekannten schönen Versuche Koelliker's mit Amygdalin und Emulsin (vgl. Handbuch der Toxikologie S. 33) verwenden.

[Zusatz zu §. 31. S. 46.]

Ueber den Einfluss der Applicationsstellen auf die Resorption der Gifte und ihr Erscheinen im Blute und den Secreten sind die Angaben von Eulenburg (Die hypoderm. Injection pag. 59 und Centralblatt f. d. med. Wissensch. 1865. No. 34) von Interesse, welche sich auf die Verhältnisse der subcutanen Injection beziehen. Im Harn von Kaninchen ist bei hypodermatischer Application Blutlaugensalz in 4—5 Min., Jodkalium nach 5 resp. 9 Min., bei Einführung in den Magen erst nach 15—17, letzteres noch nicht nach 10 Min., wohl aber nach 18 Min. nachzuweisen. In den Secreten der Mundhöhle beim Menschen ist subcutan injicirtes Jodkalium in der Zeit zwischen 1 und 5 Min. nachweisbar, wobei auf die sich herausstellenden Differenzen die Wahl der Injectionsstelle influirte (Minimum bei Injection am Halse oder an der Brust, Maximum bei Einspritzung am Unterschenkel). Bei innerer Application von Jodkalium tritt dies niemals vor der 20. Min. in das Parotidensecret. Aehnliche Verhältnisse bietet Sublimat. Subcutan injicirtes Amygdalin kann im Blute von Kaninchen nach 3½—5, innerlich in derselben Menge gereichtes erst nach 14 Min. nachgewiesen werden. In Bezug auf die Allgemeinwirkung subcutan injicirter Substanzen stellt Eulenburg den Satz auf, dass dieselbe ceteris paribus nach der gewählten Localität verschiedene Dauer und Intensität darbiete, und zwar dass im Allgemeinen folgende Reihenfolge stattfindet: Wangen- und Schläfengegend; Regio epigastrica, vordere Thoraxgegend, Fossa supra- und infraclavicularis; innere Seite des Oberarms und Oberschenkels; der Nacken; äussere Seite des Oberschenkels, Vorderarm, Unterschenkel und Fuss; endlich der Rücken mit Kreuz- und Lumbalgegend, von wo aus die Wirkung sich am trägsten, oft gar nicht geltend macht. — Ueber die Differenzen der Giftresorption von Magen und Mastdarm hat Savory (Lancet, I. 19. 20. May. 1863) eine experimentelle Studie geliefert und namentlich für Strychnin und Nicotin den Mastdarm als eine gefährlichere Applicationsstelle constatirt, während sich für Cyankalium kaum Differenzen herausstellten. Dass beim Strychnin nicht der Magensaft das Hemmniss der Resorption ist, haben weitere Versuche desselben Verfassers ergeben.

[Zusatz zu §. 33. S. 47.]

Die Rolle, welche nach den neuern Untersuchungen von Hoppe-Seyler u. A. das Hämoglobin bei den Vergiftungen mit Kohlenoxyd, Schwefelwasserstoff, sowie mit Säuren und Alkalien spielt, ist bereits bei der Erörterung dieses Stoffes oben erwähnt. Wenn Formveränderungen der Blutkörperchen nicht überall als Folge der Vergiftung bezeichnet werden dürfen, wie z. B. die sternförmigen oder zackigen Corpuscula sanguinis des Kaninchens von H. Eulenberg (Die Lehre von den schädlichen und giftigen Gasen. Braunschweig 1865. pag. 435) irrthümlich als charakteristisch für Phosphorwasserstoffvergiftung gedeutet worden, da solche sich auch im Blute nicht vergifteter Kaninchen finden: so hat doch die neueste Zeit gelehrt, dass bestimmte Gifte ganz eigenthümliche morphologische Veränderungen der Blutkörperchen bedingen, wovon das eclatanteste Beispiel die von Erb nachgewiesene Körnchenbildung bei Intoxication mit pikrinsauren Alkalien ist (Die Pikrinsäure. Würzburg 1865. pag. 9).

[Zusatz zu §. 34. S. 48.]

Die Einwirkung von Giften auf die Gefässwandungen darf nicht unterschätzt werden, da durch die neueren Untersuchungen von Hoppe-Seyler (Med.-chem. Untersuchungen. Heft 1. pag. 32) festgestellt zu sein scheint, dass die Oxydation der Albuminstoffe, des Zuckers, der Fette u. s. w. nicht durch das Oxyhämoglobin im Blute ausgeführt werden kann, dass diese Substanz und durch sie das arterielle Blut nur als Sauerstoffträger erscheinen, welche an die Gefässwandungen Sauerstoff abgeben und dass man Oxydationsprocesse in der Haut der Arterien sowie in den Muskeln annehmen muss, welche diese Organe stets frei von O erhalten. In Bezug auf die die Oxydationsprocesse störenden toxischen Substanzen unterscheidet Hoppe-Seyler zwei Classen: 1. solche, welche dem Oxyhämoglobin den O oder die Fähigkeit, sich damit zu verbinden, nehmen (Kohlenoxyd, Schwefelwasserstoff, Phosphorwasserstoff) und 2. solche, welche die Function des Hämoglobins nicht beeinträchtigen, aber in den Organen selbst die Oxydation hindern (Chloroform, Alkohol, Blausäure); die helle Färbung des venösen Blutes neben erloschener Respiration bei Blausäurevergiftung lassen eine andere Erklärung nicht zu. — Dass auch solche Stoffe, welche das Oxyhämoglobin von O befreien, auf die Gefässwandungen von Einfluss sind, beweist die Erweiterung und Verlängerung der Arterien bei Kohlenoxydvergiftung, auf welche schon von Fr. Hofmann im vergangenen Jahrhundert gekannte Symptome neuerdings Klebs das Wesen der Kohlendunstvergiftung zurückführen zu können glaubt (Virchow's Archiv. XXXII. pag. 516. 1865). Ueber manche Alterationen von Organen in Folge von Vergiftung mit Stoffen, welche das Blut nachweisbar alteriren, indem sie das Hämoglobin zerlegen, namentlich die für die Toxikologie so unendlich wichtig gewordenen fettigen Degenerationen (vgl. Phosphor, Schwefelsäure, Arsenik), bestehen noch Differenzen, ob sie als einfache Ernährungsstörungen oder als entzündliche Erscheinungen aufzufassen sind.

[Zusatz zu §. 38. S. 55.]

Nicht ohne Einfluss auf den Zeitpunkt der vollendeten Elimination scheinen die Applicationsstellen zu sein, so dass z. B. Eulenburg (Die hypod. Injection. p. 64) den Satz aufstellt, dass die Zeit zwischen der Einführung löslicher Substanzen und ihrem völligen

Verschwinden aus den Excreten 3—4mal grösser ist per os, als bei subcutaner Injection.

Die Grundlage zu diesem Satze bilden Versuche mit Kaliumeisencyanür und Jod-Jodkaliumlösung; dieselben konnten im Urin nach subcutaner Injection nur in den ersten 24 Stunden, nach innerer Darreichung noch am zweiten und dritten Tage und selbst nach 72 Stunden nachgewiesen werden und war die Reaction an der Grenze des zweiten und dritten Tages am stärksten. Auch Versuche mit Jodkalium beim Menschen gaben Eulenburg ein analoges Resultat (Centralbl. f. d. med. Wissensch. 1865. No. 34).

Die Ausscheidung von Giften durch den Verdauungsapparat ist besonders für zwei Abtheilungen desselben, für das Coecum und für den Magen, in Bezug auf die Elimination des Jods in neuester Zeit hervorgehoben, und zwar von 2 verschiedenen Seiten. Melsens (Mémoire sur l'emploi de l'Iodure de Potassium pour combattre les affections saturnines, mercurielles etc. Bruxelles 1865. pag. 151) schnitt Darmstücke aus, injicirte Jodkaliumlösung in den Mastdarm und wies dann das Jod im Magen nach, oder er applicirte nach der Excision das Jod vom Magen aus und constatirte es im Tractus, besonders im Coecum. Edm. Rose (Virchow's Archiv. XXXV, 1. pag. 12. 1866.) fand in einem Falle von Jodeinspritzung in eine Ovariencyste den Magen die Hauptsecretion des Jods vermitteln, so dass von den injicirten 2½ Drachmen Jods etwa 1 Dr. durch Erbrechen entfernt wurde; der Jodgehalt im Erbrochenen nahm bis zum Tode zu, während er im Urin rasch abnahm, dann eine Zeit lang ganz verschwand und später in mittlerer Stärke wieder eintrat. Beide Autoren heben auch die Thränenflüssigkeit als eine solche hervor, in welcher Jod rasch erscheint.

Eine bisher wenig ventilirte, jedoch keineswegs unwichtige Frage ist die, ob neben der Elimination durch die secernirenden Organe auch noch eine theilweise Destruction der Gifte im Organismus stattfindet.

Diese Frage bezieht sich im Wesentlichen nur auf organische Substanzen, während es kaum Jemand einfallen dürfte, bei den unorganischen und vorzüglich bei den metallischen Stoffen von einer Destruction zu reden. Und doch gehen auch diese mannigfache weitere chemische Verbindungen ein, die zum Theil auch Verbrennungs- (Oxydations-) Processe sind. So kann z. B. der Phosphor häufig nicht im Blute und in den Geweben nachgewiesen werden, weil er sich im Laufe der Intoxication mit O und vielleicht auch mit H verbindet, aber man kann Verbindungen, in denen Phosphor als Element sich findet, nachweisen, und deshalb redet man von keiner Destruction, obschon ja auch die gebildeten Verbindungen zum Theil viel weniger giftig sind als der Phosphor. Metallsalze bleiben nicht immer das was sie sind und erscheinen im Urin an eine andere Säure gebunden u. s. w. Vielleicht würde man es als eine Destruction bezeichnen, wenn Ammoniak, wie Bence Jones behauptete, im Blut ezu Salpetersäure verbrännte und als solche im Harne erschiene; indessen hat Jaffe unter Lehmann's Leitung die Irrigkeit dieser Ansicht dargethan. Was nun die organischen Körper anlangt, so glaubte man früher bekanntlich, ihre Atomlagerung sei eine so lockere, dass sie sich sämmtlich im Organismus zerspalteten; heute ist viel eher die Ansicht vorwaltend, dass nur der geringste Theil organischer Stoffe im Organismus destruirt werde. Es gründet sich dieselbe auf den Nachweis sehr vieler organischer Stoffe in den Organen und Secreten in unverändertem Zustand, von denen einzelne bereits im Handbuche pag. 35 aufgeführt sind und zu welchen noch manche neue hinzukommen, welche man ehedem als destructibel betrachtete, während sie in der Neuzeit im Harn aufgefunden sind. Es gehört dahin z. B. das Amygdalin, das Wöhler und Frerichs nicht nachweisen konnten und das nach Ranke sich in Ameisensäure transformiren sollte; Koelliker und H. Müller haben es bereits im Urin und neuerdings hat es auch Eulenburg im Blute (wie schon früher Koelliker durch physiologisches Experiment) dargethan. Das Anilin, dessen Uebergang in den Harn von Wöhler und Frerichs, Schuchardt und Sonnenkalb bestritten wurde, wies Bergmann (Prag. Vierteljahrschr. Heft 4. pag. 108. 1865) evident nach. Fuchsin (Rosanilin) wird nach Charvet (Ann. d'hyg. publ. Octbr. 1863) durch den Urin eliminirt, was auch Bergmann für eine andere Varietät dieser Anilinfarbe bestätigt. Guttmann (Reichert's Archiv. Heft 2. pag. 198. 1866) konnte den von Letheby (Brit. and for. med. rev. Octbr. 1863) behaupteten Uebergang von Nitrobenzin in Anilin nicht bestätigen. In Bezug auf die eigentlichen Pflanzenalkaloide sind weitere Bestätigungen, dass dieselben in der Leber nachweisbar seien, oder in den Urin übergingen, mehrfach erfolgt. So fand O. Schultze im Urin eines mit Upas Tienté Vergifteten Strychnin; Geo. F. Barker (Hay's Amer. journ. Octbr. 1864.) dasselbe Alkaloid in der Leber einer mit 6 Gran Strychnin vergifteten Person; Rogers (Brit. med. journ., Mai 20. 1865) Spuren im Blute, Leberstücken und Nieren einer mit 2,8 Gran vergifteten Frau. Als Experte im Processe Demme-Trümpy liess ich durch Prof. August Husemann eine Reihe von Lebern mit Strychnin vergifteter Kaninchen, Hunde und Katzen untersuchen und gelangten wir dadurch zur vollen Bestätigung unserer frühern Angabe, dass man das Strychnin häufig mit grösster Sicherheit nachweisen kann, und zwar gelingt dies besonders dann gut, wenn das Versuchsthier der Einwirkung relativ grosser Dosen längere Zeit unterworfen war. Wir constatirten das Alkaloid übrigens auch bei einem Pintscherhunde, der 4 Gran Strychnin nitr. in wässriger Lösung erhielt, nach 4 Min. einen tetanischen Anfall bekam und nach 6½ Min. todt war. Bei einer Katze, welche 3 Gr. Str. nitr. in Substanz erhalten hatte und 7 Min. nachher in einem tetanischen Anfalle zu Grunde ging, wurde das Alkoloid nicht entdeckt. Solche negative Resultate sind nicht allein uns, sondern auch Taylor und in einem Falle von Selbstmord mit 5—6 Gran Strychnin. purum auch Sonnenschein (Virteljahrschr. f. gew. Med. N. F. Bd. 1. Heft 1) in Bezug auf das Blut vorgekommen. Es ist jedoch ausser Cloetta (Virch. Arch. XXXV. Heft 3. pag. 369. 1866) noch Niemandem eingefallen, daraus die vollständige Destruction des resorbirten Strychnins im Organismus überhaupt zu deduciren, und unseres Erachtens sind abgesehen von dem völligen Fehlschluss (Mit Reactionen, welche in 1 Pfund Urin $\frac{1}{20}$ Gran Strychnin, in 1 Pfund Blut $\frac{1}{4}$ Gran Strychnin nachweisen, lässt sich bei Vergiftungen von Pferden mit 20 bis 25 Gran Strychnin das Gift in Blut und Harn nicht nachweisen: folglich wird es destruirt!) gerade die Cloetta'schen Versuche am wenigsten geeignet, dieser Ansicht Vorschub zuleisten, denn die von ihm benutzten Reactionen, welche vielleicht zu gerichtsärztlichen Zwecken behufs Ueberzeugung des Gerichtsarztes combinirt werden mögen, sind für die Erörterung der wissenschaftlichen Frage, ob das Strychnin eliminirt oder destruirt wäre, nicht fein genug und ausserdem weiss Cloetta ja gar nicht, wieviel Strychnin in den Fällen resorbirt wurde und ob die Menge des in dem Blute, der Lymphe u. s. w. enthaltenen Giftes eine derartige ist, dass sie mit der Horsley'schen Reaction nachweisbar ist. Auch vom Morphium behauptet Cloetta, dass es destruirt werde, weil er im Harn eines täglich 6—7 Gran essigs. Morphin geniessenden Kranken nach der Methode v. Uslar-

Erdmann dasselbe nicht fand, woran wahrscheinlich die ungenügenden Reactionen Schuld sind; mit den von A. Husemann (Ann. d. Chem. u. Pharm. Bd. 128. Heft 3. pag. 365. 1865) angegebenen Reactionen ist demselben der Nachweis im Blute bei einer mit Morph. acet. vergifteten Katze gelungen. Sind somit die Untersuchungen Cloetta's in Bezug auf Strychnin und Morphium nichts weniger als beweisend für deren Destruction, nicht einmal für die theilweise: so ist doch vielleicht in Bezug auf andere Alkaloide, die leichter destructibel sind, eine erneute Untersuchung am Platze. So mag z. B. das Factum, dass ein ozonisirter Luftstrom Urarilösungen unwirksam macht, und der günstige Einfluss der künstlichen Respiration bei Urariintoxication für eine Destruction sprechen, obschon bei letzterer ebensogut an Lebenserhaltung bis zur völligen Elimination gedacht werden kann, und obschon in allerneuester Zeit der Uebergang des giftigen Princips des Curare bei subcutaner Application in Harn und Eingeweide durch physiologische Experimente von Voisin und Liouville (Ann. d'hyg. 155. Juillet. 1866) nachgewiesen ist; auch hat Schroff neuerdings (Wochenbl. d. Ztschr. d. Aerzte. 14. 1866) vom Methylstrychnin einen Uebergang in Strychnin angenommen. Im Allgemeinen aber sind die für Destruction der Alkaloide sprechen sollenden Thatsachen nicht besonders schlagend. — Eine besondere Rolle in der Destructionsfrage spielt der Alkohol, dem Funke, ebenso wie dem Aether, mit Unrecht den Uebergang in den Urin untersagt (Lehrbuch d. Physiologie. Bd. I. pag. 548. 1863). In dieser Beziehung haben Perrin, Duroy und Lallemand, die Verfechter der Elimination des Alkohols, einen harten Strauss mit Edm. Baudot (L'Union med. 1863. No. 135. 140. 141. 143. 1864. 3) zu bestehen gehabt, der nur eine partielle Elimination zugibt und im Urin stets im Verhältniss zur einverleibten Menge unendlich kleine Quantitäten Alkohol constatirte. Wenn nun auch Perrin Baudot's Resultate als von dem Gebrauche ungenügender Prüfungsmethoden abhängig bezeichnet: so scheint doch nach neueren, unter Buchheim angestellten Versuchen von Hugo Schulinus (Arch. f. Heilk. Heft 2. pag. 97. 1866) eine beträchtliche Destruction stattzufinden, vgl. unsere Zusätze zu Alkohol.

Noch hervorheben müssen wir, dass einzelne Verbindungen im Blute geschieden zu werden scheinen und dann jeder Component in ein anderes Secret übergeht.

In dieser Hinsicht fanden z. B. G. Bergeron und H. Lemattre (Arch. gèner. Avr. pag. 173. 1864), dass, während z. B. arsenigsaures und arsensaures Kali und Natron im Schweisse (und Harn) unverändert erscheinen, arsensaures Eisen nicht als solches eliminirt wird, im Schweiss erscheint arsensaures Alkali und das Eisen geht mit dem Harn fort. Einfach Jodquecksilber wird als Sublimat eliminirt; im Schweiss findet man Spuren von Quecksilber, im Harn das Jod als Jodalkali. Nach Melsens findet sich bei Application von Jodarsen in der Milch und den Thränen Jod, dagegen kein Arsen, wohl aber beide Körper im Harn, (und zwar Arsen in grosser, Jod in geringer Menge), und im Coecum.

V. Gelegenheitsursachen der Vergiftung (S. 59).

[Zusatz zu §. 42. S. 80.]

Nach einer neuen statistischen Zusammenstellung von 1859 — 1862 kamen in Frankreich 156 Giftmordsprocesse vor, darunter betrafen Vergiftungen durch Phosphor 60, Arsenik 31, Kupfervitriol 33, Schwefelsäure 14, Opium 5. Canthariden 2 und sonstige Gifte 14.

Nicht uninteressant ist in Hinsicht der Selbstvergiftung eine tabellarische Zusammenstellung Oesterlen's über das Verhältniss derselben zu andern Selbstmordsarten (Handbuch der med. Statistik. Tübingen 1865. pag. 730); wonach unter 1000 Selbstmördern im Canton Genf (1838 — 1855) 49, in Frankreich (1848—1857) 18, in Schweden (1843—1855) 217, in England (1858—1859) 91, in Belgien (1840—1849) 18 und in Dänemark (1846—1856) 15 ihrem Leben ein Ende machten. Es sind dabei unter die Schwedischen Zahlen die Kohlendunstvergiftungen mit aufgenommen, die in den übrigen Ländern zu den Erstickungen gezählt sind. In Bezug auf das Vorkommen der Selbstvergiftung bei beiden Geschlechtern finden sich folgende Angaben: Es starben

	an Gift					an Kohlend. in Frankreich	
	in Frankreich		Dänemark	England			
	1835—44	1848—57	1835—56	1852—56	1856 u. 59	1835 bis 44	1848 bis 57
unter 1000 Selbstmördern . . .	23	16	7	57	72	52	65
Selbstmörderinnen .	31	28	34	168	146	127	145

In Oesterreich betrug nach Majer (Ztschr. f. Staatsarzneikunde. XIX. 85. 1862) die Vergiftung 33,4‰ der Selbstmorde (24,2 M. 66,1 W.), in den deutschen Bundesländern 46,4‰ (37,1 M. 97,8 W.), in den nichtdeutschen Ländern 16,4 (12,4 M. 4,49 W.). Im Königreich Sachsen kamen von 1859—1863 unter 2898 Selbstmorden nur 18 Vergiftungen, somit unter 1000 nicht einmal 7 vor (Schmidt's Jahrb. Bd. 127. pag. 224. 1865).

Wir stellen daneben nach Oesterlen Zahlen, welche die Todesfälle durch unabsichtliche Vergiftung (sog. Unglücksfälle) betreffen, und zwar in Bezug auf deren Vorkommen in England, London und im Canton Genf. In England stirbt 1 von 1500, in London 1 von 1600, in Genf 1 von 1800 eines zufälligen Todes durch Verunglückung. Unter 18,837 in England 1858 und 1859 verunglückten männlichen Individuen starben 1122 an Erstickung und 363 an Vergiftung (d. i. 1 : 16 resp. 51), von 6742 Weibern 733 an Erstickung (1 : 9) und 198 an Gift (1 : 33), zusammen von 25,579 an Erstickung 1855 (1 : 14) und an Gift 561 (1 : 45). In London verunglückten 1858 und 1859 im Ganzen 3335, darunter 98 durch Gift (1 : 33) und 557 durch Asphyxie (1 : 6), davon Frauen 1086, durch Gift 30 (1 : 33), durch Asphyxie 270 (1 : 4), Männer 2249, durch Gift 68 (1 : 33) und durch Asphyxie 287 (1 : 8). Unter 1000 Verunglückten erstickten im Canton Genf 7 und starben an Vergiftung 8.

[Zusatz zu §. 42. S. 62.]

Wenn Tardieu neuerdings die kühne Behauptung aufgestellt hat, dass die Toxikologie ihr Material bisher nicht aus den beobachteten Vergiftungen an Menschen, sondern aus Thierversuchen schöpfe (Ann. d'hyg. Octbr. 1864), so bedarf dieselbe ihrer Absurdität halber keine Widerlegung.

VI. Diagnose der Vergiftung (S. 63.)

[Zusatz zu §. 48. S. 69.]

Es bedarf wol keiner besondern Hervorhebung, dass man auch, wenn man das Vorhandensein einer Vergiftung durch Prüfung erbrochener

Massen an Thieren nachweisen will, in vielen Fällen gute Resultate erhält, wenn man das Gift in eine Wunde bringt, statt es in den Magen zu bringen. Das Anlegen der Oesophagusligatur bei Hunden ist für den Fall, dass der praktische Arzt zur Sicherung der Diagnose Versuche mit Erbrochenen anstellt, in vielen Fällen ganz unnöthig, weil das dadurch zu vermeidende Erbrechen manchmal selbst als Intoxicationssymptom benutzt werden kann.

VII. Behandlung der Vergiftung (S. 72).

[Zusatz zu §. 51. S. 83.]

Die Wahl der Brechmittel richtet sich übrigens auch nach den speciellen Vergiftungen, bei denen sie angewendet werden sollen. So ist bei der Phosphorvergiftung Kupfervitriol (vgl. Supplement zu §. 583) als gleichzeitiges chemisches Antidot besonders indicirt; bei Intoxication mit Schwefelwasserstoff die Ipecacuanha, während die metallischen Emetica verboten sind.

[Zusatz zu §. 54. S. 103.]

Als eine gewissermassen an den Aderlass sich anreihende, aber dessen Nachtheile nicht involvirende Behandlungsmethode der Vergiftung, welche sish in neuerer Zeit viele Freunde erworben hat, ist die Substitution (Panum), d. i. die Transfusion nach vorausgegangener Depletion, zu nennen. Man führt dieselbe am besten mit defibrinirtem arterialisirtem Menschenblute aus und bedient sich, um das so sehr gefährliche Eintreten von Luft in die Venen zu verhüten, einer Spritze mit gläsernem Stiefel. Im Allgemeinen ist zur Ausführung der Operation die Blosslegung der Vene anzurathen, wozu man sehr zweckmässig die Vena mediana basilica wählt. Nachdem dies geschehen, benutzt man dieselbe entweder zunächst zu einem reichlichen Aderlasse oder, indem man hierzu die gleichnamige Vene des andern Armes benutzt, öffnet man die Vene zuerst durch einen 3—4 Mm. langen Schrägschnitt an der vordern Wand und führt dann die stets zuvor mit der gefüllten Spritze in Verbindung gebrachte und durch Vorschieben des Stempels mit Blut gefüllte, vorn mit einem Knöpfchen versehene Canüle ein. Durch gleichmässiges, nicht zu stürmisches Vorschieben des Spritzenstempels mittelst der rechten Hand wird die Einspritzung vollbracht, indem Daumen und Zeigefinger der Linken die Vene gegen die Wände der Canüle drücken. Beim Einschieben der Canüle ist mit grösster Sorgfalt auf das Vermeiden von Lufteintritt zu achten. Sollen mehrere Spritzen Blut beigebracht werden, so wird allemal die Canüle mit der Spritze entfernt. Um das genauere Anliegen der Venenwand an der Canülenwandung möglichst zu sichern, kann man centralwärts von dem Schnitte in der Vene, durch das das Gefäss umgebende Bindegewebe, einen gewächsten Seitenfaden unter demselben hindurchziehen und nach Einführung der Canüle die Enden des Fadens an der vordern Fläche einfach kreuzen und mässig straff halten (Eulenburg und Landois). Nach Vollendung der Operation vereinigt man, wenn keine Blutung aus der Vene fortbesteht, die Hautwunde mit einigen Knopfnähten; etwaige Blutung stillt man durch Compression des peripherischen Venenstückes, nicht durch Unterbindung, weil sonst die Gefahren der Phlebitis sich leicht geltend machen. Man kann auch die Transfusion subcutan vornehmen, wozu es besonders angefertigter Troicartcanülen bedarf; dieses Verfahren lässt sich nur in solchen Fällen anwenden, wo die Vene anschwellungsfähig ist, d. h. nicht bei zu gesunkener Circulationsthätigkeit, und ist Ungeübten zu widerrathen; sie ist indicirt, wenn die Transfusion wiederholt zu verschiedenen Tagen nothwendig ist, weil bei der ersten Methode durch das wiederholte Blosslegen der Vene leicht zu Phlebitis Anlass gegeben werden kann.

Die ersten Versuche über die Wirkung der Transfusion bei Vergiftungen scheint H. Friedberg, und zwar bei Chloroformasphyxie, (März 1863) angestellt zu haben (Die Vergiftung durch Kohlendunst. Berlin 1866. pag. 34), jedoch mit nicht besonders ermuthigendem Erfolge. Später hat W. Kühne (Centralbl. f. d. med. Wissensch. No. 9. 1864) die Transfusion bei Kohlenoxydvergiftung, auf Thierversuche gestützt, vorgeschlagen, in Fällen, wo die übrigen Mittel nichts mehr fruchten. Nach ihm erholen sich Thiere an frischer Luft von selbst, wenn sie unter der Einwirkung von Kohlenoxyd bereits Unempfindlichkeit der Conjunctiva zeigen und nur noch zweimal in der Minute athmen; nach einer mässigen Blutentziehung, wenn sie nur noch einmal in der Minute respiriren, nach einer Transfusion selbst dann, wenn das Athmen 7 Minuten aufgehört hat, der Herzschlag nicht mehr wahrnehmbar ist und die Thiere erschlafft zusammengesunken sind, wo nach 10 Minuten schon 16 Athemzüge und regelmässiger Puls vorhanden sind. Die ausgedehntesten Versuche über den Gegenstand verdanken wir A. Eulenburg und L. Landois (die Transfusion des Blutes. Nach eigenen Experimental-Untersuchungen und mit Rücksicht auf die operative Praxis. Berlin 1866), welche bei Asphyxie (Kohlensäurevergiftung) und bei Intoxication mit Kohlenoxyd, Chloroform, Aetherdämpfen, Morphium, Opium und Strychnin äusserst günstige Resultate erzielten; bei Vergiftung mit Kohlenoxyd war die Transfusion selbst in den intensivsten Fällen hülfreich, wo Aderlass allein oder künstliche Respiration in der energischsten Form keine Wirkung mehr zeigten; bei den Vergiftungen mit Pflanzenstoffen wurde Dauer der Vergiftungszeit und die Intensität der Symptome erheblich verkürzt, z. Th. sogar bei lethalen Dosen das Leben erhalten. Es liefert diese Arbeit den Beweis, dass die Transfusion nicht etwa als blosse specifische Heilmethode bei Kohlenoxydvergiftung zu betrachten ist, sondern über eine grössere Reihe von Intoxicationen ausgedehnt werden kann. Beim Menschen ist sie bisher nur bei Kohlenoxydvergiftung angewendet, und zwar viermal, und darunter nur einmal mit Erfolg (s. Kohlenoxyd); ganz gewiss kann man sie auch bei Intoxication mit Leuchtgas und Schwefelwasserstoffgas, Arsenwasserstoff, Cyan in Gebrauch ziehen. Eine besondere Indication scheinen uns noch die Vergiftungen mit Säuren und Phosphor, wo das in seiner normalen Zusammensetzung alterirte Blut, sei es durch Irritation oder durch nutritive Störungen, Organdegenerationen bewirkt, darzubieten. Ueberall ist das Princip dasselbe: Entfernung des kranken Blutes und Wiederersatz durch gesundes, und aus diesem Principe ergeben sich zwei wohl zu beherzigende Momente für die Anwendung der Operation. Einmal ist sie ganz vorzugsweise indicirt bei solchen Intoxicationen, wo das Gift eine haltbare chemische Verbindung mit Blutbestandtheilen eingeht, wie z. B. das Kohlenoxyd mit dem Hämoglobin. Sie kann aber nur nützen, wenn das Gift möglichst vollständig aus den Blutgefässen entfernt oder doch bis zur Ungiftigkeit diluirt wird, d. h. sie muss mehrmals wiederholt werden. Darauf dringen mit vollem Rechte sowol Friedberg als Eulenburg und Landois, und dem Versäumnisse der Wiederholung ist der ungünstige Erfolg Schuld zu geben, den die Transfusion bei den ersten drei Fällen ihrer Anwendung am Menschen hatte. Ist noch Gift in den ersten Wegen, z. B. bei Opiumvergiftung, so wird man die Operation mit der Anwendung innerer Mittel (Antidota, Emetica) zu combiniren haben; hier ist gewiss die Wiederholung am Platze, da neue in das Blut gelangende Giftportionen sonst neue Gefahren bedingen und selbst den Tod — wie bei einem mit Strychnin vergifteten Versuchsthiere von Eulenburg und Landois — herbeiführen können. Eine Combination der Methode mit künstlicher Respiration scheint besonders bei asphyktischen Zuständen angezeigt.

Es sind Panum's Studien über die Transfusion (Virch. Arch. XXVII. p. 240. 1863), denen wir den Nachweis der Superiorität des defibrinirten arterialisirten Blutes vor dem fibrinhaltigen Blute verdanken. Eulenburg und Landois wiesen nach, dass die Wirkung von dem Vorhandensein von O und rothen Blutkörperchen abhänge. Da nun nach Panum Thierblutkörper sich nicht dauernd im Blute zu halten vermögen, so nimmt man das ohnehin meist nur zur Transfusion benutzte Blut einer gesunden, kräftigen, nicht dyscrasischen Person, und defibrinirt und arterialisirt dasselbe durch Quirlen. Nach der Defibrination colirt man es durch ein dichtes Leinentuch und erwärmt es bis zur Körpertemperatur, am einfachsten dadurch, dass man das dasselbe enthaltende Gefäss in ein mit warmem Wasser gefülltes grösseres stellt. Zur bessern Arterialisirung rührt man das Blut auch während des Erwärmens tüchtig um. Eulenburg und Landois geben an, dass in Nothfällen auch von der vorherigen Erwärmung abstrahirt werden könne, weil der durch Einspritzung von Blut unter 16° R. bedingte Schüttelfrost keine besondern Gefahren bedinge. Bei Kohlensäurevergiftung kann man das eigne Blut des Vergifteten nach zuvoriger Arterialisation zur Transfusion verwenden.

Ist der Stiefel der Spritze von Glas, so kann man, wie Eulenburg und Landois richtig hervorheben, sich immer von dem Nichtvorhandensein von Luftblasen überzeugen, die, in das Blut injicirt, Lebensgefahr bedingen können. Eine auf den Spritzenstiefel eingeätzte Scala zeigt zweckmässig die Menge des zur Transfusion bereits verwendeten Blutes an. Die Spritze muss 5—6 Unzen Flüssigkeit fassen können. — Die zur subcutanen Transfusion benutzten Canülen haben entweder im Innern ein entfernbares Stilet, oder sie laufen nach vorn in eine undurchbohrte Troicartspitze aus und die Oeffnung liegt seitlich in der Mitte des Canülenrohres, wo dann die Canüle der Quere nach durch die geschwellte Vene gestossen wird, so dass die Seitenöffnung mitten im Venenrohr centralwärts gerichtet liegt. Eine Abbildung des letztern Instruments, sowie einer mit einer besondern Einrichtung zur Verhinderung des Ueberganges von Luftbläschen in die Vene

(Luftfänger) versehenen Canüle, welche die gefahrlose Einführung grösserer Mengen Blutes gestattet, geben Eulenburg und Landois a. a. O. p. 62 u. 63.

Dass die mit der Operation verbundene Gefahr der Phlebitis ihre Ausführung, von der die Lebensrettung abhängt, nicht untersagt, braucht nicht hervorgehoben zu werden.

In Bezug auf die chemischen Lösungsmittel der Gifte hat Melsens a. a. O. neuerdings die Wirkung des Jodkaliums auf die Elimination von Quecksilber und Blei bei chronischem Mercurialismus und Plumbismus mit neuen Beobachtungen belegt und auch die Anwendung desselben Mittels bei chronischer Zinkvergiftung begründet. Nach seinen Versuchen kann man bei Hunden die Erscheinungen der Zinkvergiftung verhüten, indem man ihnen nebenher Jodkalium administrirt (p. 37 u. 39).

Die Lehre von den organischen Antidoten ist in den letzten Jahren unendlich viel ventilirt worden. Besonders ist der Gegensatz der Wirkung zwischen Belladonna und Opium von den verschiedensten Aerzten in's Auge gefasst worden, wovon schon im speciellen Theile S. 467 die Rede war. Hierüber, so wie über den Antagonismus, wie man das entgegengesetzte Verhalten zweier Gifte gewöhnlich genannt hat, von Strychnin und Urari, Strychnin und Chinin, Kohlenoxyd und Ergotin u. a. m. werden weiter unten genauere Angaben sich finden.

Zu den bei der Behandlung der Vergiftung besonders indicirten Mitteln gehört noch die künstliche Respiration, zu deren Anwendung nicht selten vitale Indication besteht. Dieselbe kann nicht nur in asphyktischen Zuständen, bei Vergiftungen mit Gasen und anästhesirenden Mitteln, sondern auch bei Intoxicationen mit Curare und verschiedenen narkotischen Stoffen unter Umständen die Lebensrettung des Vergifteten herbeiführen.

Eine Erörterung der Methoden zur Einleitung künstlicher Respiration ist im speciellen Theile unseres Handbuches schon gegeben (vgl. besonders p. 662 bis 665). Man theilt dieselben am besten ein in: 1) Reizung der Gefühlsnerven, worauf die alten Wiederbelebungsmethoden Ertrunkener, Erstickter u. s. w. beruhen. Das betreffende Verfahren ist p. 662 erörtert. In Bezug auf die Cauterisation (p. 663) dürfte die Ansicht von Friedberg (Die Vergiftung durch Kohlendunst p. 149) nicht unbegründet sein, dass man die Nackengrube als Ort derselben umsomehr zu wählen habe, als vielleicht von hier aus am leichtesten reflectorische Contractionen der Athmungsmuskeln ausgelöst werden könnten. Auch die Riechmittel, insbesondere die Sternutatoria (Ammoniak) gehören zu diesen Mitteln. 2) Directes Einblasen von Luft oder von Sauerstoff. 3) Electricität. Die Faradisation des Zwerchfells, bei Kohlendunstvergiftung von Ziemssen und Möller 3mal, jedoch nur in einem Falle erfolgreich angewendet, von Friedberg 2mal bei Chloroformasphyxie, 1mal selbst nach Erfolglosigkeit der rhythmischen Compression der Brust, als lebensrettend erprobt, ist durch Remak, wie es scheint, in einem Anfalle von Laune, gewiss aber sehr mit Unrecht, als eine verfehlte, ja sogar als eine geradezu verbrecherische Operation bezeichnet worden. 4) Compression des Brustkastens und die Methoden von Marshall Hall und Silvester (vgl. p. 663 und 664).

Eine besondere Anwendung der künstlichen Respiration bei Vergiftung mit

Strychnin machte R. Richter (Henle's Ztschr. Bd. XVIII. H. 1. p. 76. 1863). Da der Tod hier meist asphyktisch durch Tetanus der Brustmuskeln erfolgt, lähmte er diese zuerst durch Urari und setzte dann die künstliche Respiration bis zur völligen Destruction resp. Elimination beider Gifte fort.

Der Verbindung der Transfusion und künstlichen Respiration bei asphyktischen Zuständen steht ein Hinderniss nicht im Wege.

VIII. Nachweis der Vergiftung in gerichtlichen Fällen.

[Zusatz zu §. 58. S. 110].

Die Angabe von Schneider, dass bei Einbringung einzelner Gifte während des Todeskampfes nach dem Tode sich Entzündungserscheinungen herausstellen können, hat durch Melsens (a. a. O.) weitere Bestätigung erhalten. Bringt man eben erhängten Hunden arsenige Säure in den Magen ein, so zeigt sich nicht selten Injectionsröthe, welche den Verdacht einer stattgehabten Vergiftung erwecken kann. Dasselbe sah er vom Jodkalium. Es ist also, wie wir hervorheben müssen, ein sicheres Criterium für die Einbringung eines Giftes bei Lebzeiten nur dem Nachweis der Resorption desselben durch die chemische Analyse. Hier ist aber noch zu berücksichtigen, dass Melsens fand, dass das nach dem Tode eingebrachte Gift durch die Magenhäute sich in die Leber und andere Baucheingeweide imbibirt. Es ist somit zu untersuchen, ob auch ausserhalb der Bauchhöhle belegene Organe das Gift enthalten. Melsens citirt einen Fall von Malaguti, der aus dem Nichtvorhandensein des im Magen aufgefundenen Giftes in andern Organen richtig (wie sich hernach herausstellte) auf eine andere Todesart schloss. Uebrigens kann auch, besonders bei organischen Giften, der Nachweis misslingen; immer aber sollte der Gerichtschemiker den Nachweis der Resorption zu liefern versuchen.

[Zusatz zu §. 59. S. 111.]

Es möchten, da bei der Section durch Herausnahme des Magens u. s. w. leicht Darminhalt an die Leber gelangen kann, welche als Sammelorgan des resorbirten Giftes zum Nachweise desselben stets benutzt werden sollte, zweckmässig sein, dieselbe und ebenso die Milz vor Herausnahme der Intestinalorgane aus dem Cadaver zu entfernen, um den Einwand einer Verunreinigung möglichst fern zu halten.

In Bezug auf die Aufbewahrung der Leichentheile in Alkohol macht A. Buchner (Friedreich's Blätter f. ger. Med. 1866. H. 3. p. 189) mit Recht darauf aufmerksam, dass bei Vergiftungen mit ätzenden Säuren dieselbe unstatthaft ist, indem, abgesehen davon, dass der Weingeist das Auffinden der Schwefelsäure und Salpetersäure erschwert, wenn nicht unmöglich macht, unter allen Umständen die Säure nicht mehr als concentrirte Säure nachweisbar ist.

[Zusatz zu §. 69. S. 124.]

Sehr zweckmässig kann auch der chemische Nachweis des Giftes mit experimentellen Versuchen an Thieren combinirt werden, indem ein Theil des durch das analytische Verfahren in reinerem

Zustande erhaltenen Giftes zu der von Tardieu sogenannten physiologischen Prüfung verwendet wird. Immer aber sind diese Versuche nicht für sich allein beweisend und dürfen nur als Stütze des chemischen Nachweises angesehen werden; ausserdem sind sie mit der grössten Vorsicht von Sachverständigen anzustellen, wenn ihnen ein Werth für den Nachweis der Vergiftung beigelegt werden soll, der übrigens noch dadurch erheblich geschmälert wird, dass bei einzelnen der chemischen Processe sich toxisch wirkende Stoffe bilden können (Schwarzenbach und Aebi) und dass vielleicht aus faulenden Leichentheilen ähnlich wirkende Giftbestandtheile ausgezogen werden (Devergie).

Der Versuch Tardieu's, neben dem chemischen Nachweise noch einen sogenannten physiologischen Nachweis zu construiren, der erstern ersetzen soll, wo die chemische Analyse nicht im Stande ist, einen reinen Pflanzenstoff, z. B. Digitalin, durch sichere Reactionen zu erkennen, verdient unseres Erachtens zurückgewiesen zu werden, wie dieses ganz kürzlich auch von Devergie (Ann. d'hyg. Juillet 1866) geschehen ist. Tardieu und Roussin, welche ihn zuerst im Processe Conty de la Pommerais versuchten, wo er für die Ueberzeugung der Geschworenen gewiss von nur sehr untergeordneter Bedeutung war, haben durch ihr eigenes Beispiel sowol in diesem als besonders in einem späteren Falle, wo sie eine zweite Digitalinvergiftung ausgemittelt haben wollten, gezeigt, wie gefährlich ein solcher Beweis in den Händen eines mit toxikologischen Experimenten weniger vertrauten Sachverständigen werden kann. Und doch sind es gerade die eigentlichen Herzgifte (Digitalis, Helleborus, Antiar), welche durch die durch sie bewirkenden auffallenden Erscheinungen bei Kaltblütern viel besser nachgewiesen werden können als selbst das Strychnin, wenn auch kleinere Dosen des letztern die Symptome des Strychnismus bedingen können. Für letzteres Gift ist die Methode der subcutanen Application bei Fröschen schon um deswillen nicht vorwurfsfrei, weil die Sensibilität dieser Thiere so gross ist, dass die Verletzung allein schon Reflextetanus bedingen kann. Sicher ist es verfehlt, wie es Tardieu in einem Falle von Strychninvergiftung machte, einen Theil der durch die chemische Analyse in reinerem Zustande erhaltenen Substanz, ehe das Gift durch chemische Reactionen characterisirt ist, zu Experimenten zu verwenden, da dadurch dem chemischen Nachweise Material entzogen wird, dessen Fehlen unter Umständen den ganzen chemischen Nachweis vernichten kann, und von einer sehr geringen Vertrautheit mit den Verhältnissen des Strychnins zeugt das Verfahren von Emmert im Processe Trümpy - Demme, den physiologischen Nachweis noch zu fordern, nachdem die viel geringere Quantitäten Strychnin nachweisenden chemischen Reactionen resultatlos blieben. In dem letztgenannten Processe haben Aebi und Schwarzenbach die für die Beurtheilung des Werthes des physiologischen Nachweises höchst wichtige Entdeckung gemacht, dass Auszüge von Leichentheilen, mit Alkohol und Salzsäure gemacht, nicht allein Amylalkohol-Auszüge, wie Emmert angibt, Frösche unter Erscheinungen tödten, die ein nicht ganz Unbefangener für Tetanus toxicus halten könne. Es verdient eine experimentelle Untersuchung, ob dies, wie Aebi und Schwarzenbach annehmen, durch Bildung von toxischen Verbindungen (Salzäther) zu erklären ist, oder ob, wie Devergie vermuthet, Fäulnissproducte selbst solche Giftstoffe liefern können. Jedenfalls fordert dieser Umstand zur grössten Vorsicht auf. Noch bemerken müssen wir, dass man durch die Versuche an Thieren fast nie bestimmte Gifte, sondern nur das Vorhandensein von einer oder mehrerer einer bestimmten Giftgruppe angehörigen Substanzen constatiren wird, wie das auch von Pelikan in einer Kritik des de la Pommerais'schen Processes (Petersb. med. Ztschr. 1864) hervorgehoben ist. Man findet nicht Digitalin, sondern ein Herzgift, nicht Strychnin, sondern ein Tetanicum, nicht Atropin, sondern ein Mydriaticum, nicht Cantharidin, sondern ein Vesicans, und etwa aus der Dosis toxica wird es gestattet sein, auf das specielle Herzgift, Mydriaticum u. s. w. zu schliessen. Auch dies begründet den geringeren Werth der physiologischen Prüfung gegenüber dem chemischen Nachweise, der stets bestimmte Substanzen nachweist, und glauben wir unsererseits das ganze Verfahren nur als eine Vervollständigung des chemischen Nachweises empfehlen zu können. Man versäume übrigens nie Controlversuche! — Einen besondern physiologischen Nachweis der Vergiftung concediren wir somit nicht, stimmen auch mit Devergie ganz überein, dass das Tardieu'sche Verfahren nichts wesentlich neues ist und dass der von Letzterem mit Emphase hervorgehobene Unterschied zwischen physiologischen und toxikologischen Experimenten auf reiner Einbildung beruht. Uebrigens ist die ganze Arbeit von Tardieu über die physiologischen Experimente (Ann. d'hyg. 2. sér. XXII. XXIII. 1864. 1865) voll von Sonderbarkeiten und offenbaren Widersprüchen.

Die Anwendung des Mikroskopes zur gerichtlich-chemischen Diagnose von Giften ist neuerdings besonders von A. Helwig in Mainz hervorgehoben worden (Das Mikroskop in der Toxikologie. Mainz 1865), welcher ausser der Krystallform noch besonders das mikrochemische Verhalten berücksichtigt wissen will. Die in dem Buche enthaltenen Angaben, welche indess nur zu einem sehr geringen Theile neu sind, würden sich, was die besonders in Frage kommenden Alkaloide anlangt, wol kaum in anderen Fällen verwerthen lassen, als wenn entweder grosse, auch makroskopisch bestimmbare Giftquantitäten gegeben und aus der Leiche wieder dargestellt sind, oder wenn sich bei einem Vergifteten kleinere Mengen von Substanzen in reinem Zustande vorfinden. Es ist deshalb den in Frage stehenden Studien, welche ausser der Krystallform des reinen Alkaloids die Löslichkeit desselben und seiner Salze im Wasser, wasserhaltigem Alkohol, Fuselöl und Benzin, die Form der durch Verdunstung des Lösungsmittels gewonnenen Rückstände, Sublimation und Verhalten der Sublimate, der Verdunstungsrückstände und der Salzlösungen in Wasser gegen Reagentien betreffen, in praxi kein sehr hoher Werth beizulegen und namentlich werden sie stets eine untergeordnete Stellung der chemischen Prüfung gegenüber in der forensischen Medicin beanspruchen können. In Bezug auf die Darstellung mikroskopischer Präparate, welche unter Umständen als corpora delicti dienen können, gibt Helwig den Rath, um die durch Verdunstung bei niederer Temperatur gewonnenen Krystallpräparate einen Schutzwall von Wachs zu ziehen, indem man mit dem über der Spirituslampe erhitzten, nicht brennenden, Dochte eines Wachskerzchens einen Strich um dasselbe macht, und damit einen Raum begrenzt, welcher etwas kleiner ist als das Deckgläschen, welches letztere auf den durch die genannte Procedur bewirkten Wachswall gelegt und in derselben Weise mit dem erhitzten Dochte an den Rändern umfahren wird. Dieser Verschluss muss ganz dicht sein, weil sonst der später zu benutzende Asphaltlack leicht unter das Deckgläschen vordringt und das Präparat verdirbt. Zum weitern Schutze des Deckgläschens legt man oben und unten ein breites Schutzleistchen von Glas mittelst Wasserglas auf, lässt dieses trocknen und bestreicht dann den ganzen Wachswall mit Asphaltlack (a. a. O. pag. 4).

Zum Nachweise einzelner Gifte hat auch das in neuerer Zeit durch Kirchhoff und Bunsen so sehr in Ansehen gekommene Verfahren der Spectralanalyse eine hohe Bedeutung, nicht nur in Bezug auf das durch dieses Verfahren entdeckte und später als höchst giftig constatirte Metall Thallium, sondern namentlich hinsichtlich des Verhaltens des Blutfarbstoffs zu einigen Gasen, wie Kohlenoxyd und Schwefelwasserstoff, über welches vor Allem die interessanten Untersuchungen von Hoppe-Seyler (Virch. Arch. XXIII, 146. 1862. XXIX. 233. 597. 1864. Hübner's Zeitschr. f. Chemie. 114. 1864. Med.-chem. Untersuchungen H. 1. p. 151. 1866) Licht verbreitet haben.

Bringt man vor den Spalt des Spectralapparates, bezüglich dessen Construction wie auf Hoppe-Seyler's Handbuch der physiologisch- und pathologisch-chemischen Analyse (2. Aufl. Berlin 1866. pag. 17) verweisen, concentrirte Farbstofflösungen, so sieht man vom Spectrum einen grösseren oder geringeren Theil fehlen, der durch die Scala genau bestimmt werden kann. Bei Verdünnung werden neue Parthien des Spectrums sichtbar und bei weiter fortgesetzter Verdünnung entfaltet sich allmälig das ganze Spectrum. Viele Farbstoffe lassen bei dieser Verdünnung ein discontinuirliches Spectrum erscheinen, indem sie bestimmte Stücke desselben sehr kräftig und nahe dabei liegende Parthien nur sehr schwach absorbiren. Hierdurch entstehen dann bei gewissen Verdünnungen eine oder mehrere schmalere oder breitere Streifen, die man Absorptionsstreifen oder Spectralbänder nennt und deren Lage und Ausdehnung durch die Scala des Apparates einfach zu bestimmen und mit den Frauenhofer'schen Linien des Sonnenspectrums zu vergleichen sind. Der Farbstoff des Blutes verhält sich in seiner Einwirkung auf das Spectrum verschieden, je nachdem er mit Sauerstoff verbunden (Oxyhämoglobin) ist oder nicht. Kohlenoxyd treibt den Sauerstoff aus und bildet dann Kohlenoxydhämoglobin, das sich im Spectralapparate fast genau so wie Oxyhämoglobin, aber bei Zusatz von Schwefelammonium anders verhält, worüber das Nähere im speciellen Theile angegeben wird. Praktische Anwendung hat das spectralanalytische Verfahren bis jetzt bei Vergiftungen mit Kohlenoxyd oder Schwefelwasserstoff nicht gefunden.

[Zusatz zu §. 70. S. 125.]

Die geringe Bedeutung, welche dem sogenannten moralischen Nachweise für das gerichtsärztliche Gutachten zukommt, glaube ich aus Anlass neuerer Giftmordsprocesse noch ganz besonders hervorheben zu müssen. Es ist mir keinen Augenblick zweifelhaft, dass die Ausdehnung, welche demselben in Frankreich nach Tardieu und Roussin und in gradezu ungeheuerlicher Weise im Process Trümpy-Demme von Emmert gegeben ist, durchaus nicht den Intentionen Casper's entspricht. Mit Recht macht Devergie (l. c.) darauf aufmerksam dass der Giftbesitz ein Moment sei, welches man den Geschworenen zu prüfen, überlassen müsse, wie das in verschiedenen Processen von Tardieu nichts geschah; ja Emmert ist so weit gegangen, die grössere Leichtigkeit, mit welcher der Angeklagte dem Verstorbenen gegenüber zu Gift resp. Strychnin gelangen konnte, im Gutachten zu verwerthen. Ueberhaupt ist, wie ich in Göschen's kritischen Blättern (17. 18. 1866) nachwies, das Gutachten von Professor Emmert (s. dessen Criminalprocess Demme-Trümpy u. s. w. Wien

1866) lediglich auf äussere Umstände basirt, deren Würdigung dem Gerichtsarzte nicht zusteht. Es liegt im Interesse des Gerichtsarztes selbst, nicht mehr zu sein als ihm zukommt, nur Sachverständiger, nicht Assistent des Staatsanwaltes; er gibt sonst sich selbst dem Vorwurfe der Partheilichkeit und noch schlimmerem Verdachte Preis, wie es Emmert nach eigener Angabe begegnete, in Folge seiner gerichtsärztlichen Thätigkeit eines Veneficium imputatum geziehen zu werden. Die Medicin als Wissenschaft verliert dadurch nicht, dass sie in einzelnen Fällen ein nescio aussprechen muss! Dann ist noch zu berücksichtigen, dass die Symptome, der Leichenbefund und die Resultate der chemischen Analyse Thatsachen sind, welche, wenn mit der nöthigen Sorgfalt zu Tage gefördert, einer Alteration nicht fähig sind; äussere Umstände aber zeigen sich bei der öffentlichen Verhandlung oft ganz anders als bei der Voruntersuchung und das Hinfälligwerden der medicinischen Gutachten auf Grund solcher wirft eine stärkere Blame auf den Gerichtsarzt als die offene Erklärung, auf Grundlage der seiner Beurtheilung unterstehenden medicinischen Thatsachen eine Beantwortung der gestellten Fragen nicht geben zu können. Als Beispiel mag der bekannte Glogauer Ofenklappenprocess dienen, wo der Termin der Heizung und des Verschlusses der Klappe nach den Aussagen desselben Zeugen in der Voruntersuchung und bei der Verhandlung so differirte, dass die Benutzung dieses Moments im Gutachten für die Frage der Möglichkeit einer Kohlendunstvergiftung gradezu die entgegengesetzten Ergebnisse hätte haben müssen. Wir freuen uns, hinsichtlich des moralischen Nachweises uns in völligem Einverständnisse mit dem in solchen Fragen so überaus competenten Devergie zu finden.

Specielle Toxikologie.

Einleitung.

Chemische Ermittlung der in gerichtlich-medicinischer Hinsicht wichtigsten Gifte (S. 171).

[Zusatz zu §. 33. S. 181.]

Von Interesse für die Trennung giftiger Substanzen von ungiftigen ist besonders die Arbeit Graham's über Dialyse (Ann. d. Chem. u. Pharm. CXXI. 1. 1862), in Folge derer verschiedene andere Chemiker, wie Harvey (Lancet. I. 1. 1863), Barclay u. Fraser (Med. Times. 12. Dcbr. 1863), Cossa und Carpené (Gazz. med. Ital. Lomb.' 29. 1863), Reveil (Comptes rendus. LX. 453. 1865) u. A. m. speciellere Studien über den in Rede stehenden Gegenstand anstellten. Graham unterscheidet als Colloidsubstanzen von den Krystalloidsubstanzen solche Stoffe, welche, wie Stärkemehl, Dextrin, Gummi, Leim, Tannin, vegetabilische und animalische Extractivstoffe, ausser ihrer Unfähigkeit zu krystallisiren, ihrer leichten Abscheidbarkeit aus Lösungen, dem gelatinösen Zustand ihrer Hydrate, sich durch ihre äusserst langsame Diffusion auszeichnen und gewissermassen ein Medium für Flüssigkeitsdiffusion wie Wasser selbst bilden. Die aus Stärkmehl, Leim u. s. w. gebildeten gallertigen Massen gestatten, ebenso wie das Wasser, leicht diffusibeln Flüssigkeiten den Durchgang, während sie weniger diffusibeln einen grössern Widerstand entgegensetzen und andere gelöste Colloidsubstanzen nicht durchlassen. Die mittelst Diffusion durch eine Scheidewand von gelatinöser Substanz bewirkte Trennung hat Graham als Dialyse bezeichnet und zur Ausführung derselben eine einfache Vorrichtung, den sog. Dialysator, angegeben. Ein Stückchen vegetabilisches Pergament oder Pergamentpapier, das durch seine ziemlich beträchtliche Festigkeit und Ausdehnung bei Befeuchtung ausgezeichnete hauptsächlichste Material zum Dialysator, wird befeuchtet an einen Reif von Guttapercha von 2 Zoll Höhe und 8—10 Zoll Weite gespannt; es muss dabei das Papier im Durchmesser 3—4 Zoll grösser sein als der Reif, an welchem es mit einem elastischen Bande befestigt wird, ohne zu straff angespannt zu sein. Auf etwaige Fehlstellen im Papier, welche man durch Befeuchtung mit reinem Wasser leicht ermittelt, wird flüssiges Eiweiss aufgetragen und erwärmt. Die zu dialysirende Flüssigkeit giesst man etwa 2 Zoll hoch in das siebähnliche Gefäss und lässt dieses dann in einem viel Wasser enthaltenden Gefässe schwimmen. Je dünner die zu dialysirende Lösung und je weniger hoch die im Dialysator befindliche Schicht und je grösser das Volumen des äusseren Wassers und die der Dialyse gebotene Fläche ist, desto rascher geht die Dialyse vor sich. Graham hat die Dialyse als ein Verfahren bezeichnet, das man mit Vortheil anwenden kann, um arsenige Säure und Metallsalze bei forensischen Untersuchungen von Lösungen organischer Substanzen zu trennen und hebt den allerdings kaum hoch genug anzuschlagenden Vortheil hervor, dass keine metallische Substanz und überhaupt kein Reagens hinzugefügt zu werden braucht. Nach 24stündiger Dialyse findet man das äussere Wasser im Allgemeinen farblos und braucht die Aussenflüssigkeit nur concentrirt zu werden, um das Metall durch Reagentien nachweisen zu können. Ausser kleinen Mengen arseniger Säure und Brechweinstein wurde auch Strychn. mur. mittelst der Dialyse nachgewiesen und glaubt Graham alle löslichen Gifte als Krystallsubstanzen, welche colloide Membranen durchdringen, bezeichnen zu können. Praktische Anwendung des Verfahrens machte zuerst Buchner, und zwar in Bezug auf arsenige Säure (Repertor. f. Pharm. XI. 289. 1862), während sie in Bezug auf Digitalin (vgl. den speciellen Theil) im Process Couty de la Pommerais von Roussin mit minder glücklichem Erfolge benutzt wurde. Sehr eingehend hat sich, jedoch bis jetzt ohne Mittheilung von speciellen Versuchen, über die Anwendung der Dialyse Reveil ausgesprochen, nach welchem Fette, und zwar um so mehr, je grösser ihre Menge ist und je besser sie emulgirt sind, dem Durchgange krystalloider Substanzen ein bedeutendes Hinderniss entgegenstellen. Nach Reveil erfolgt die Scheidung der colloiden und krystalloiden Substanzen um so rascher, je verschiedener die Temperatur der dialysirenden und der recipirenden Flüssigkeit ist. Die Anwesenheit albuminöser Substanzen hindert die Dialyse um so mehr, wenn es sich um Gifte handelt, die unlösliche Albuminate bilden (Blei, Mercur u. s. w.); bei negativem Resultat ist die zu behandelnde Flüssigkeit mit Salpeter- oder Salzsäure zu kochen, der abgesonderte, feinzertheilte Niederschlag in mit der gleichen Säure angesäuertem Wasser zu kochen und sind dann die beiden vereinten Flüssigkeiten in den Dialysator zu bringen. Die Abscheidung des Eiweisses durch Kochen in gesäuertem Wasser ist übrigens auch bei arseniger Säure und ähnlichen Stoffen für die Dialyse förderlich. Reveil concedirt übrigens, dass die Sonderung der krystalloidischen Gifte durch Dialyse nie so rein ist, um das Product unmittelbar chemischen Reactionen unterziehen zu können. Die Separation der in animalischen Flüssigkeiten (Milch, Blut, Urin u. s. w.) gelöst enthaltenen organischen Alkaloide geschieht durch Dialyse nur langsam und für jedes einzelne in besonderer Weise; der Durchgang dauert bisweilen 5—6 Tage und wird durch Wechseln des recipirenden Wassers und der Membran nach 24 Stunden beschleunigt. Ziemlich übereinstimmend sind die Resultate der getrennten Untersuchungen von Harvey einerseits und Barclay und Angus Fraser andererseits, indem sie ergaben, dass metallische Gifte durch die Dialyse viel leichter entdeckt werden als organische Substanzen, deren Nachweis durch die zum Theil mit diffundirenden Colloidsubstanzen in hohem Grade beeinträchtigt wird. Nach Barclay und Fraser hindern die Colloidsubstanzen auch bis zu einem gewissen Grade den Nachweis anorganischer Krystalloide und erklären dieselben es gradezu für gefährlich, in forensischen Fällen die manchmal allerdings mit Vortheil anzuwendende Dialyse als Ersatzmittel der alten erprobten Methoden zu betrachten. Dass auch, was die Alkaloide speciell anlangt, das von Cossa und Carpené und später auch von Reveil vorgeschlagene, als Reagens auf Alkaloide übrigens schon Planta bekannte Jodkaliumquecksilber in der dialysirten Flüssigkeit mit Sicherheit dieselben nicht immer nachzuweisen vermag, muss aus dem Umstande geschlossen werden, dass einzelne, wie Coffein und Theobromin, nicht dadurch gefällt werden, dass das Reagens dagegen, wenigstens bei Anwesenheit freier Säure, mit Proteïn- und Leimsubstanzen, sowie mit Extractivstoffen Niederschläge zu geben vermag. Immerhin aber kann die Dialyse als ein vorbereitendes, zur Vereinfachung der chemischen Operationen dienendes Scheidungsmittel bezeichnet werden.

Erste Abtheilung.

Vergiftung mit organischen Stoffen.

A. Vergiftung mit Stoffen aus dem Thierreiche.

I. Arthropoda, Gelenkthiere (S. 244).

1. Classe: Crustacea, Krebse (S. 244).

[Zusatz zu §. 73. S. 245.]

Dass Färbung Antwerpener Garneelen (Palaemon Squilla) mit Mennige vorkommt, wurde durch Bouchardat u. A. erwiesen (vgl. Guérard in Ann. d'hyg. 2. sér. t. 16. pag. 360. 1861); indessen wird durch dies Factum die eigentliche Garneelenvergiftung nicht aufgeklärt.

2. Classe: Arachnida, Spinnen (S. 247).

Araneidea, echte Spinnen.

[Zusatz zu §. 82. S. 252.]

Hinsichtlich der Giftigkeit der Tarantel (Lycosa Tarantula) liegen Angaben von Heinzel (Oesterr. Zeitschr. f. pract. Heilk. 20. 1866) und de Santi (Mém. de méd. milit. pag. 297. Avr. 1863) vor. Ersterer liess sich in Wien von einer aus Syra bezogenen Tarantel beissen und empfand danach nicht mehr Unbequemlichkeit wie nach einem Wespenstich, Letzterer berichtet über das Vorkommen des Tarantelbisses in Corsica. Dort sollen sich jährlich über 200 Fälle, besonders im Juni zur Zeit der grössten Hitze und bei Schnittern, ereignen. Die wenig schmerzhafte Bisswunde zieht weitere Folgen nur bei Unterlassung angemessener topischer Behandlung, die auch noch 1 Stunde nach geschehener Verletzung hilft, nach sich. Diese besteht nach de Santi in Application von Schröpfköpfen und Scarificationen; das Volk bedient sich des Abbrennens von Schwefel auf der Wundstelle. Diese beginnt bei versäumter Localbehandlung nach 3 Stunden heftig zu schmerzen, wodurch die Kranken ängstlich und unruhig werden; dann treten Frostschauer, kalter Schweiss, kleiner, aufgeregter Puls, Durst, Verfärbung des Gesichtes und Crampi der Extremitäten auf. Als passendste Behandlungsweise rühmt de Santi das Arcanum der Familie Casalonga: grosse Gaben Opium, die auffallend gut ertragen werden und nie Intoxication bedingen, bei grosser Asthenie ausserdem Stimulantien (Wein, Camphor, Ammoniak), wonach in 12—14, selten erst nach 24—36 Stunden Genesung erfolgt und zwar ohne kritische Erscheinungen. Wenige sich selbst überlassene Fälle enden tödtlich, in vielen aber stellen sich als Nachkrankheiten Icterus und Neuralgien ein, die den Gebrauch von Thermen erfordern. — Auf einen älteren Fall von Biss giftiger Spinnen, in Portugal von Borges beobachtet, ohne Angabe der Art, weist Faber (Ztschr. f. Staatsarzneikunde. N. F. XX. 329. 1862) hin.

Scorpionida, Scorpionen.

[Zusatz zu §§. 86—88. S. 254—256.]

Neuere Angaben über die Giftigkeit der Scorpionen verdanken wir besonders Guyon (Comptes rendus. 26. Sept. 1864. 4. Janv. 1865), der nach Beobachtungen auf den Antillen über Verletzungen von Menschen durch den Stich von Scorpio piceus und Scorpio obscurus und in Algier über solche durch Androctonus occitanus und A. funestus, sowie nach 28 Thierversuchen mit den genannten Africanischen Scorpionen und Buthus palmatus an Hunden, Kaninchen, Nachtigallen, Schwalben, Seemöven, Sperlingen, Bachstelzen und Grünfinken jetzt die Identität der Wirkung des Scorpionengiftes auf Menschen und Thiere behauptet. Scorpionengift soll wie Schlangengift stärker auf kleine Thiere als auf grosse und auf Warmblüter mehr als auf Kaltblüter (Hornviper, Chamäleon) wirken. Gegen die verbreitete Annahme, es seien Schlangen- und Scorpionengift im Sommer periculöser als im Winter, sprechende Thatsachen führt Guyon an, um seinerseits darauf die Ansicht zu basiren, dass die Intensität der Zufälle von der Anhäufung des Giftes in den Giftbehältern und der Concentration der dasselbe zusammensetzenden Stoffe nach längerer oder kürzerer Abstinenz abhängig sei, daher grössere Gefährlichkeit der giftigen Thiere nach dem Winterschlafe. Unter günstigen Umständen können selbst mittelgrosse Scorpionen, z. B. Androctonus funestus Hempr. und Ehrbg., den Tod von Menschen hervorbringen, von Kindern selbst in 24 Stunden. Aus 11 Todesfällen durch diesen Scorpion schliesst Guyon auf eine geringere Resistenz von Kindern und Frauen gegen die Läsion, welche bei Erwachsenen nur durch ihre Localität (Kopf, Brust), durch Fortpflanzung der Entzündung auf Hirn und Hirnhäute, Pleuren und Lungen tödtlich werden könne. Scorpionenstiche sind in Nordafrica nicht selten, so kamen binnen 3 Monaten in der Umgegend von Biskrah 121 Fälle vor, welche sämmtlich günstig verliefen. In Guyon's Versuchen erfolgte der Tod bei den Vögeln in Zeiträumen von 1 Minute bis $3\frac{3}{4}$ Stunden, bei den Säugethieren zwischen 9 Minuten und 3 Stunden. Im Allgemeinen waren die Intervalle nach Stichen von Androctonus occitanus am geringsten, doch sah Guyon nie, wie Leynadier und Clausel dies von dem Scorpion von Zerbis (derselbe Androctonus) behaupten, den Tod in wenigen Secunden eintreten. Bisweilen beschränken sich die Folgen der Verletzung auf heftige Schmerzen und einen unwiderstehlichen Kitzel in der Wunde, die zum Lecken und Beissen derselben bei Thieren führt; meist treten locale (Röthe, die sich um die Wunde ausdehnt, Phlyctänenbildung, Anschwellung der unterliegenden Parthien in Folge von Blutergüssen in Musculatur und Unterhautbindegewebe, welche oft, besonders bei Herbivoren, die ganze Extremität ergreift) und allgemeine Erscheinungen hinzu (anfangs nervöses Zittern, Ausfliessen schleimiger Massen aus Mund, Nase u. s. w), Erbrechen, Diarrhoe, grosse Prostration, dann Respirations - Beschleunigung, bisweilen Husten mit oder ohne blutigen Auswurf, Schlummersucht, Coma mit Mydriasis, fibrilläre Muskelzuckungen, tetanische Extensionen, am häufigsten der hintern Extremitäten allein, bisweilen des ganzen Körpers, nach dem Tode persistirende Verlängerung des Penis, Röthung und Schwellung der Vulva, blutiger Schleimausfluss aus den Luftwegen, Hämaturie, bisweilen reichliche Harnsecretion, in einzelnen Fällen Emphysema universale). Post mortem findet man oft alle Organe und Gewebe, insonderheit seröse und Schleimhäute dunkelgefärbt, das Blut flüssig, in der Blase meist keinen, bisweilen etwas sanguinolenten Urin und blutigen Schleim in den Luftwegen.

Gegen die Identität der Gifte der einzelnen Scorpionen scheinen die Beobachtungen von Heinzel (Oesterr. Ztschr. 27. 1866) zu sprechen, wonach der Scorpionenstich eines dem Buthus afer an Grösse gleichkommenden weissen Scorpions von Syra nie tetanische Erscheinungen, auch niemals Ecchymosen hervorbringt. Dieser Scorpion tödtete kleine Vögel momentan und wirkte auf Frösche stärker als Vipergift. Scorpio italicus rief bei Selbstversuchen Heinzel's nur leichte Entzündung und schmerzhafte Schwellung von der Dauer einer Viertelstunde bis einiger Stunden, kein Zucken und kein Kriebeln in der Zunge hervor. Die Larve von Tenebrio obscurus wird durch Scorpionen-Gift einige Stunden regungslos, lebt dann aber wieder auf.

Ueber einen sehr gefährlichen Scorpion Mexiko's, den Scorpion von Durango, macht Cavaroz (Mém. de méd. milit. pag. 327. Avr. 1865) Mittheilung. Leider ist die Beschreibung des $2\frac{1}{2}$ Cm. ohne und $5\frac{1}{2}$ Cm. mit dem Schwanze langen Thieres so ungenau, dass es nicht möglich ist, die Gattung, welcher es angehört, mit Sicherheit zu bestimmen. Der in dem an die Stadt stossenden Cerro de los Remedios vorkommende Scorpion soll grösser und gefährlicher als der von Durango sein, welchem von einer Bevölkerung von 15,000 Seelen jährlich 200—250 Menschen zum Opfer fallen. Der Stich ist für Kinder fast immer tödtlich, welcher Umstand, zusammengenommen mit der grossen Häufigkeit des Thieres, von welchem in Durango während der heissen drei Monate 80—100,000 gefangen werden, die hohe Zahl der Todesfälle erklärt. Die Vergiftungserscheinungen bestehen in Tetanus, der besonders die Nacken- und Brustmuskeln befällt und bisweilen der Anwendung von Chloroform oder Electricität weicht. Cavaroz glaubt aus diesen Erscheinungen das Vorhandensein von Strychnin im Scorpionengifte annehmen zu dürfen.

Einen ähnlichen Vergleich mit der Wirkung des Strychnins, jedoch etwas modificirt, finden wir bei Paul Bert (Gaz. de Paris. 49. 1865.), der das Gift von Androctonus occitanus (getrocknete, in Aegypten im Januar bis April gefangene Exemplare) an Fröschen versuchte. Die Schwanzblase eines Scorpions von 0,06 Mtr. Länge enthielt so viel Gift, um bei subcutaner Application eines Stückes derselben 2—3 Frösche zu tödten. Ohne besondere locale Affection entwickeln sich tetanische Convulsionen, aber unterbrochen von comaähnlichen Intervallen, in denen die Sensibilität zwar erhalten, die Reflexaction aber gehemmt scheint. Bei grosser Dosis sind diese Krämpfe schwach; sonst nehmen sie an Intensität und Dauer zu und führen zum Tode, der sowol in der Streckung als in der Erschlaffung erfolgt. Das Herz schlägt nach erloschener Sensibilität fort und bleibt nur im Anfall einige Schläge stehen. Das Blut zeigt keine Abnormität. Die electrische Reizbarkeit der Muskeln persistirt, dagegen erscheinen die Nervenstämme ganz unempfindlich gegen starke Inductionsströme. In dieser Beziehung ist somit das Gift analog dem Curare, indem es Bewegungslähmung durch Einwirkung auf die peripherischen Nerven herbeiführt, die Sensibilität, Herz, Blut und Muskeln intact lassend, aber es wirkt auch auf das Rückenmark und bedingt wie Strychnin Convulsionen. Diese Einwirkung erstreckt sich auf die Medulla spinalis in ihrer ganzen Ausdehnung; die Krämpfe erscheinen nicht gleichzeitig in Vorder- und Hinterbeinen und Durchschneidung des Rückenmarks hebt sie nicht auf.

3. Classe: Insecta (S. 257).

Hemiptera, Halbflügler.

[Zusatz zu §. 91. S. 257.]

Zu den giftigen Wasserwanzen, welche heftigen Schmerz ohne besondere locale Anschwellung durch ihre Verletzungen bedingen, gehört nach Erfahrungen von Heinzel (Oesterr. Ztschr. 27. 1866) auch die gemeine Schwimmwanze. Naucoris cimicoides L.

Coleoptera, Käfer.

[Zusatz zu §§. 96—102. S. 260—270.]

Zu den Intoxicationen durch Cantheriden kommen einige Fälle hinzu. welche in Italien in Folge der Anwendung der Spanischen Fliegen als Aphrodisiacum beobachtet wurden. Pietro Labus (Gazz. med. Ital. Lombard. 10. 11. 13. 1863) berichtet über einen chronischen Fall bei einem Wollüstling, der 5—6 Monate lang Canthariden nahm, anfangs durch Gastralgie, blutige Diarrhoe, Dysurie und Hämaturie, später durch Strangurie und Ascites characterisirt und mit dem Tode endigend. Tarchioni-Bonfanti (ebendaselbst. 46. 1863) gibt Bericht über einen zu Mailand verhandelten Criminalfall, wo ein Frauenzimmer einem Arzte als Liebestrank drei Monate hindurch Canthariden verabreichte, bald im Caffee, bald im Essen, bald sogar im Clystier, und ihn dadurch in Lebensgefahr versetzte. Sehr interessant ist es, dass das erste Erkranken (nach Darreichung von Canthariden in Caffee) in Suffocation und tetanischen Krämpfen, die sich in einem Tage verloren, bestand; später entwickelte sich eine Urethro-Cystitis, und von Zeit zu Zeit wiederholten sich die Spasmen; endlich trat, von Miliaria-Eruption begleitet, noch eine heftige Gastroenteritis mit blutiger Diarrhoe und Tenesmus hinzu. Der Nachweis von Canthariden im Erbrochenen führte zur Entdeckung. Canthariden als Ursache einer Massenvergiftung. eine ganze Tanzgesellschaft betreffend, durch einen Liqueur, in dem man absichtlich Spanische Fliegen hatte digeriren lassen, wies Prof. A. Husemann in Chur dadurch nach, dass es ihm gelang, aus den Resten des Liqueurs das Cantharidin in mikroskopischen Krystallen darzustellen und dessen Vorhandensein durch seine blasenziehenden Eigenschaften zu bestätigen. Endlich ist noch einer Vergiftung durch eine in Kuchen gebackene Spanische Fliege, von W. Sedgwick (Med Times. Debr. 10. 1864) beschrieben, wegen eines von Beck als für Canthariden - Vergiftung characteristisch bezeichneten Symptoms, der sehr unangenehmen Geruchsempfindung an den Nasenlöchern, und wegen der erst am siebenten Tage nach der Intoxication nach vorausgehenden localen Symptomen (Blutbrechen u. s. w.) auftretenden epileptiformen Krämpfe, zu gedenken.

Als eine mehr physiologische, jedoch auch toxikologisch nicht unwichtige Arbeit über Cantharidin nennen wir hier noch die Inauguraldissertation von Carl Wernher (Untersuchungen über den Einfluss des Cantharidin auf thierische Gewebe und den Organismus. Giessen 1860). Wernher applicirte auf mehrere Körpertheile (Muskeln, Leber, abgebundene Dünndarmschlingen. Hornhaut, Sehnen) Cantharidin und fand, dass es in allen mit Blutgefässen versehenen Theilen ohne Ausnahme eine Entzündung hervorrufe und dass, wo diese fehlen, auch die Wirkung fehlt. Ein Kaninchen wurde durch 1 Decigramm in 3¼, ein Hund durch 2 Dcgm. in 2¼ Stunden bei innerlicher Application getödtet. Sowol die innerliche Darreichung als die Injection in die Venen erhöht die Secretion des Speichels, welcher nicht eiweisshaltig ist.

Bluhm (Pharm. Ztschr. f. Russland) konnte nur 0,262 % Cantharidin aus den Spanischen Fliegen extrahiren (Pharm. Ztschr. f. Russland. IV. 160. 1865).

[Zusatz zu §. 103. S. 271.]

Schroff (Oesterr. Ztschr. f. pract. Heilkunde. 50. 51. 52. 1861) hat die Wirksamkeit verschiedener Arten Mylabris, die in Persien (Mylabris colligata Redtenb. und M. calida Tausch) und China (M. Sidae, M. pustulata, M. Cichorii) nach Art der Canthariden verwandt werden, durch Thierversuche festgestellt. Qualitativ ist sie derjenigen von Lytta vesicatoria gleich, quantitativ sind die Persischen Canthariden stärker, die Chinesischen schwächer als unsere Spanischen Fliegen; ebenso ist das Verhältniss der blasenziehenden Eigenschaften der daraus bereiteten Pflaster. Es stimmt dies zu den Resultaten der chemischen Untersuchungen von Ferrer vollkommen. — Von andern Mylabrisarten fand Bluhm (Pharm. Ztschr. f. Russland IV. 160. 1865) den Gehalt des Cantharidins höher als in den Spanischen Fliegen in Mylabris quatuordecimpunctata (0,48%), viel geringer bei Mylabris melanura aus dem Gouvernement Saratow. In den hornartigen Theilen der Käfer fand Bluhm kein Cantharidin.

Hymenoptera, Hautflügler.

[Zusatz zu §. 106. S. 272.]

Mit Xylocopa violacea Latr. (Apis violacea L., Holzbiene) experimentirte P. Bert (Gaz. de Paris. 49. 1865). Die Stiche von zwei Holzbienen können einen jungen Sperling tödten; Frösche sind gegen das Gift unempfindlicher, so dass selbst 12 in den blossgelegten Muskel stechende Bienen den Tod erst in 4½ Stunden herbeiführen. Das Bienengift bewirkt lebhaften Schmerz, locale Ecchymosen und Lividität, allmälig in Lähmung übergehende Trägheit der Bewegungen, ohne Beeinträchtigung der Sensibilität und des Bewusstseins, verlangsamte und erschwerte Respiration. Der Tod erfolgt in vollständiger Erschlaffung, das Herz pulsirt fort, Muskeln (mit Ausnahme der direct getroffenen) und Nerven bleiben electrisch reizbar. Reizung der hintern Rückenmarksstränge, nicht der Nerven, erzeugt Reflexbewegung; Strychnin bewirkt bei einem mit Bienengift vergifteten Thiere, selbst nach vollständigem Cessiren willkührlicher Bewegungen, heftige Convulsionen. Der Tod erfolgt asphyktisch. Das Gift erregt auf der Zunge einen eigenthümlichen Geschmack und ziemlich heftiges Brennen wie Ameisensäure und enthält eine fixe Säure; beim Eindampfen zeigen sich undeutliche Krystalle, Ammoniak oder Gerbsäure gibt ein in Säuren lösliches weissliches Präcipitat, Platinchlorid verbindet sich damit zu einem gelblichen Körper (Anwesenheit einer organischen Base?).

Ueber tödtliche Wirkung eines Bienenstiches an der Stirn bei einem 70jährigen Menschen, der in früherer Zeit stets nach Bienenstichen in Ohnmacht gefallen war, vgl. Preuss. Ver. Ztg. 19. 1864.

Mollusca, Weichthiere (S. 276).

[Zusatz zu §. 115. S. 279.]

Die Anwesenheit von Kupfer in grünen Austern (Ostrea edulis), welche von Falmouth aus der Nähe einer Kupfermine abstammten und in Rochefort mehrfach zu Vergiftungen Anlass gegeben hatten, wurde durch Cuzent (Comptes rend. T. 56 pag. 402. 1863) constatirt. Kupferhaltige Austern haben statt der gewöhnlichen dunkelblaugrünlichen Farbe eine grasgrüne und sondern am Mantellappen ein grünspanähnliches, schleimiges Secret ab; Ammoniak färbt das Fleisch derselben dunkelblau und nach Zusatz von etwas Essig bedeckt sich eine eingestochene Stahlnadel mit einer Schicht metallischen Kupfers.

Vertebrata, Wirbelthiere (S. 281).

1. Classe: Pisces, Fische (S. 281).

[Zusatz zu §§. 117—126. S. 281—294.]

Eine neuere Studie über die giftigen Fische der tropischen Länder haben Fonssagrives und Leroy de Méricourt (Annal. d'hyg. 2e. sér. XVI. p. 326. 1861) veröffentlicht, wodurch auch einige Nachträge zu unserer Liste der Pisces toxicophori nöthig werden:

1. Abdominales, Bauchflosser.

Mit Meletta venenosa Cuv. et Val. wurde die Mannschaft des Französischen Kriegsschiffes Catinat vergiftet; dass diejenige anderer Schiffe, welche gleichzeitig von demselben Fische gegessen haben soll, nicht erkrankte, erklärt Valenciennes aus einer Verwechslung mit einem sehr ähnlichen ungiftigen Fische, Dussumiera acuta. Die von Lacroix (Révue coloniale, Mars 1856) beschriebenen Symptome der Vergiftung traten zum Theil schon während der Mahlzeit auf; der Fisch hatte einen scharfen metallischen Geschmack und eine damit gefütterte Katze starb in ¼ Stunde. Von 50 Personen erkrankten 30 heftig und starben 5. Die ersten Erscheinungen waren violente Crampi der untern Extremitäten, die sich bald auch auf Arme, Vorderarme, Hände und die Regio lumbalis ausdehnten, bei Einzelnen höchst intensiver Schmerz im Nacken; hierauf folgten heftige Schmerzen im Epigastrium, Nausea, Erbrechen und seröse Stühle mit Tenesmus und Borborygmen. Nur in wenigen Fällen ging das Erbrechen vorher. In diesem Zustande starben 3 Individuen, Einer 3¼ Stunde nach dem Auftreten der Symptome. Ein zweites Stadium characterisirte sich nach Wiederkehr der normalen Wärme und Heben des Pulses durch Symptome von Gehirncongestion (Delirien und Coma); in diesem starben zwei (nach 17 und 25 Stunden). Bei Einzelnen traten die Erscheinungen erst sehr spät (nach 2 Tagen) ein; bei Mehreren blieb längere Zeit starke Mattigkeit zurück. Nach dem Tode constatirte Lacroix in einem Falle heftige Entzündung in der ganzen Länge des Tractus (Pylorus, Dickdarm, besonders in der Nähe der Ileo-Cöcalklappe, wo rothbraune bis braunschwarze Färbung sich ringförmig durch den ganzen Darm erstreckte).

2. Acanthopteri, Stachelflosser.

Aus der Familie der Percoidei, Barsche, Serranus arara, méron arara, besonders bei Havana, nach Parra bisweilen Ursache der Siguatera, und Serranus nigriculus, le méron petit nègre, auch als grande gueule, petit nègre und vieille bezeichnet (Antillen, insbesondere Martinique), nach Janière zu gewissen Jahreszeiten giftig. Von Mesoprion Jocu (Anthias jocu, sarde à dents des chiens, vivaneau) wird Parra als Gewährsmann für dessen Giftigkeit angeführt. An Sphyraena Picuda und Sph. Barracuda reihen Fonssagrives und Méricourt noch Sphyraena jello, in Ostindien, besonders Vizagapatam.

Von Scorpaena grandicornis (Fam. Cataphracti), in Martinique crapaud de mer, in Domingo Rascasse vingt quatre heures wegen seiner raschtödtenden Giftigkeit genannt, wird angeführt, dass er in Cuba gegessen werde.

Von Sparus Pagrus L. und Sparus erythrinus L. wird, wie schon Meyer-Ahrens hervorhob, die ihnen Schuld gegebene Vergiftung von Cook's

Mannschaft in der Südsee nicht abzuleiten sein, da diese Fischarten nur in Meeren der gemässigten Zone sich finden. Chrysophrys sarda Cuv., der perroquet oder gueule pavet von Isle-de-France, ist ein sehr beliebter Fisch zu Pondichery; eine Epidemie von Hämaturie auf einem Schiffe nach dem reichlichen Genusse dieser Fische in gesalzenem Zustande (Payen) hat wol mit Fischvergiftung Nichts zu thun.

Lethrinus mambo ist ein durch Rochas bekannt gewordener giftiger Fisch von N.-Caledonien, der in jungen Exemplaren genossen werden kann, in altem Zustande sehr gefährlich ist, und bei mehrern Missionären 14—20tägige Intoxication bedingte, auch auf Katzen toxisch wirkt.

Aus der Familie der Gobioidei kommt hinzu: Gobius setosus Cuv., zu Pondichery als calon-oulouvé bezeichnet, schon von Cuvier und Valenciennes als toxisch aufgeführt (G. venenatus?) und Gobius criniger, nach Collas häufig in Pondichery mit andern Fischen gemengt und gegessen, jedoch nach Beobachtungen nur Menschen giftig, und zwar besonders Kopf und Eingeweide, welche die Indier sorgfältig bei der Zubereitung entfernen.

3. Plectognathi, Haftkiefer.

Rochas fand Eingeweide und Leber eines Diodon spinosus von N.-Caledonien giftig. Auch wird von demselben aus der nämlichen Localität ein Tetrodon maculatum als in allen Theilen und zu jeder Zeit toxisch bezeichnet; der Roggen soll giftiger als das Fleisch sein. Die bei vier Personen beobachteten Symptome waren der Reihenfolge nach: leichtes Prickeln und zusammenziehendes Gefühl in der lebhaft gerötheten Mund- und Schlundschleimhaut, Ameisenkriechen in den Beinen, Gesichtsstörungen, Wanken, langsamer Puls, Erbrechen, durch Emetica gemehrt, Gastralgie, krampfhafte Bewegungen der Hände, kalte Füsse, Unvermögen zu stehen und zu gehen, erratische Schmerzen, Convulsionen, gesteigerte Reflexerregbarkeit, Paroxysmen von Dyspnoe und Dysphagie, abwechselnd mit Coma, Puls- und Temperaturabnahme, Cyanose, Mydriasis. Harnentleerung und Stuhlgang fehlen gänzlich. In einem in 11 Stunden tödtlich verlaufenen Falle constatirte Rochas hochgradige Gastroenteritis. Auch auf Katzen wirkt dieser Tetrodon giftig.

In Bezug auf die Theorie des Fischgifts erwähnen Fonssagrives und Méricourt noch die Angabe von Montronzier, dass die Giftigkeit der Meletta venenosa sich nicht zur Laichzeit, sondern zur Zeit des Erscheinens einer grünen Monade, von welcher sie sich nähre, zeige, und dass der Fisch auf den Beleb-Inseln, wo diese Monade nicht vorkomme, keine Vergiftungszufälle bedinge. Rochas, welcher constatirte, dass diese Monade Conjunctivitis und Erytheme produciren kann, will sie nicht als Ursache der Giftigkeit betrachtet wissen, da der Fisch auf den Beleb-Inseln von den Eingebornen überhaupt nicht gegessen werde.

2. Classe: Amphibia, Lurche (S. 294).

[Zusatz zu §. 124. S. 294.]

Eine wichtige Arbeit über das Gift der Salamander lieferte Zalesky, dem es gelang aus dem Hautdrüsensecret von Salamandra maculata L. in Gestalt einer nicht unzersetzt flüchtigen organischen Base von der Formel $C^{68} H^{66} N^{2} O^{10}$, welcher er von dem persischen Worte Samandar den Namen Samandarin beilegte, den wirksamen Stoff vermittelst Phosphormolybdänsäure darzustellen. Nach seinen Angaben (Hoppe's med.-chem. Untersuchungen. Heft I. pag. 84. 1866) löst sich das Alkaloid leicht in Alkohol oder Wasser, krystallisirt mit Krystallwasser, reagirt in seinen Lösungen stark alkalisch, bildet mit Säuren neutrale Salze und wird mit Phosphormolybdänsäure unzersetzt, durch Platinchlorid zersetzt aus seinen Lösungen gefällt; beim Kochen seiner Lösungen zersetzt es sich nicht, wohl aber beim allmäligen Trocknen an der Luft, in getrocknetem Zustande ist das Samandarin beständig. Beim Abdampfen der Lösung oder des Secretes mit Platinchlorid auf dem Wasserbade bildet sich während des Trocknens eine amorphe, durchsichtige, in Wasser unlösliche blaue Masse. Wegen der grossen Zersetzlichkeit des Samandarins beim Trocknen musste Zalesky zu seinen Versuchen das Secret von 1000 Salamandern verwenden. Ueber die lethale und toxische Dosis des Samandarins fehlen die Angaben. Qualilativ wirkt es wie das Salamandersecret und ruft namentlich Speichelfluss (bei Hunden auch Erbrechen) und heftige epileptiforme Krämpfe, später Anaesthesie, Mydriasis und Paralyse hervor. Die Irritabilität des Herzens und der Muskeln vernichtet es nicht und sind die Erscheinungen auf Affection der Nervencentra zu beziehen. Das Gift wirkt bei subcutaner Application rascher als vom Magen aus und tödtet auch entgegengesetzt früheren Angaben grössere Thiere und Wasserthiere (Weissfische, Enten).

Auch die Unke, Bombinator igneus, muss nach meinen Erfahrungen zu den Kröten gezählt werden, welche einen scharfen, giftigen Stoff in besonderen Hautdrüsen secerniren.

3. Classe. Reptilia, Reptilien (S. 296).

[Zusatz zu §§. 131—142. S. 297—317.]

Ueber die Europäischen Vipern erhalten wir mannigfache Aufschlüsse durch einen von der kaiserl. Gesellschaft für Acclimatisation herausgegebenen Bericht J. Léon Soubeiran's (Rapport sur les vipères de France. Paris 1863) über die Vipern von Frankreich, welcher sich auf die Beantwortung von Fragebogen stützt, die die genannte Gesellschaft allen Personen zugehen liess, welche vermöge ihrer Stellung oder ihrer Studien (obrigkeitliche Personen, Aerzte, Naturforscher, wie Graells in Madrid) Auskunft zu ertheilen im Stande waren. Bei Vipera Redii L. gedenkt Soubeiran der verschiedenen Farbenspielarten, welche in einzelnen Gegenden Frankreichs sogar besondere Volksnamen führen und selbst von Zoologen als eigene Arten bezeichnet, in Wirklichkeit aber durch Alter, Geschlecht, Localität und unseres Erachtens auch durch krankhafte Zustände bedingt werden (Tixier fand rothe und graue Vipern in Copulation; nach Einigen soll die graue Varietät mehr auf basaltischem Gesteine, die rothe mehr auf Kalk vorkommen; die rothen Vipern sollen nach Monnot lebhafter, die grauen träger und weniger bissig sein, was auf pathologische Zustände hindeutet). Für die genannte Viper scheinen Rouen und Calvados die nördlichste Grenze zu bilden; nördlich von Paris, Meudon, Fontainebleau und Montmorency ist sie übrigens nirgendswo häufig. Wo sie mit der Kreuzotter vorkommt, (Sarthe, Ile-et-Vilaine, Vendée, Cantal, Doubs, Jura, Yonne), überwiegt sie letztere an Zahl, mit Ausnahme der letztgenannten Localität. Beide fehlen im Dep. du Nord, Haute Saône, Ober- und Niederrhein, kommen dagegen in ungemein reicher Zahl in der Vendée, Loire inférieur, Lot, Haute Marne und Côte d'or vor. Im Departement Haute Marne wurden z. B. im Jahre 1856 nicht weniger als 1715 Vipern vertilgt, 1857 19066, 1858 nur 11,532, 1860 10,330 und 1861 bis zum 20. Octbr. 7036, in dem ganzen Zeitraume gegen 60,000. Nach Soubeiran soll die Kreuzotter niemals auf Granit oder vulcanischem Gesteine vorkommen. Vipera ammodytes L. ist in Frankreich sehr selten; ihr Biss ist übrigens gefährlicher als der der beiden übrigen. Hinsichtlich der Gefahren des

Vipernbisses erscheinen die Angaben über die relativ grössere oder geringere Gefährlichkeit der Viperspielarten nicht hinlänglich sicher; im Frühjahr nach vollendetem Winterschlafe in Folge der Anhäufung des Giftes in den Giftbläschen soll der Biss am gefährlichsten sein, aber auch bei starker Hitze und bei Gewittern, wo die Vipern reizbarer und bissiger sind. Geschlecht des gebissenen Individuums, Blutfülle und leerer oder gefüllter Magen sind ohne Einfluss; hysterische Personen werden heftiger afficirt. Grössere Thiere (Pferde, Esel, Kühe) erkranken nach dem Vipernbisse nur einige Tage, vorausgesetzt, dass die Verwundung nicht Nase und Lippen betraf; Schafe und Ziegen gehen häufig danach zu Grunde, nach Graells in Folge von Anschwellung des Zungengrundes. Hunde, welche — besonders Jagdhunde — häufig gebissen werden, behalten oft nach Wiederherstellung von dem Bisse grosse Schwäche und Gehörsstörungen. Man hat beobachtet, dass Hunde, welche mehrmals gebissen wurden, jedesmal Anschwellung der verwundeten Theile bekamen, dagegen die übrigen Zufälle um so weniger ausgesprochen und um so kürzer anhaltend waren, je häufiger das Thier verletzt war. Ein sehr interessantes Factum ist das von G. Villers beobachtete, dass bei von Vipern gebissenen Hunden zur Jahreszeit der Verletzung alljährlich Anschwellung des gebissenen Gliedes erfolgte, weil es an ähnliche Beobachtungen am Menschen erinnert, so z. B. an einen 1820 von Schottin gemeldeten Fall von periodischer Epilepsie (Lenz, Schlangenkunde, pag. 221). (Einen der merkwürdigsten Fälle dieser Art hat Demeurat von Tournan (Gaz. hebd. 6. Nov. 1863), durch Soubeiran's Bericht veranlasst, mitgetheilt; er beobachtete bei einer Frau, welche im Mai 1824 von einer Viper am Vorderarme gebissen war, das Auftreten von localem Pemphigus, welcher erst nach 18 Monaten verschwand, dann aber 28 Jahre lang zur Jahreszeit der Läsion unter Begleitung von Kopfschmerz, Mattigkeit und Beklemmung wiederkehrte, von der während des Winters kaum bemerkbaren Narbe ausgehend und bis November anhaltend. Mich selbst consultirte ein Menageriewärter wegen einer Neuralgie, die mehrere Jahre nach einem Klapperschlangenbiss periodisch zur Zeit und an der Stelle des Bisses zurückkehrte.) — In Bezug auf die Symptomatologie unterscheidet Soubeiran 1. Erscheinungen, welche den Biss begleiten. Dahin gehören: heftiger Schmerz in dem verletzten Gliede, auf dieses beschränkt oder in die correspondirende Körperhälfte ausstrahlend, bisweilen sehr gering und nicht beachtet; Ohnmacht (sehr selten). Die Bisswunde kann in vielen Fällen nicht aufgefunden werden; ist sie ausgeprägt, so ist sie für die Diagnose zu verwerthen, indem die ungiftige Natter durch ihren Biss zwei krumme Bisslinien, deren Concavität sich ansieht, bildet, während bei einer Viper die Giftzähne auf der Seite der Linie des Oberkiefers zwei viel markirtere Verletzungen als die übrigen Zähne bedingen; 2. Localerscheinungen, dies sind: Anschwellung des Gliedes, bisweilen auf die ganze Körperhälfte sich ausdehnend; entzündlicher Hof um die Bissstelle, sich gleichzeitig mit der Anschwellung ausbildend; Empfindungslosigkeit und heftige lancinirende Schmerzen (bei Einzelnen); Ecchymosirung, meist sich 18—24 Stunden später bildend, Röthung und ringförmige Phlyctänenbildung um die Bissstelle, Gangrän, letztere sehr selten und vielleicht Folge der Behandlungsweise; 3. Allgemeinerscheinungen, wie: Beklemmung, Ohnmachten, fast immer Dyspnoe, Schweiss, manchmal von fast kritischer Bedeutung, kleiner, intermittirender Puls, bisweilen Convulsionen und Gesichtsstörungen, in bedenklichen Fällen Delirien und intellectuelle Störungen, häufig Nausea, Erbrechen und copiöse diarrhöische Stuhlentleerungen. Auf die verschiedenen Volksmittel gegen Vipernbiss in Frankreich und Spanien können wir hier nicht eingehen; wir heben nur in Bezug auf die Therapie noch hervor, dass das in America so beliebte Antidot, welches Prof. Bibron in Paris angegeben haben soll, in Frankreich gar nicht bekannt ist. Dasselbe ist übrigens nach S. Weir Mitchell (Hay's Amer. journ. Octbr. 1864) von Prinz Paul von Württemberg an Vesey gesandt mit der Bemerkung, dass Bibron es 1853 der Französischen Acad. des sciences mitgetheilt habe, was niemals geschehen ist; auch hat Bibron das Mittel, dessen günstigen Erfolg bei Klapperschlangenbiss eine neuere Beobachtung von Ch. H. Hughes (Hay's Journ. June, 1863) bestätigt, nie gekannt. Soubeiran glaubt als Aetzmittel das Eisenchlorid nach einer Vorschrift von Rodet: Liq. ferri sesquichl., Acidi nitrici, Acid. muriat. aa Drachm.; Aq. destill. Drachm.; zu einem Tropfen auf die verletzte Stelle, empfehlen zu können; es fehlt darüber aber ganz an Erfahrungen.

Heinzel in Wien, der in neuester Zeit sich vielfach mit Thiergiften beschäftigte, glaubt (Oesterr. Ztschr. 3. 1866) die plötzlichen Todesfälle durch Vipernbiss als Folge directen Eindringens des Giftes in eine Vene ansehen zu dürfen; die eigenthümliche Anschwellung mit Ecchymosirung ist nach ihm nicht auf Lymphangioitis oder Phlebitis zurückzuführen, sondern durch locale Diffusion und Herbeiführung eines Zustandes der Capillaren wie beim Scorbut, wodurch sie für Serum und Blutkörperchen durchgängig werden (?); das Gift selbst wirkt wie Curare auf die peripherischen motorischen Nerven, fortschreiend auf Stämme, spät und sehr schwach auf die Centra.

4. Classe: Aves, Vögel (S. 318).

[Zusatz zu §. 143. S. 318.]

Neuere Vergiftungen durch Amerikanische Rebhühner, in ihren Erscheinungen der von Burt angegebenen ziemlich ähnlich, theilen Newbigging (Edinb. med. journ. 312, Octbr. 1863) und Taylor (vgl. Ann. d'hyg. 2. sér. XIX. 215. 1863) mit; der letztere sah auch Lähmung des Hintertheils bei einer Katze in Folge des Genusses eines Stückes von einem Canadischen Rebhuhn.

Anhang.

1. Wurstgift (S. 320.)

[Zusatz zu §§. 148—154. S. 320—331.]

Unsere Darstellung der Wurstvergiftung bedarf insofern einiger Veränderungen, als zur Grundlage derselben höchst wahrscheinlich einzelne Fälle gedient haben, die nicht zum Botulismus, sondern zur Trichiniasis gehören. Es ist ja bekanntlich besonders im nördlichen Deutschland vereinzelt und in Epidemien Erkrankung durch Schweinefleisch vorgekommen, welche den von Owen entdeckten Rundwurm Trichina spiralis einschloss. Ohne auf diese hier näher einzugehen, bemerke ich nur, dass die von Einzelnen ausgesprochene Ansicht, dass vielleicht die Wurstvergiftung auf Einwanderung von Trichinen zurückzuführen sei, und dass beide Affectionen identisch seien, nach dem genauen Studium der auf Botulismus sich beziehenden Krankheitsgeschichten sich völlig haltlos erweist. Es muss die Wurstvergiftung als Morbus sui generis festgehalten werden, weil die Symptomatologie beider Affectionen in hohem Grade abweicht. Von einer Aehnlichkeit beider Affectionen kann man nur dann reden, wenn man auf den Verlauf beider Krankheiten keine Rücksicht nimmt und nur einzelne Symptome, aus dem Zusammenhange gerissen, neben einander hält, wie ich das in der Deutschen Klinik (9—11. 1864) ausführlich nachgewiesen habe. Es stellt die Wurstvergiftung sich niemals als eine von Oedem der Musculatur begleitete Febris gastrico-rheumatica, wie es die Trichiniasis thut, dar; der fieberlose Verlauf, die zusammengeschrumpfte, kühle Haut, der schwache Puls- und Herzschlag, die verschiedenen nervösen Erscheinungen (Lähmungen im Gebiete des Hypoglossus, woraus Stammeln und Dysphagie resultiren, der Nn. oculomotorius, trochlearis und abducens, die eine Starrheit des Augapfels und die fast pathognomonische Ptosis paralytica bedingen, weiter Affectionen im Gebiete des Opticus, Acusticus und Glossopharyngeus, Anästhesie in den Fingerspitzen und theilweiser Verlust des Gefühls in den dem Centrum genäherten Theilen der Extremitäten, bisweilen selbst des Rumpfes, endlich die Polyurie unterscheiden sie zudem hinreichend von der Trichiniasis. Muss man somit an einer Wurstvergiftung und wahrscheinlich auch an einem „Wurstgifte" festhalten, so sind doch, wie ich a. a. O. nachwies, mit Wahrscheinlichkeit verschiedene Fälle, die als Wurstvergiftung beschrieben sind, nicht zu dieser, sondern zu anderen Affectionen zu zählen. So dürfte ganz besonders die von Kopp (Denkwürdigkeiten, III. 75) beschriebene Massenerkrankung durch den Genuss von Bratwürsten in Niederhessen auf Trichineninfection zu beziehen sein; es spricht dafür ausser der Art der Würste und dem Orte des Vorkommens ausserhalb des eigentlichen Wurstvergiftungsbezirkes der Verlauf der Krankheit unter dem Bilde eines gastrisch-rheumatischen Fiebers, das äusserst lange Intervall zwischen dem Eintritte der Symptome (14—20 Tage) und die Oedeme, welche allgemein verbreitet waren und gradezu in den Vordergrund gestellt werden. Oedeme sind sonst selten beim Botulismus, und wo sie sich finden, ist dies, wie in zwei Kerner'schen Fällen von Botulismus, entweder auf nebensächlichen, mechanischen Ursachen zu erklären und mit äusserst ausgeprägten Wurstvergiftungssymptomen verbunden, oder, wie in einem Falle von Weiss, wo eine verdorbene, aus Schafseingeweiden bereitete Wurst gegessen wurde, nicht gehörig ausgeprägt (rothes, gedunsenes Gesicht) und in Verbindung mit Symptomen, welche eher an Fälle von Milzbrandfieber erinnern.

Betrachtet man die Kopp'schen Fälle als nicht geeignet zur Aufstellung des Krankheitsbildes, so ergibt sich daraus Folgendes:

1. Das Intervall zwischen dem Genusse giftiger Wurst und dem Eintritte der Symptome ist kürzer zu fassen; meist sind 12 bis 24 Stunden der Termin, in welchen die Intoxication zu Stande kommt.
2. Die Häufigkeit der Symptome, welche in den Handbüchern oft nach Kopp angegeben wird, ist eine andere; Cerebralerscheinungen (Betäubung) sind z. B. weit seltener.
3. Die eigenthümliche Bereitungsweise der Würste in Schwaben ist wahrscheinlich nicht ohne Einfluss auf die Bildung des Wurstgiftes.

Ueber die Natur des Wurstgiftes ist Weiteres nicht ermittelt; doch ist vielleicht nicht ohne Interesse, dass nach Mittheilung von Dr. Müller in Calw (Württemb. Corr. Bl. 30. 1863) Hoppe-Seyler in Blutwürsten, welche im April 1862 zu Spessart bei 4 Personen die Erscheinungen der Allantiasis hervorgerufen hatten, vergebens nach organischen Basen suchte. Im Inneren der Würste fanden sich auffallende Veränderungen der zur Wurstmasse verwendeten Schwartenstücke; dieselben waren zu einer schleimigen, weisslichen, trüben Flüssigkeit erweicht, und bestanden ausser isolirten elastischen Fasern fast nur aus zusammengehäuften, zuerst regungslosen, beim Wasserzusatz sich lebhaft bewegenden Vibrionen. Das im Innern der Würste ebenfalls veränderte schmierige und hellrothe Blut zeigte bei der mikroskopischen Untersuchung nichts Besonderes.

In mannigfacher Beziehung interessant ist eine von Niedner (Berl. klin.

Wochenschr. No. 1. 1866) mitgetheilte Intoxication, welche sich im Juli in Dresden bei drei erwachsenen Individuen nach dem Genusse frischer Leberwurst und schwach geräucherter Blutwurst von weicher, lockriger und bröckliger, keineswegs schmieriger und übelriechender Beschaffenheit, welche sofort wieder erbrochen wurde, nach zwei Tagen unter den Erscheinungen von Schlingbeschwerden, Heiserkeit, Mydriasis, Amblyopie, Diplopie, Appetitlosigkeit und anhaltender Stuhlverstopfung entwickelte und bei zwei Personen wenigstens im September noch nicht geheilt war. Bei der am schwersten Erkrankten bildete sich im Mund und Schlund dichte Eruption hirsekorngrosser Knötchen auf stark geröthetem Grunde und später diphtheritische Ulcerationen; letztere traten auch 16 Tage nach dem Wurstgenusse bei der zweiten Kranken auf und 8 Tage später bei einer **Pflegerin** der Kranken und nach der Abreise der letzteren in einen anderen Ort bei mehreren Personen, welche mit ihnen in Berührung kamen. Auch bei einem Hunde, der von der Wurst genossen, fanden sich ähnliche Erscheinungen in Mund und Schlund. In wie weit die Ansicht Niedner's, dass die Wurst das Fleisch kranker, vielleicht an der Bräune leidender Schweine enthalten habe, richtig ist, lassen wir dahin gestellt sein.

Die von Faber (Ztschr. f. Staatsarzneikunde. XX. 337. 1862) nach J. W. Tripe mitgetheilte Vergiftung von 64 Personen in London durch Würste, welche aus magerem Rindfleisch, Schweinefett, Brod, Salbei und Gewürzen bereitet waren, unter choleriformen Erscheinungen, bei einzelnen mit Delirien, Anschwellung des Gesichtes und der Hände, Myosis verlaufend und in einem Falle letal, wo bei der Section die Gedärme einem purpurrothen Sammet ähnlich waren, dürfte wol kaum zum Botulismus gerechnet werden können und erinnert sehr an die Erkrankung von 150 Personen durch den Genuss des Fleisches einer angeblich an Pleuritis (vielleicht durch Milzbrand?) zu Grunde gegangenen, in der Agonie geschlachteten Kuh, welche ich im August 1862 zu Detmold mitzubeobachten Gelegenheit hatte und über welche ich auf der Naturforscherversammlung zu Carlsbad Mittheilungen machte (cfr. Amtl. Bericht über dieselbe von Löschner und Hochberger p. 247).

In Württemberg sind nach Faber von 1832 — 1862 nicht weniger als 82 Personen durch Blut- und Leberwürste vergiftet, von welchen 19 starben; es sind darunter ausser den im Handbuch angeführten Beobachtungen von Berg, Bosch und Schütz noch solche von Lippe (Württemb. Corresp. Bl. XVII. 22), Röser (ibid. XII. 1) Schwandner (ibid. XXVII. 101) und Schröter (ibid. XXX. 231), wovon der letztere Fall in so fern von Wichtigkeit ist, als nur die Mitte der Wurst, nicht die Enden toxisch wirkten. — Für die Prognose hält Faber das Auftreten der Diarrhoe gleich zu Anfang der Erkrankung als günstiges Zeichen von Werth. Purgirmittel sind nach seiner Ansicht im Verlaufe der Krankheit um so mehr indicirt, als oft noch sehr spät Massen der Würste durch den Stuhl abgehen.

2. Gift aus geräuchertem Schinken und sonstigem geräuchertem und eingesalzenem Fleische (S. 331).

[Zusatz zu §. 155. S. 331.]

Noch mehr wie bei den Wurstvergiftungen scheint es bei den unter diese Rubrik gehörenden Intoxicationen, dass sie in naher Beziehung zu der Trichiniasis stehen. In Bezug auf den ältesten Fall von sogenannter Schinkenvergiftung, welchen Fehr (Ephem. med. phys. Ded. I. Ann. VI. Obs. 191 pag. 269) beschreibt, habe ich (Deutsche Klinik. No. 10. 1864) wegen des dabei beobachteten Gesichtsödems und des achttägigen Intervalls zwischen Genuss und Erkrankung die Möglichkeit einer Trichineninfection hervorgehoben; die übrigen im Handbuche angeführten Fälle stellen sich entweder als einfache Gastroenteritis oder mit den Erscheinungen des Botulismus dar. Von neueren Krankengeschichten ist von besonderem Interesse ein durch L. Gouyneau (Essai sur l'empoissonnement par les viandes de charcuterie. Thèse. Strasb. 1863) mitgetheilter Fall von Schinkenvergiftung aus Bayonne, mit Dyspnoe, Erstickungsgefühl, Schmerz in der rechten Thoraxhälfte beginnend. Mit der Eruption von Urticaria schwand die Dyspnoe, um mit dem Vergehen des Exanthems wiederzukehren; beide alternirten mehrere Male während des siebentägigen Verlaufs der Krankheit. Viel intensiver war die Erkrankung desselben Mannes durch den nämlichen Schinken, 14 Tage später; Gesichtsgeschwulst, heftig schmerzender Ausschlag, Leberintumescenz, Icterus, Schmerz in der rechten Schulter bildeten die Symptome des in drei Wochen unter Gebrauch von Alkalien und Purganzen schwindenden Leidens. Auch Meyer-Hofmeister (Zürich. Jahresber. f. 1862. 117) berichtet Erkrankungen durch den Genuss sogenannter Schinkenwürste, in den Frühlingsanfang fallend und meist gastrischer Natur. In zwei Fällen war ausserdem Tenesmus, Urindrang und am dritten Tage Urticaria aufgetreten. Gesichtsödem ist nicht erwähnt.

3. Giftiges Gänseschmalz u. s. w. (S. 333).

[Zusatz zu §. 156. S. 333.]

Hieran reihen sich einige Beobachtungen von Dehne, welche v. Franque (Med. Jahrb. f. Nassau. XV. u. XVI. 736. 1859) mittheilt: 1. Vergiftung einer Familie von 5 Personen mit Mehlklössen, welche in altem Fette gebraten waren unter den Erscheinungen heftiger Magenschmerzen, Erbrechen, Hinfälligkeit, Zittern, Ohnmachten; 2. Vergiftung einer Wittwe und 4 Kinder durch Salat, welcher mit verdorbener Bouillon bereitet war, ebenfalls mit Uebelkeit, Erbrechen, Schwindel, Somnolenz, in einem Falle mit Irrereden, Zittern und Convulsionen verlaufen; und 3. Intoxication von 3 Personen durch einen Rest Rindfleisch, von welchem die ganze Familie 2 Tage und Tags zuvor ohne Schaden gegessen hatte, unter denselben Symptomen. Beaugrand (Ann. d'hyg. 2. sér. XVII. 455. 1862) knüpft an das Referat über dieselben eine Notiz über Vergiftung durch längere Zeit aufbewahrte Hasenpastete, durch welche vorwaltend der Tractus afficirt wurde.

4. Käsegift (S. 333).

[Zusatz zu §. 158. S. 333—335.]

In einem mir mündlich von Herrn Hofrath Eschenburg in Detmold mitgetheilten Falle von Käsevergiftung erkrankte auch der von der einen Patientin während der Affection gestillte Säugling unter gleichen Erscheinungen wie die Mutter, so dass der Uebergang des Giftes in die Milch mit höchster Wahrscheinlichkeit anzunehmen ist. Englische Beobachtungen über Käsevergiftung, 2 Todesfälle und 20 Vergiftungen durch Americanischen Käse unter Schmerzen und Collapsus, vgl. Lancet, June 1862.

5. Giftige Milch (S. 335).

[Zusatz zu §. 159. S. 337.]

Bei der Vergiftung mit Rahmeis (Vanilleeis) haben wir mit van Hasselt in Ermangelung anderer ausreichender Erklärungsversuche eine abnorme Gährung der Milch als Ursache angenommen. Es ist uns indess, da die Erscheinungen sich wesentlich als eine Gastritis zu erkennen geben, zweifelhaft, ob es sich überhaupt um eine Intoxication oder vielmehr um eine Erkältungskrankheit handelt. In dieser Beziehung dürfte man darauf zu achten haben, ob nicht auch andere Arten Eis zu ähnlichen Erkrankungen Anlass geben. Dies würde dann auch ein Criterium für Schroff's neue Theorie der fraglichen Affection sein. In einzelnen Fällen handelt es sich auch bestimmt um Metallvergiftung; so wurde z. B. in Amiens in Rahmeis, welches während des Carnevals zu Massenerkrankungen führte, in grossen Mengen Zinn, das aus den zur Bereitung des Gefrorenen benutzten Zinngefässen stammte, nachgewiesen (James nach Faber, Ztschr. f. Staatsarzneik. XX. 350. 1862).

Schroff (Sitzg. der Ges. d. Aerzte in Wien, vom 3. Juli, in Wien. allg. med. Ztg. 27. 1863.) glaubt, dass die u. A. in Wien mehrfach beobachteten Vergiftungen durch Vanilleeis, als deren Hauptsymptome ebenfalls Erbrechen und Schmerzen im Epigastrium hervortraten, in der Behandlung der Vanille-Schoten von Seiten der Pflanzer in Mexico und Süd-America begründet seien. Um die Schoten geschmeidig und weich zu erhalten, werden dieselben mit verschiedenen Oelen, u. A. auch mit Acajouöl, bestrichen. Das von den reinen Kernen von Anacardium occidentale abstammende Oel ist sehr fein; wird jedoch der Samen nicht mit gehöriger Vorsicht eröffnet, so kann der in den Lücken des Samengehäuses enthaltene bekannte ätzende Balsam, das Cardol, den Kern verunreinigen und das daraus gepresste, zum Bestreichen der Vanille-Schoten gebrauchte Oel schädlich machen. Viel weniger wahrscheinlich ist es, dass die Giftigkeit durch eigenthümliche prismatische, im Parenchyme der Vanille-Schoten vorhandene Krystalle, die den in der Meerzwiebel aufgefundenen gleichen und nach Pariser Angaben Brennen und Blasenbildung bei Einreibung einer Lösung derselben in die Haut hervorrufen sollen, veranlasst werde. Danach sollten die toxischen Eigenschaften aus der zufälligen Anwesenheit einer grösseren Menge solcher Krystalle resultiren. Schroff hält letztere, die übrigens mit den an der Oberfläche guter Vanille-Schoten befindlichen bekannten Krystallen nicht zu verwechseln sind, für oxalsauren Kalk, der in oktaedrischen Formen auch in der Epidermis der Schoten sich findet.

Eine Vergiftung durch Milch von Ziegen, welche wahrscheinlich Wolfsmilch (Euphorbia Paralias oder Helioscopia) gefressen hatten, unter den Erscheinungen von Cholera nostras in einigen Stunden verlaufen, beobachtete zu Malta an sich selbst und verschiedenen Officieren und Matrosen der Englischen Marine Mackay (Edinb. med. journ. pag. 825. March 1862). Die Wolfsmilch gilt in Malta angeblich als Galactagogum und wird absichtlich verfüttert; man soll solche Milch aber leicht an spontan sich bildenden gelben Streifen auf derselben erkennen.

6. Verwesungsgift, Venenum putredinis (S. 337).

[Zusatz zu §§. 160—164. S. 337—344.]

Hinsichtlich der Vergiftung durch gasförmige Producte der Verwesung muss eine Selbstbeobachtung von Guéniot (L'Union med. 104) genannt werden, dem die Section einer in Folge von Placenta praevia verstorbenen Wöchnerin, aus deren Abdomen und besonders Vagina und Uterus sich höchst fötide Gase entwickelten, eine 24stündige Erkrankung zuzog, welche sich eine halbe Stunde nachher mit Mattigkeit, dumpfen Schmerzen und Kälte in den Extremitäten, Schmerz im Epigastrium einstellte, wozu später Erbrechen, sowie ein Frostanfall mit nachfolgender Hitze und Schweissen, Cephalalgie und intensive Schmerzen der Muskeln und Gelenke der linken Seite hinzutraten. Ausserdem erwähnen wir einer Angabe von Deville über sehr beträchtliche Mortalität in Pariser Häusern, wo Fische in Körben lagerten und fortwährend schlechte Gerüche verbreiteten (Ann. d'hyg. 2. sér. XVI. 222. 1861).

B. Vergiftung mit Stoffen aus dem Pflanzenreiche.

Gruppe der Gerbsäuren (S. 347).

[Zusatz zu §. 167. S. 347.]

Dass das Tannin in der That eine Stelle in der Toxikologie verdient, beweist ein von E. Rollett (Wien. med. Wchschr. 97. 1865) mitgetheilter Vergiftungsfall, in welchem ein Mädchen gegen Diarrhoe eine grosse Quantität Tannin auf einmal eingenommen hatte, wonach sich Schmerzen im Magen und Unterleib, hartnäckiges Erbrechen und anhaltende Obstipation neben leichten Fieberbewegungen einstellten. Die Obstipation dauerte 14 Tage, ehe sie durch wiederholte Clysmen beseitigt wurde, und selbst von da ab waren Leibschmerzen und Trägheit des Stuhles, dem mitunter Blut und Eiter beigemengt waren, noch mehrere Wochen vorhanden.

Erster Abschnitt.

Acotyledoneae, Samenlappenlose Pflanzen.

1. Familie: Fungi, Pilze (S. 355).

a) Coniomycetes, Staubpilze (S. 356).

[Zusatz zu §. 172. S. 356.]

Zu den Erkrankungen durch Staubpilze gehört wahrscheinlich die von Maurin (vgl. Ann. d'hyg. 2. sér. XV. pag. 198. 1861) beschriebene Dermatose des vanniers oder cannissiers, bedingt durch einen schwarzen Staub, welcher sich auf an feuchten Stellen bewahrtem Schilfrohr (Arundo Donax L.), das man in der Provence zur Bekleidung von Plafonds u. s. w. gebraucht, entwickelt und mikroskopisch als gestielter, sporentragender Schimmelpilz erscheint. Nach dem Wegnehmen solchen Schilfrohrs entsteht bei den Arbeitern Kopfschmerz, lebhafter Durst, später pruriginöse Röthe mit Anschwellung der Nasenflügel, Augenlider, des Halses, Scrotums u. s. w., Bläschen- und Pustelbildung, besonders am Scrotum; die ganze Affection ist erst in 12 Wochen beendigt. Manchmal werden auch die Schleimhäute afficirt und es kommt dann zu heftigerm Schnupfen mit Epistaxis, Angina, Balanoposthitis. Wäscht man die Schilfgeflechte vorher mit Wasser ab, so bleibt die Affection fort. Schon 1845 hat Michel ein besonderes Memoire über die Schimmelbildung auf Schilfrohr als Krankheitsursache publicirt; nur redet er von „weissem" Staube und die von ihm beobachteten Symptome differiren etwas (vgl. Handb. S. 392), insofern er besonders noch sexuelle Exaltation hervorhebt. Diese letztere findet als Symptom ihre Bestätigung durch Guiches (Mém. de méd. milit. 389. 1864), der auch das ebenfalls von Michel hervorgehobene Erkranken von Thieren (Hunden, Enten) constatirt.

Als eine Vergiftung durch Uredo segetum wird im Zür. Med.-Ber. f. 1862 pag. 120 ein Fall beschrieben, wo nach dreistündigem Einathmen des Staubes brandiger Kornähren Schwindel, Mattigkeit und 10 Wochen lang dauernde Engbrüstigkeit und Expectoration blauschwarzer Sputa eintrat. Von epileptiformen Krämpfen bei Pferden durch Spreu von brandigem Waizen redet Falke in seinem Berichte (Schmidt's Jahrb. CXVIII. 238. 1863).

Das Auftreten eines Maserexanthems bei einem Knaben, dem Tags zuvor schimmliges Leinsamenmehl in das Gesicht geworfen war, will Kennedy (Dubl. quart. journ. Febr. 1863) durch die Schimmelpilze bewirkt betrachtet wissen und führt dabei Americanische Beobachtungen von Salisbury an, wonach sich maserähnlicher Ausschlag in Folge des Staubes von verschimmeltem Stroh und nach der Inoculation der Schimmelpilze entwickelt haben soll (L'Union med. 29. Novbr. 1862).

Hierher stellen wir ferner die von E. Strauss (Virch. Arch. XXX. 1864) mitgetheilte Vergiftung von 70 Menschen durch ganz frisches Bier, dem der Brauer am Tage vorher noch ein grosses Quantum Hefe zugesetzt hatte; die Symptome waren lebhaftes Fieber, Diarrhoe, Erbrechen, starke Schweisse, in einzelnen Fällen Coma, und hielten nur einen Tag an.

b) Hyphomycetes, Fadenpilze (S. 356).

[Zusatz zu §. 173. S. 356.]

Vergiftungen durch verschimmelte Nahrungsmittel bei Thieren sind auch in neuerer Zeit mehrfach berichtet; so z. B. bei Pferden durch schimmliges Brod (vgl. Falke's Bericht in Schmidt's Jahrb. CXIV. 143. 1862. CXXVII. 110. 1865) und bei sechs Pferden durch schimmligen Hafer nach Mitchell und Varnell (vgl. ebend. CXVIII. 237. 1863), wo ein Experiment die Richtigkeit der Diagnose bewies und Lähmung der hinteren Extremitäten ein Hauptsymptom bildeten.

c) Pyrenomycetes, Kernpilze (S. 357).

[Zusatz zu §§. 174—182. S. 357—373.]

Die Ansicht Tulasne's, dass das Mutterkorn als Vorbildungsstadium von Claviceps purpurea anzusehen sei, ist durch Kühn (vgl. Cannstatt's Jahresber. V. pag. 8. 1865) dadurch, dass er durch Insition der Sporen dieser Keulensphärie an Roggenähren Mutterkorn erzeugte, zur unbestreitbaren Thatsache erhoben. Wie damit die frühere Angabe Bonorden's, dass das Bestreichen von Roggenähren mit Mutterkornhyphen Mutterkorn erzeuge, in Einklang zu bringen ist, ob eine doppelte Fortpflanzungsweise anzunehmen ist, mag die Zukunft lehren.

Das Mutterkorn des Waizens, welches neuerdings in Frankreich therapeutisch verwerthet wurde, soll einer These von Carbonneaux-Leperdriel zufolge weniger giftig als unser Secale cornutum wirken, und zwar wegen eines viel geringeren (um 15 %) Gehaltes an fettem Oele, während Bonjeau's Ergotin zu 20 %, also in grösserer Menge darin vorkommen soll. Ein von Lallemant (Journ. de Pharm. 444. 1865) geprüftes Mutterkorn von Ampelodesmus tenax Link aus Algier soll nur halb so grosse Dosen erfordern wie Roggenmutterkorn.

Eine neue chemische Untersuchung des Secale cornutum (Amer. journ. of Pharm. XXXVI. 193. Cannst. Jahresber. V. pag. 8. 1865) von Wenzell lässt in demselben ausser dem Winkler'schen Secalin noch zwei neue Basen, Ekbolin und Ergotin, und eine mit letztern verbundene, eigenthümliche, flüchtige Säure, Ergotsäure, vorkommen. Die Basen bilden nach dem Eintrocknen einen bräunlichen, amorphen Firniss, schmecken schwach bitter, reagiren alkalisch, sind in Wasser und Alkohol, aber nicht in Aether und Chloroform, wenig in Holzgeist löslich, bilden amorphe und zerfliessliche Salze und entwickeln bei Zusammenschmelzen mit Natronkalk Ammoniak. Beim Erhitzen blähen sie sich auf, stossen einen Geruch nach verbrennendem Fleische aus und verbrennen ohne Asche. Das Ekbolin, welches die Wirkung auf den Uterus bedingen soll, soll aus salzsaurer Lösung durch Platinchlorid dunkelorangegelb, durch Goldchlorid hell chocoladefarben, durch Cyankalium weiss gefällt werden; Wenzell's Ergotin durch Cyankalium nicht, durch Platinchlorid nur bei Anwesenheit von Alkohol oder Aether, durch Goldchlorid gelbgrau gefällt werden. Das Secalin soll mit Phosphorsäure im Mutterkorn verbunden sein. — Neidhart (N. Jahrb. d. Pharm. XVIII. 194. 1862) erklärt Wiggers Ergotin für ein durch Farbstoff verunreinigtes Harz; doch stellt Wiggers die harzige Natur in Abrede (Cannst. Jahrb. V. 8. 1862). Das Vorkommen von Mannit (Neidhart) ist ohne toxikologische Bedeutung.

Eine eigenthümliche Folge chronischer Mutterkornvergiftung hat Ign. Meyr in Kronstadt (Wien. Wchbl. XVII. 47. 1861) bei einer 1857 im Sächsischen Siebenbürgen vorgekommenen Epidemie von Kriebelkrankheit, von welcher in sechs Ortschaften 283 Individuen (98 Todesfälle) ergriffen wurden, in der Bildung von Linsenstaar beobachtet, der sich bei jugendlichen Individuen nach Ablauf der Krämpfe unter monatelangem Kopfschmerz mit Schwindel und Ohrensausen bald als weicher, bald als harter Cataract bei 23 Personen entwickelte.

Jacoby (Pharm. Ztschr. f. Russland. III. 25. 1864) räth, um Mutterkorngehalt im Roggenmehl zu constatiren, 10 Gran des fraglichen Mehls zweimal nach einander mit der dreifachen Menge starken Alkohols siedend auszuziehen, jedesmal heiss zu coliren und auszupressen, dann die Mehlmasse in einem Probecylinder mit 10 Gran Alkohol und 10—20 Tropfen verdünnter Schwefelsäure tüchtig durchzuschütteln und klar absetzen zu lassen. Ist das Mehl rein, so erscheint der geklärte Alkohol ganz farblos, bei Gegenwart von Mutterkorn rosenroth und zwar um so intensiver, je mehr darin vorhanden ist.

d) Hymenomycetes, Hautpilze, und Gastromycetes, Bauchpilze (S. 373).

[Zusatz zu §§. 183—191. S. 373—394.]

Die von mir in Schuchardt's Zeitschrift f. pract. Med. Heft 3 pag. 421 1865 veröffentliche Abhandlung über die medicinische Bedeutung der Pilze mit vorzugsweiser Berücksichtigung ihrer toxischen und diätetischen Eigenschaften ist im Wesentlichen eine weitere Ausführung meiner im Handbuche niedergelegten Ansichten.

Nach Sicard und Schoras (Journ. de pharm. et de chim. Juin 1865) soll das wirksame Princip mehrerer (welcher?) giftiger Pilze basischer Natur sein und in kleiner Menge Frösche tödten, und zwar auffallender Weise unter denselben Erscheinungen wie Curarin, von dem es jedoch nach Preyer (Berl. klin. Wchschr. 40. 1865) sich dadurch unterscheidet, dass es auch bei blosser Einathmung giftig wirkt, während das Curarin schwer oder gar nicht flüchtig ist. Letellier (Gaz. méd. de Paris. 11. 1866) hält das Amanitin als eine nicht krystallinische, feste, durch Jod und Tannin fällbare Pflanzenbase und als das giftige, dem Narcein analog wirkende active Princip der giftigen Amaniten fest, neben welchem in Amanita bulbosa und deren Varietäten noch eine scharfe Substanz sich finden soll.

Interessant sind Angaben von J. de Seynes (Essai d'une flore mycologique de Montpellier. 1863) über den Genuss giftiger Pilze in Südfrankreich. So wird Amanita vaginata zu Montpellier ohne Schaden verzehrt; A. muscaria wird bei Genolhac (Gard) in beträchtlicher Quantität genossen, man gebraucht dabei die Vorsicht, das Wasser wegzuschütten und den Pilz lange kochen zu lassen. A. rubescens gilt als unschädlich, wird aber nicht bei Montpellier gesammelt. A. pantherina und A. phalloides werden gemieden. Agaricus melleus wird viel gegessen, ebenso ist eine verwandte Art, Ag. neomartes, trotz des schlechten Geruches und der Bitterkeit in rohem Zustande, essbar.

Zur Behandlung der Vergiftung mit Amaniten werden von Letellier (a. a. O.) ölige Emetocathartica und concentrirte Decocte tanninhaltiger Substanzen besonders empfohlen. Humbert rühmt die Wirksamkeit der Caffeeclystiere (Cannst. Jahresber. V. 105. 1863), welche O. Connor (Lancet. 13. 1862, Med.-chir. Monatshefte. Juli 1862) in zwei Fällen von Pilzvergiftung mit ausgeprägt narkotischen Symptomen und Mydriasis ebenfalls erprobte.

Zweiter Abschnitt.

Monocotyledoneae, Einsamenlappige Pflanzen.

1. Familie: Gramineae, Gräser (S. 397).

[Zusatz zu §§. 196 und 197. S. 397—400.]

Bezüglich der Gattung Lolium fanden C. Baillet und Filhol zu Toulouse (cfr. Journ. de Chém. méd. Juin 1863), dass Lolium arvense With. (Lolium linicola, übrigens nur eine Varietät von Lolium temulentum) in der Giftigkeit vom Taumellolch nicht abweicht, ferner dass auch Lolium perenne schwach giftige Eigenschaften besitzt, dagegen L. italicum Al. Br. wol ungiftig ist. Gährung scheint die Wirkung des Taumellolchs zu steigern; nur mit Hefe bereitetes Brod mit Lolchgehalt schadet: Lolch als Bierzusatz wirkt heftiger als im Brode, am giftigsten erscheint das wässrige Destillat der gegohrenen Körner.

2. Familie: Aroideae Juss., Callaceae Bartl (S. 400).

[Zusatz zu §. 199. S. 400.]

Nach E. Chairou (L'Union méd. 149. 1862) brachte der Genuss eines Radieschen, welches mit der Wurzel einer in Frankreich häufig angepflanzten und Caladium genannten Aroidee gerieben war, bei einem 44jährigen Manne heftige Entzündung des Mundes und des Schlundes hervor. Das auffallendste Symptom war der Verlust der Sprache, die im beschränkten Masse 36 Stunden später, vollständig erst nach 3—4 Tagen wiederkehrte, vielleicht im Zusammenhange mit einem trocknen, quälenden, bei jedem Articulationsversuche exacerbirenden Husten und einer durch die Untersuchung constatirten schmerzhaften bedeutenden Anschwellung der Epiglottis stehend. Ausserdem waren Schmerzen im Mund, Hals und Herzgrube vorhanden, die Mundhöhle gleichmässig geröthet, Abdomen aufgetrieben, schmerzhaft; Erbrechen und Diarrhoe fehlten. Die Wurzel von Caladium soll eben dasselbe Symptom des Stummseins hervorbringen und von Französischen Gärtnern nicht selten benutzt werden, um ihren Cameraden einen Schabernack zu spielen.

3. Familie: Colchiaceae DC., Melanthaceae R. Br. (S. 401).

[Zusatz zu §. 201. S. 401.]

Durch Veratrum viride sind mehrere Vergiftungen vorgekommen. J. B. Buckingham (Hay's Amer. journ. Octbr. 1865) beschreibt zwei medicinale Vergiftungen durch einen Schluck Veratrumtinctur, statt eines Baldrianpräparates genommen. Heftiges Würgen, Erbrechen, kalte Schweisse, kaum fühlbarer Puls waren die Erscheinungen in dem einen Falle und wurden durch Tinct. Opii crocata bald beseitigt; im zweiten, nicht mit Opium behandelten, trat auch Verlust der Sprache ein und dauerte das Erbrechen mehrere Stunden. Schon früher hat Edwards (Med. Times. 3. Jan. 1865) einen wahrscheinlich hierhergehörigen Fall beschrieben, — E. redet promiscue von Veratrum viride und Helleborus viridis — der die Folgen eines pharmakodynamischen Selbstversuches mit einem Theelöffel Tinctur (= 12 Grau Pulver) betrifft und sich ausser durch die in Buckingham's Falle beobachteten Erscheinungen durch krampfhafte Streckungen und subjective Empfindung von grünen Kreisen um die Lichtflamme characterisirte. Ein letaler Fall von Harris (Hay's Amer. journ. Juli 1865) betraf ein 1½jähriges Kind, das nach 35 Tropfen Tinctur collabirte und in 13 Stunden zu Grunde ging. — Schroff (Med. Jahrb. XIX. 5. u. 6. Heft. pag. 129. 1863) fand das Pulver von Veratrum viride mikroskopisch nicht wesentlich von dem officinellen Pulver von V. album verschieden, nur ist die Farbe mehr schmutzig weissgrau (durch beigemengte Erde). Die Behauptung der Americaner, die grüne Nieswurz unterscheide sich von der weissen dadurch, dass letztere purgire, erstere sogar stuhlverhaltend wirke, ist irrig, da auch V. album nicht constant drastisch, bisweilen auf den Stuhl retardirend wirkt. Auch konnte Schroff bei seinen Versuchen mit alkoholischem Extracte nicht constatiren, dass V. viride vorherrschend Reflexlähmung hervorruft, wie es nach seinen frühern Experimenten das Rhizom von V. album thut, während die Wurzel stets tonische und klonische Krämpfe bewirkt. Quantitativ wirken V. viride und die daraus bereiteten Präparate schwächer als V. album; 2 Gmm. des Pulvers von letzterer tödten Kaninchen, 4 Gmm. der erstern. Uebrigens wirken auch V. viride durch seinen Gehalt an Veratrin, welches darin von Worthington entdeckt wurde.

1. Colchicum autumnale L.

[Zusatz zu §§. 202 und 203. S. 402—407.]

Ueber Colchicin und Colchiceïn verdanken wir genauere Kenntnisse den Untersuchungen von M. Hübler (Jen. Ztschr. f. Med. 1864. S. 247). Hübler gewann das Colchicin durch Extraction der unzerkleinerten Semina Colchici, Fällen mit Gerbsäure und Zersetzen des Niederschlags mit Bleioxyd als eine hell schwefelgelbe, in Wasser und Alkohol ohne Trübung lösliche, in letzterem jedoch anfangs gummiartig sich zusammenballende, in Aether lösliche, beim Zerreiben ebenfalls harzartig zusammenbackende, nicht crystallisable Masse von schwach aromatischem, heuartigem Geruche, der besonders beim Erwärmen der wässrigen Lösung hervortritt, und selbst in sehr starker Verdünnung intensiv bitterem Geschmacke. Die wässrige Lösung ist vollkommen neutral; Goldchlorid erzeugt einen gelben flockigen Niederschlag, Quecksilberchlorid einen weissen; säurefreies Platinchlorid, neutrales Eisenchlorid, neutrales und basischessigsaures Bleioxyd, schwefelsaures Kupferoxyd sind ohne Einwirkung; Mineralsäuren und Alkalien färben die Lösung intensiv gelb; Gerbsäure, selbst stark verdünnte, gibt einen käsigen flockigen Niederschlag. Lässt man zu einigen Körnchen Colchicin einige Tropfen Schwefelsäurehydrat fliessen, so färbt sich letzteres um jene herum dunkelgrün, später gelb; lässt man zu der gelben Lösung einen Tropfen Salpetersäure, so bildet sich an den Berührungspunkten eine dunkelblaue Zone, deren Farbe beim Umrühren rasch in Violett, Braun und schliesslich Gelb übergeht; Aetzammoniak bringt in der sich nicht weiter ändernden Lösung eine Farbenveränderung in Dunkelzwiebelroth hervor, das durch Säuren in Gelb verwandelt und weiter durch Alkalien wieder restituirt wird. Das Colchicin ballt sich zwischen 130 und 140° C. harzähnlich zusammen, schmilzt bei 140° zu einer durchsichtigen, braunen, beim Erstarren glasig spröden Masse ohne Gewichtsveränderung, verbrennt mit Platinblech unter Aufblähen mit russender Flamme und Hinterlassung einer sehr voluminösen, völlig verbrennbaren Kohle und entwickelt mit Aetzkali geschmolzen Ammoniak. Die Elementaranalyse ergab die Zusammensetzung $C^{34} H^{19} NO^{10}$.

Durch den Einfluss von Säuren und wie es scheint auch durch Alkalien, selbst ätzende Erdalkalien, verwandelt sich das Colchicin in das Oberlin'sche Colchiceïn, dessen saure Natur Hübler bestätigte, von dem er aber fand, dass es in seiner Zusammensetzung völlig mit dem Colchicin übereinkommt. Das bei Behandlung des Colchicins mit Säuren neben dem Colchiceïn erhaltene Harz, welche beide von Oberlin als Spaltungsproducte des Colchicins bezeichnet wurden, ist nach Hübler die Folge weiterer Einwirkung der Säuren auf das Colchiceïn. Der harzartige Körper besitzt eine viel grössere Bitterkeit als das Colchiceïn, welches nach Hübler (entgegen Oberlin) nicht als in den Zeitlosensamen präexistent angenommen werden kann.

Das von Hübler dargestellte Colchicin erwies sich als intensiv giftig und tödtete zu 0,05 Gmm. Hunde, wie es scheint, durch heftige Gastroenteritis und eine zum Theil von dieser abhängigen Blutalteration (dicke, theerartige Beschaffenheit in Folge der profusen Diarrhoe), während es in denselben Dosen auf Herbivoren nicht wirkte.

Drei Fälle von Vergiftung jugendlicher Individuen durch Vinum seminum Colchici, durch Verwechslung mit Madera veranlasst, darunter ein lethaler, hat Warncke in Copenhagen (Hosp. Tidende. 6. 1863) mitgetheilt. In allen traten die Intoxicationssymptome erst mehrere Stunden (6—6½) nach dem Genusse auf; das Ende der lethalen Intoxication (nach 2 Unzen) erfolgte in 36 St., die günstig verlaufenen (nach 5 und 10 Drachmen) dauerten über 8 Tage und zeichneten sich durch convulsivische Symptome und Delirien aus, die erst spät (am 2. und 7. Tage) auftraten. Warncke will eine gastroenteritische und spinale Form des Colchicismus unterschieden wissen; er negirt eine bestimmte Affection des Gehirns und führt die hie und da gefundenen Hyperämien auf die Todesursachen (Krampf des Herzens und der Athemmuskeln) zurück, sieht dagegen in Erweichung des Rückenmarks eine dem Gifte eigenthümliche Wirkung. Die in den von ihm selbst mitgetheilten Fällen vorkommenden Delirien mit Raserei sprechen indessen sehr für eine Betheiligung des Gehirns.

2. Veratrum album L.

[Zusatz zu §§. 205 und 206. S. 408.]

Eine Vergiftung von drei Erwachsenen durch den Speisen von fremder Hand mehrmals beigemengtes Pulver von Veratrum album, vorzugsweise als Gastroenteritis, in einem Falle mit Tenesmus und blutigen Stühlen, sonst mit Erbrechen, Schlaflosigkeit und Mattigkeit verlaufend und bei zwei tödtlich, ohne dass die Section Besonderes nachwies, theilen Nivet und Giraud (Gaz. hebd. VIII. 31. 1861) mit. An das Referat dieses Falles schliesst Faber (Ztschr. f. Staatsarzneikunde. XX. 333. 1862) nach Benzien eine Vergiftung von 36 Kühen durch Rad. Veratri albi als Haarseil gebraucht, durch Gastroenteritis, Schwindel, Taumeln characterisirt, und bei 8 tödlich, dadurch interessant, dass die Milch der vergifteten Kühe und das Fleisch der gestorbenen bei Schweinen, Hunden und Katzen Erbrechen und sogar tödtliche Intoxication bedingten. Blas (Verhandl. der naturf. Gesellsch. z. Freiburg. H. 2. pag. 173. 1861) theilt zwei Vergiftungen bei Kindern durch ca. 6 — 8 Unzen eines zur Tödtung von Epizoën beim Rindvieh bestimmten Decoctum Veratri mit, die unter heftigem Erbrechen, Collapsus, convulsivischen Bewegungen im Gesicht und an den Gliedern, Mydriasis günstig verliefen. Sowol in dem Falle von Nivet und Giraud (in den Eingeweiden) als in den von Blas (in den erbrochenen Massen) gelang der Nachweis des Veratrins durch chemische Reactionen und physiologische Experimente.

Als characteristisches Reagens auf Veratrin verdient das von Trapp (Pharm. Ztschr. f. Russland. I. 28. 1862) aufgefundene Verhalten gegen Salzsäure hervorgehoben zu werden. Concentrirte Salzsäure gibt eine farblose Lösung, welche beim Kochen allmählig intensiv blutroth wird und diese Farbe auch bei wochenlangem Stehen nicht verändert. Alkali im Ueberschuss entfärbt sie und gibt einen flockigen Niederschlag, der sich in kalter Salzsäure wieder mit rother Farbe löst; das entfärbte alkalische Filtrat von dem flockigen Niederschlage reducirt Kupferoxyd (Marmé in Henle's Zeitschr. N. F. XXVI. 93. 1865).

3. Sabadilla officinarum Brandt.

[Zusatz zu §. 206. S. 411.]

Schroff (Wien. med. Jahrb. XIX. 129. 1863) wies nach, dass in den Sabadillsamen kein flüchtiges Princip existirt, dass ihre Wirkung bei gleicher Menge bedeutender als die des Rhizoms von Veratrum album und des Rhizoms sammt Wurzeln von V. nigrum und V. viride, dagegen geringer als die der Wurzeln von V. album ist. Kaninchen sterben auf 2, selbst auf 1 Gmm. Sem. Sabadillae. Das Veratrin verhält sich zum alkohol. Extract wie 1 : 3, zur Mutterdrogue wie 1 : 30. Die Samenhüllen sind fast so reich an wirksamen Bestandtheilen wie die Samen. Qualitativ wirken die Sabadillsamen wie die Wurzeln von V. album, indem sie heftige Krämpfe, nur ausnahmsweise Lähmung bedingen. Post mortem fand Schroff in zwei Versuchen eine bis zum brandigen Absterben gediehene Gastritis.

Eine von Merck aus dem Sabadillsamen dargestellte neue Säure (Veratrumsäure) erwies sich Schroff zu 1—4 Dcgm. wirkungslos.

4. Familie: Liliaceae, Kronlilien (S. 413).

[Zusatz zu §. 208. S. 413.]

Die beiden im Handel vorkommenden Sorten Meerzwiebel, die weisse und die rothe, müssen nach Schroff (Wchbl. d. Ztschr. d. Aerzte zu Wien. 43. 1864 und Ztschr. d. Oesterr. Apothekervereins. 1866) als Varietäten einer und derselben Species (Scilla maritima L.) angesehen werden; indessen liefert jedes Exemplar nur gleichgefärbte Zwiebelschalen. Die auf die trocknen äussersten Schalen zunächst folgenden saftreichen liefern ein viel wirksameres Extract und sind bittrer und schärfer als die weiter folgenden; die innersten schmecken gradezu krautartig und süsslich. Ein flüchtiges scharfes Princip besitzt die Scilla nicht, die durch dieselbe bedingte Hautreizung ist Folge der mechanischen Einwirkung reichlich in ihr enthaltener Nadeln von oxalsaurem Kalk; das wässrige und alkohol. Extract, welche diese Krystallnadeln nicht enthalten, reizen die Haut nicht, wohl aber die trockne Zwiebel beim Einreiben. Die rothe Scilla ist bei Weitem stärker wirkend als die weisse, 12 Gmm. der äusseren saftigen Schalen und ebenso 1 Gmm. daraus dargestelltes alkohol. Extract tödten Kaninchen in 12 Stunden (nach 5 Std. treten Streckkrämpfe ein). Auch die äussersten trocknen Schalen der rothen Scilla liefern ein wirksames Extract, das 24 Stunden lang anhaltendes Brennen im Munde und Abstumpfung der Geschmacksempfindung bewirkt, Kaninchen schon in 4¾ Stunden tödtet und bei Lebzeiten anfangs Temperaturerhöhung, Beschleunigung des Pulses und der Resp., Ptyalismus, Myosis, später Depressionsphänomene bedingt; die Section zeigt Erosion der Magenschleimhaut bis zum submucösen Gewebe mit Bluterguss, Hämorrhagie in Herzbeutel, Pleuren, Lungen, Hyperämien in Hirn, Hirnhäuten, Nieren; im Harn Blutkörperchen. Scillitin von Merck, ein brauner Körper von intensiv bitterem Geschmacke und Extractconsistenz, nicht scharf, wirkt narkotisch, bewirkt Zittern, Schüttelkrämpfe, Mydriasis, Sinken der Respiration und tödtet zu 1 Gmm. Kaninchen in 8 Stunden; bei der Section findet sich die Schleimhaut in Magen und Dünndarm nur leicht injicirt, die Hämorrhagien fehlen. Ein nachträglich von Schroff untersuchtes Extract der äussersten Schalen der weissen Scilla erwies sich als narkotisch wirkend. Inwieweit mit Schroff's Angaben diejenigen von Mandet (Comptes rend. LI. 87. 1861), dass die Scilla zwei eigenthümliche Körper, das Scillitin mit diuretischen und expectorirenden Eigenschaften und das Skuleïn von reizender und toxischer Wirkung, enthalte, in Einklang zu bringen sind, steht dahin.

Es mag hier auch noch von Narthecium ossifragum, dem sog. Beinbrech, die Rede sein, den man gewöhnlich zu den Liliaceen rechnet, obschon er zufolge einer mündlichen Mittheilung von Hofr. Grisebach besser zu den Colchiaceen zu stellen ist. Die Giftigkeit desselben für Thiere, besonders Rindvieh, ist neuerdings (zwar nicht in der Form, wie die Alten glaubten, dass er die Knochen erweiche und brüchig mache,) von Wattenberg (vgl. Wigger's Jahresber. pag. 17. 1861) durch Erfahrungen an gefütterten Kühen, die danach unter fortwährendem Verfalle der Kräfte an Durchfall u. s. w. zu Grunde gingen, bewiesen. Die Milch war bitter und wirkte auf eine Katze tödtlich. Walz (N. Jahrb. f. Pharm. XIV. 345. 1861) hat in Narthecium ausser einem Narthecin genannten Körper eine Nartheciumsäure gefunden, auf welche er wol mit Unrecht die toxische Wirkung deshalb zurückführt, weil sie lösliche Kalksalze bilde und dadurch zu Knochenerweichung Anlass geben könne. Im Göttinger chemischen Laboratorium angestellte Analysen haben ein befriedigendes Resultat nicht geliefert. Historisches über die Pflanze gibt Buchenau (Bot. Ztg. 161. 1861).

5. Familie: Irideae Juss., Schwertlilien (S. 415).

[Zusatz zu §. 211. S. 415.]

C. Binz (Grundzüge der Arzneimittellehre. S. 6. Berl. 1866) experimentirte mit einem concentrirten Infus von 2 Drachmen Crocus sativus bei Katzen und Hunden (innerlich und hypodermatisch) und sah danach besonders die Temperatur steigen, ausserdem Schwankungen des Pulses und etwas Betäubung.

Dritter Abschnitt.

Dicotyledoneae, Zweisamenlappige Pflanzen.

1. Familie: Coniferae, Zapfenbäume (S. 416).

Thuja occidentalis.

[Zusatz zu §. 215. S. 416.]

Dass ich berechtigt war, dem Lebensbaum eine Stelle in der Toxikologie neben dem Sadebaume einzuräumen, beweist ein von Sander in Zellerfeld (Schuchardt's Ztschr. Heft 4. pag. 339. 1866) veröffentlichter und als Thuja-Vergiftung von der Göttinger medic. Facultät constatirter Fall von tödtlich verlaufener Intoxication durch einen als Abortivum genommenen Thee von Herba

Thujae occidentalis. Der beabsichtigte Abortus trat in der That neben starker Vomiturition ohne nachfolgendes Erbrechen, Betäubung und Anästhesie ein; post mortem wurde starke Hyperämie der Unterleibsorgane, sowie hochgradige, z. Th. hämorrhagische Entzündung des Magens und der Eingeweide, endlich Hyperämie und Exsudation in Hirn und Hirnhäuten constatirt. Sicher ist das ätherische Oel, welches in seiner localen Wirkung auf die Haut dem Sabinaöl sehr nahe steht, als das wirksame Princip anzusehen; inwieweit daneben das von Kawalier in den grünen Theilen von Thuja occidentalis entdeckte Glykosid, Thujin, das beim Erwärmen mit verdünnten Säuren sich in Zucker und Thujetin spaltet, und neben dem Thujin noch das Thujigenin (Journ. f. pract. Chemie. 74. 8) an der Wirkung betheiligt ist, steht dahin.

Pinus sylvestris u. a. (Oleum Terebinthinae).

[Zusatz zu §. 219. S. 422.]

Chevallier hat die schädliche Wirkung des Terpenthinanstriches nach eigenen neueren Erfahrungen und unter Zusammenstellung früherer Beobachtungen, welche sich auch zum Theil auf die Ausdünstungen von Blumen beziehen, in den Ann. d'hyg. pag. 95. 1863 hervorgehoben. Durch Marchal de Calvi's Anathem gegen Terpenthinanstrich veranlasst stellte Liersch (Casper's Vierteljahrsschr. Oct. 1862) Thierversuche an, welche den Beweis lieferten, dass mit Terpenthindunst reichlich erfüllte Luft auch kleineren Säugethieren gefährlich und selbst tödtlich werden kann, wobei jedoch nicht jedes Thier derselben Species in gleicher Weise leidet, dass die wesentlichsten Erscheinungen sich als Unruhe, Betäubung, Schwanken und Taumeln, Bewegungsstörungen, selbst Lähmungen der Extremitäten, besonders der hinteren, dann theils partielle, theils allgemeine Convulsionen, sehr beschleunigter Herzschlag und verlangsamte, selbst erschwerte Respiration darstellen, und dass der Tod durch Neuroparalyse erfolgt. Es stimmt zu diesen Symptomen eine von Ménière (Journ. de Chimie méd. Août 1861) beschriebene Vergiftung von drei Arbeitern, die in einen Brunnen, in welchen der Inhalt einer 56 Lit. Terpenthinöl haltenden Flasche gerathen, hinabgestiegen waren: anfangs heftiges Toben und Schreien, oder Lachen, später Somnolenz. Die Entfernung aus der Atmosphäre scheint das Wesentlichste zu sein; Ménière leisteten Aderlasse gute Dienste.

Zu der Vergiftung mit Terpenthin dürfte auch die von Dahlerup (Bibl. for laeger. 128. Juli 1863. vgl. Vjhrschr. f. ger. Med. Oct. 1866) beschriebene Selbstvergiftung mit Kamphin, einem durch Destillation von Terpenthin und Kalkmilch erhaltenen Beleuchtungsmaterial, zu rechnen sein; die genossene Menge betrug $1\frac{1}{2}$ Seidel, die Symptome waren Erbrechen, wobei das Erbrochene den eigenthümlichen Geruch des Kamphins besass, ausserordentliche Exaltation bei nicht getrübtem Bewusstsein, bleicher Gesichtsfarbe, kühler Haut und kleinem, schwachem Puls, später convulsivische Zuckungen in den Extremitäten, in geringerem Grade selbst noch nach 4 Tagen anhaltend, Kopfschmerz, Schmerzen im Halse und in der Cardia, Schlingbeschwerden und Strangurie. Der Urin zeigte (ebenso wie das Athmen) noch am zweiten Tage Veilchengeruch und enthielt viel Phosphate, wenig Chloride und kein Eiweiss.

2. Familie: Urticeae, Nesselgewächse (S. 424).

1. Cannabis sativa L.

[Zusatz zu §. 221. S. 424.]

Von Guyon (vgl. Wigger's Jahresber. pag. 26. 1861) wird auch der Hanfsamen als narkotisch bezeichnet; eine Abkochung davon soll in der Umgegend von

Chambéry den Tod eines jungen Mädchens und der Genuss der Samen achttägigen Narcotismus eines Knaben bewirkt haben. Ein Vergiftungsfall mit Hanfextract, von Riedel (Deutsche Klin. 19. 1866) mitgetheilt, betrifft einen Apothekerlehrling, der sich die Freuden des Paradieses durch Haschischrausch verschaffen wollte, und zeichnet sich symptomatologisch durch den stark gesteigerten Bewegungstrieb, den heftigen Herzstoss und subjective Farbenerscheinungen mit Vorherrschen von Blau und Grün aus.

2. Humulus Lupulus L.

[Zusatz zu §. 222. S. 430.]

Baumann (Württemb. Corr.-Bl. 19. 1864, Schmidt's Jahrb. CXXIII. 185. 1864) beobachtete Erkrankungserscheinungen nach Hopfenpflücken in geschlossenem Raume bei zwei Geschwistern, besonders stark bei einem Knaben, der am dritten Tage hernach zweimal erbrach und unwohl wurde, Tags darauf bei erhöheter Hauttemperatur stark schwitzend in einem soporösen Zustande mit blanden Delirien, vollem Pulse, stertoröser Respiration, Sehnenhüpfen in der oberen Extremität, Mydriasis sich befand und am fünften Tage der Krankheit ein scharlachähnliches Erythem, namentlich im Gesicht bekam, überhaupt erst nach Monaten völlig aus seinem paralytischen Zustande sich erholte und besonders lange Zeit auffallend weite Pupillen behielt. — Von Lupulin gab Fronmüller sen. (D. Klin. 40. 1864) zwei Gesunden je eine Unze ohne erhebliche narkotische Wirkung.

3. Familie: Laurineae Vent., Lorbeerbäume (S. 433).

[Zusatz zu §§. 226 und 227. S. 433—437.]

Lemchen (Journ. f. Kinderkkh. Heft 9. u. 10. pag. 290. 1865) beobachtete die Vergiftung eines 20 Mon. alten Knaben mit Solutio Camphorae oleosa, durch Opisthotonos und darauf folgende convulsivische Zuckungen der Extremitäten, Contraction und Unempfindlichkeit der Pupillen, schwachen, schnellen Puls, Gesichtscyanose und Anästhesie ausgezeichnet. Die Symptome traten erst nach 3 Stunden ein. Eine Zusammenstellung neuerer toxikologischer Literatur über Camphervergiftung hat Schuchardt (dessen Ztschr. Heft 2. pag. 137. 1866) gegeben und ausserdem auf einen zweiten lethalen Intoxicationsfall aus älterer Zeit (ein bei einem Knaben beobachteter ist von Schaaf in Gaz. méd. de Strasb. Mai 1850 mitgetheilt) von Buddeus (vgl. Blumenbach's med. Bibl. Bd. 8. St. 4. S. 694. 1795) hingewiesen, wo der Campher in Substanz zum Zwecke von Abortus genommen und der Tod innerhalb 10 Stunden erfolgt war. Auch unter den neueren Fällen ist einer Folge eines Abtreibungsversuches (Feuerly in Gaz. méd. d'Orient. II. 12. 1859).

4. Familie: Myristiceae, Muscatbäume (S. 437).

[Zusatz zu §. 228. S. 437.]

Während Fronmüller (Deutsche Klinik. No. 40. 1865) nach zwei Muscatnüssen nur etwas Summen im Kopfe auftreten sah, beobachtete ten Bosch (Nederl. Tijdschr. 1. afdeel. pag. 419. Jul. 1865) eine 4 Tage anhaltende Vergiftung durch sieben gegen Rheumatismus eingenommene Muscatnüsse, wobei sich ausser Uebelkeit und Magenschmerzen auch Cephalalgie, Mydriasis, unsichere Sprache, Sinken der Temperatur und keuchende Respiration bei kleinem, langsamem Pulse als hauptsächlichste Erscheinung zeigte.

5. Familie: Phytolacceae R. Br., Schminkpflanzen (S. 439).

[Zusatz zu §. 232. S. 439.]

Der unter den gewöhnlichen Symptomen verlaufenen und mit Excitantien behandelten Vergiftung von vier Mädchen zu Udine durch die fälschlich für Caroten gehaltene Wurzel von Phytolacca decandra L., nach Zambelli mitgetheilt in Ann. de Thérap. pag. 58. 1863, gedenken wir nur, weil sie an mehreren Orten als Vergiftung durch Amaranthus communis irrthümlich aufgeführt ist. Eine so benannte Species von Amaranthus L. existirt nicht, keine der dieser Gattung angehörigen Arten ist giftig, und als Amaranto del Peru oder schlechtweg Amaranto bezeichnet man in Italien die vorbenannte Phytolacca.

6. Familie: Euphorbiaceae Juss., Giftmilcher (S. 439).

Jatropha Curcas.

[Zusatz zu §. 235. S. 440.]

Mit den Samen von Jatropha Curcas habe ich in der letzten Zeit auf Veranlassung der Herren Gehe u. Co. in Dresden mich mehrfach beschäftigt. Es geht aus meinen Untersuchungen hervor, dass der Name Höllenöl für das milde Oel, welches die Samen liefern, nicht gerechtfertigt ist, da es erst zu 15 bis 20 Tropfen leicht purgirend wirkt. Die Samen habe ich selbst zu 3—4 Stück gegessen, ohne danach mehr als einen flüssigen Stuhl zu bekommen. Auf die äussere Haut wirkt das Oel nicht reizend ein; ebensowenig eine aus den Samenschalen dargestellte alkoholische Tinctur. Weder die Samenschalen noch die ganzen Samen zerkaut bewirken Spuren von Stomatitis u. s. w. Nichtsdestoweniger sind auch aus neuester Zeit Vergiftungen mit Sem. Curcadis beobachtet, und zwar eine Massenvergiftung von 33 Personen in Birmingham nach Russell (Med. Times. June 25. 1864), wo die genossene Menge zwischen 3—4 und 40—50 Stück schwankte, die Symptome bald schon nach 10 Minuten, bald erst nach 2½ Stunden auftraten und sich hauptsächlich in Schmerz und Brennen im Halse, Auftreibung des Unterleibes, Schwindel, Erbrechen, Mattigkeit und Schläfrigkeit und später auftretenden schleimigen und wässrigen Darmentleerungen äusserten; bei einzelnen war Dysurie, bisweilen in den schlimmsten Fällen Mydriasis vorhanden und stets war die Genesung in zwei Tagen vollendet. Vgl. auch über das fragliche Oel die These von Vaulherin (De l'huile de Croton. Du Curcas purgans. Paris 1864).

Ricinus, Wunderbaum.

[Zusatz zu §. 239. S. 445.]

Eine Vergiftung durch 7 Stück Ricinussamen, als Hausmittel genommen, durch Erbrechen, Durchfall, Empfindlichkeit und Auftreibung des Unterleibes, Mydriasis, Kopfschmerzen und besonders krampfhafte Zusammenziehungen der Muskeln des Rückens und der Extremitäten characterisirt und in 3 Tagen günstig verlaufen, findet sich im Wiedener Krankenhausbericht für 1862. S. 142.

7. Familie: Scrophularineae, Rachenblümler (S. 450).

Digitalis.

[Zusatz zu §§. 244—251. S. 450—457.]

Für die gerichtliche Medicin hat der rothe Fingerhut ein besonderes Interesse durch die Vergiftung der Wittwe de Paw erhalten, welche von Dr. Couty de la Pommerais in Paris absichtlich durch Digitalin bewirkt wurde und zu einem sehr lesenswerthen, obschon nicht in allen Punkten infalliblen Gutachten von Tardieu und Roussin (Annal. d'hyg. pag. 80. Juill. 1864) Veranlassung gab.

Eine ziemlich sorgfältige Zusammenstellung der Casuistik der Digitalisvergiftung verdanken wir Agis Ducroix (De l'empoisonnement par la digitale et la digitaline. Thèse. Paris 1864); zu den im Handbuche S. 451 citirten Fällen kommt aus neuester Zeit hinzu ein Fall von Alph. Mazel (Gaz. des hôp. 74. 1864) durch Theeaufguss von Folia Digitalis (durch Verwechslung mit Fol. Boraginis, auf welche ich schon im Handbuch die Aufmerksamkeit lenkte), zu 7 Gmm. auffallend durch den plötzlichen Tod am fünften Tage, und eine chronische Digitalisvergiftung, durch Gesichtshallucinationen und Verlust des Gedächtnisses characterisirt, mitgetheilt von Berg (Württemb. Corr.-Bl. XXXIII. 29. 1864). Eine von mir gemachte noch nicht publicirte Zusammenstellung der Digitalisvergiftungen umfasst 1 Giftmord (durch Digitalin), 1 Selbstmord (Digitalisinfus), 1 ökonomische Vergiftung (Digitalisblätter statt Borago) und 42 Medicinalvergiftungen (1 durch ein Infus der Wurzel, 4 durch Digitalin, 3 durch Pulver, 1 durch Extractum Digitalis, 1 durch Digitalissyrup, 1 durch frischen Saft, 24 durch Infuse oder Decocte der Digitalisblätter und 7 durch die Tinctur; zu grosse Dosis oder zu lange fortgesetzter Gebrauch auf ärztliche Verordnung gab in 33, die Anwendung als Hausmittel in 3, als Geheimmittel in 1, unrichtiges Verständniss des Recepts in 2, innerliche Anwendung statt der vorgeschriebenen äusserlichen in 2 Fällen Veranlassung). Von den 45 Fällen endeten 10 tödtlich.

Die besonders durch die Versuche von Stannius in die Handbücher eingeführte relative Unwirksamkeit des Digitalins auf Batrachier, an sich irrig, erklärt sich dadurch, dass Frösche, mit Digitalin vergiftet, ähnlich wie nach anderen Herzgiften, mit stillstehendem Herzen umherhüpfen. Reines Digitalin in Glycerin gelöst und subcutan applicirt, wirkt nach Marmé (Zeitschr. f. rat. Pathol. XXVI. 1. 1864) zu 18—36 Mgm. verlangsamend, zu 54 Mgm. anfangs verlangsamend und später beschleunigend, 72 Mgm. tödtlich lähmend auf die Herzaction bei Fröschen. Das Digitalin ist somit viel schwächer als Helleboreïn (vgl. Ranunculaceen) aus der grünen Nieswurz. 20 Mgm. tödten Tauben bei subcutaner Application, während vom Kropf aus 30 Mgm. ertragen werden können. Bei Kaninchen wirkt bei subcutaner Application reines Digitalin zu 10—20 Mgm. vorübergehend verlangsamend, zu 80 Mgm. erst verlangsamend, dann enorm beschleunigend und kurz vor dem Tode wieder beschleunigend, zu 160 Mgm. verlangsamend bis zum Tode; in eine Vene injicirt wirken 8—10 Mgm. verlangsamend und wieder beschleunigend, wenn und ehe das Thier zu Grunde geht, bei grossen Gaben tritt erst Verlangsamung, dann Beschleunigung und oft Tod ohne nochmalige Beschleunigung ein, bei sehr grossen Gaben, wenn der Tod nicht in wenigen Secunden erfolgt, enorme Beschleunigung und erst mit dem Tode Verlangsamung. Bei Katzen entsteht nach 3—5 Mgm. Pulsverlangsamung, bei Injection in eine Vene, 10 Mgm. führen den Tod nach Verlangsamung, Steigen und Fallen herbei, 20 Mgm. nach rascher starker Beschleunigung. Subcutane Application von 30—60 Mgm. wirkt bei Hunden verlangsamend, bisweilen tödtlich mit vorausgehender Acceleration, von 120—180 Mgm. kurze Zeit verlangsamend, dann enorm beschleunigend und plötzlich tödtlich. Hiernach erscheint die Angabe von Faure (Arch. gén. pag. 113. Oct. 1864), dass Hunde von gewöhnlicher Grösse Dosen Digitalin ertragen, durch welche mehrere Menschen vergiftet werden können, dass 50 Mgm. nicht wirken und 100 Mgm. nicht sicher wirken, mögen per os oder in eine Wunde applicirt sein, nur auf ein unreines

Präparat zu beziehen sein. Auch ist die von Faure gemachte Angabe, dass die Veränderung des Herzschlages bei Hunden nicht als directe Digitalinwirkung bei toxischen Dosen aufzufassen sei, dass unmittelbar nach dem Erbrechen die Herzschläge rascher und kräftiger seien, später im Momente der Depression, wie solche stets auf Superexcitation folge, Verlangsamung eintrete, wol nur als Curiosum zu bezeichnen.

Nach Faure's Versuchen soll das Erbrechen bei Digitalisvergiftung etwas Characteristisches besitzen; nach den gewöhnlichen Brechmitteln liege ein Bedürfniss zur Expulsion von Seiten des Magens vor, nach Digitalis seien die Anstrengungen des Magens nur die Folge einer Reihe convulsivischer Contractionen, die in den entferntesten Körpertheilen beginnen und in den obersten Regionen erst auftreten, wenn sie sich in den unteren und dem Abdomen gezeigt haben, wobei sich der Thorax wie bei der heftigsten Expiration zusammenpresse. Das Erbrochene besteht aus Galle, blutigem, schaumigem Schleim und Mageninhalt; der Vomitus erfolgt paroxysmenweise und in den Pausen ist anscheinendes Wohlbefinden da; erst nach mehreren heftigen Anfällen bleibt das Thier liegen. Bisweilen machen sich die fraglichen convulsivischen Anstrengungen in umgekehrter Richtung geltend, dann erfolgt nach Excretion der Fäces sehr anstrengender Abgang schleimiger, blutiger Massen per alvum.

In Hinsicht auf die örtliche Wirkung des Digitalin constatirte Homolle (L'Union med. 75. 1864) bei Hunden mehrmals Entzündung und nachfolgende Gangrän von Vesicator- und sonstigen Wunden; bei Kaninchen fand keine Entzündung statt. Bei subcutaner Injection von Digitalinlösung bei Kranken hat man Entzündungserscheinungen nicht beobachtet. Derselbe weist auch darauf hin, dass Temperaturerhöhung nach Duméril und Lecointe neben Pulsverlangsamung bei Menschen vorkommen kann. Der Blutdruck ist sowol während der Verlangsamung als der Beschleunigung des Pulses erhöht (Marmé).

Bei Mad. de Paw ergab die 13 Tage post mortem angestellte Section völlig normales Herz mit halbgeronnenem Blute als Inhalt, stellenweise einige Blutunterlaufungen im Tractus, aber keine Entzündung. — Bei Hunden will Faure das Herz meist normal an Volumen und Resistenz, constant voll von flüssigem oder coagulirtem Blute gefunden haben. Marmé fand bei Säugethieren die Ventrikel schlaff und wie die grossen Blutgefässe der Brust, des Bauches und Becken mit Blut gefüllt; das Blut gleich nach dem Tode flüssig, nach einigen Stunden lockere nicht entfärbte Gerinnsel. Bei Fröschen finden sich meist nach dem Herzstillstande die Ventrikel contrahirt, die Vorhöfe mit Blut erfüllt und ausgedehnt; die Reizbarkeit (mechanische und elektrische) sind frühzeitig erloschen. Das Herz von Kaninchen zeigt nach Injection von Digitalin in die Venen bisweilen selbst 2 Stunden nach dem Tode noch schwache spontane Contractionen (Marmé).

Antidotarische Versuche stellte Gustave Aimé Becker (Etudes botan., chim. et toxic. sur la digitale pourprée. Strasb. 1864) an und scheinen dieselben für die Anwendbarkeit des Tannin zu sprechen, obschon, wie ich schon früher hervorhob, die gerbsaure Verbindung des Digitalin nicht völlig unlöslich und ungiftig ist. Die Versuche, das Digitalin im Magen zu spalten und in das nach Becker und Marmé ungiftige Digitaliretin überzuführen, mussten negativ ausfallen, da dasselbe erst beim Kochen mit Schwefelsäure, nicht aber bei der Körperwärme entsteht.

Die im Handel vorkommenden Arten von Digitalin sind zum grössten Theile noch mit anderen Substanzen verunreinigt und namentlich scheint das Französische viel weniger rein zu sein als das Deutsche (von Merck), welches übrigens nach Marmé ebenfalls nicht völlig rein ist. Letztres ist in Wasser leichter löslich. Wenn einzelne Autoren (Lefort, Helwig) dasselbe als krystallinisch bezeichnen, scheinen sie durch beigemengte unorganische Stoffe irregeführt zu sein.

Das ungünstige Prognostikon, welches wir S. 157 der Auffindung des Digitalins in organischen Massen stellten, hat sich im Process la Pommerais bewährt, indem es Tardieu und Roussin nicht gelang, das Digitalin in reinem Zustande abzuscheiden, weshalb sie sich mit der Darstellung von Extracten begnügen mussten, die das Vorhandensein eines Herzgiftes erwiesen. Zur Trennung des Digitalins wurde die Dialyse nach Graham ohne Erfolg benutzt, welche nach neueren Versuchen von Grandeau (Gaz. des hôp. 69. 1864) und Lefort (Bull. de l'Acad. XXIX. 124. 1864) immerhin angewendet werden kann. Grandeau erhielt durch 18stündige Dialyse bei der Lösung von 1 Cgm. Digitalin in 100 Ccm. destillirtem Wasser alles Digitalin wieder; bei 45 Ccm. Urin mit 2 Ccm. einer Lösung von ½ Grm. Digitalin in 100 Ccm. Wasser lieferte die Dialyse günstige Resultate, ohne dass in 18 Std. alles Digitalin überging; Flüssigkeit, durch Maceration von Eingeweiden erhalten, zu 250 Ccm. mit 4 Cgm. Digitalin versetzt, liess ebenfalls das Digitalin in die dialysirte Flüssigkeit übergehen. Nach Lefort dringen alle im Handel vorkommenden Sorten von Digitalin in wässriger und alkoholischer Lösung durch Colloidmembranen.

Homolle (L'Union méd. 74. 1864) hat für die Abscheidung des Digitalins ein auf die Löslichkeit desselben in Chloroform basirtes Verfahren angegeben, womit es ihm gelang, das Digitalin aus einem Gemenge von 250 Grm. Nahrungsmitteln mit 5 Mgm. Digitalin und im Erbrochenen eines mit 0,1 Grm. vergifteten Hundes (nicht aber im Erbrochenen eines durch subcutane Application vergifteten Hundes) nachzuweisen. Die Löslichkeit in Chloroform ist übrigens nicht gleich für alle im Handel vorkommenden Sorten Digitalin, am bedeutendsten für das Digitalin Homolle-Quevenet.

Als charakteristische Reactionen des Digitalins werden nach neueren Untersuchungen angeführt:

Ein Stückchen der durch Chloroform ausgezogenen und nach dessen Verdunstung zurückbleibenden, blassgelblichen, weichen, unangenehm riechenden und intensiv bittern Masse gibt in einer Glasröhre mit einigen Tropfen Salzsäure eine gelbe Flüssigkeit, die nach und nach smaragdgrün wird und später einen dunkelgrünen, pulvrigen, nicht mehr bitter schmeckenden Niederschlag absetzt (Homolle). Salzsaure Dämpfe färben das Französische Digitalin dunkelgrün, das Deutsche dunkelbraun; bei deren Einwirkung auf ersteres tritt der eigenthümliche Geruch der Digitalistinctur viel stärker hervor als bei letzterem, wonach die Grünfärbung auf einer Verunreinigung durch eine flüchtige, den eigenthümlichen Geruch des Fingerhuts bedingende Substanz zu beruhen scheint (Lefort). Auf reines (durch Aether aus concentrirter Lösung in Alkohol gefälltes Merck'sches) Digitalin wirkt Salzsäure nicht farbeverändernd (Marmé).

Concentrirte Schwefelsäure färbt Digitalin (Französisches) anfangs braun, dann weinroth; Wasserzusatz ändert die Farbe in schmutziggrün (Grandeau). Reines (gereinigtes Merk'sches) Digitalin wird von conc. Schwefelsäure mit bräunlichgelber Farbe gelöst; lässt man diese Lösung in einem Uhrglase stehen, so färbt sie sich vom Rande aus fortschreitend allmälig violett; durch Wasserzusatz wird die Farbe heller und verschwindet bei viel Wasserzusatz unter Abscheidung bräunlicher Flocken. Je nach der Concentration wechselt die Farbe von Blassviolett bis Dunkelweinroth (Marmé).

Concentrirte mit etwas Salpetersäure versetzte Schwefelsäure löst das reine Digitalin mit gelber Farbe (Marmé).

Bromdämpfe färben das mit SO^3 angefeuchtete Digitalin (Französisches) violett, was man selbst bei dem Verdunstungsrückstande eines Ccm. Wasser, in welchem ½ Mgm. Digitalin gelöst ist, eintreten sieht (Grandeau). Diese Färbung unterscheidet sich nicht von der durch SO^3 an der Luft erhaltenen (Marmé).

Die Reactionen mit SO^3 und Bromdämpfen kommen auch dem Helleboreïn zu (Marmé) und sind somit nur bedingungsweise charakteristisch für Digitalin.

Digitalin, in Wasser und ein wenig Salpetersäure gelöst, gibt mit Phosphormolybdänsäure eine gelbe Färbung, die beim Erhitzen prachtvoll grün wird; Ammoniak verändert sie in tiefindigoblau, das beim Erhitzen wieder grün wird und dann ganz verschwindet. Die Reaction zeigt sich bei weniger als $\frac{1}{100}$ Gran (Trapp in Pharm. Ztschr. f. Russl. I. 3. 1863).

8. Familie: Solaneae Juss., Nachtschatten (S. 458).

1. Atropa.

[Zusatz zu §§. 254—262. S. 459—470.]

Eine glücklich verlaufene Selbstvergiftung mit 1 Gran Atropin. sulfur. anglicum beobachteten H. Cohn und Th. Koerner in Breslau (Berl. klin. Wchschr. 16. 1865). Weitere Fälle von ökonomischer Vergiftung durch Tollkirschen sind im letzten Lustrum mitgetheilt von F. Evans (Brit. med. journ. Sept. 21. 1861), Thom. Hayden (Dubl. quart. journ. 51. Aug. 1863), E. Rollett (Wien. med. Wchschr. 95. 96. 1865) und Otto in Rudolstadt (Vrtjhrschr. f. ger. Med. N. F. 157. 1866). Den Uebergang von der ökonomischen zur medicinalen Intoxication bilden vier Vergiftungen von Sträflingen, welche im Prager Krankenhaus den Arzneikasten erbrachen und 2 etwa 4 Drachmen fassende Fläschchen Atropinlösung (zu 1 Gr. Atrop. sulf. in 1 Dr. Wasser) austranken (Kleinwächter in Berl. klin. Wchschr. 38. 1864). Medicinale Fälle von Vergiftung durch Atropin und atropinhaltige Substanzen sind aus neuester Zeit zu nennen: Ploss, Fall von tödtlicher Atropinvergiftung durch eine auf eine Vesicatorwunde applicirte Salbe aus 3 Gran Atrop. sulf. und 2 Dr. Fett (Ztschr. f. Chir. 177. 1863, Schmidt's Jahrb. CXX. 181. 1863), Rud. Hohl (De Atropini effectu. Hal. 1863), Vergiftung durch 2 Gran Atropin, statt Coffein dispensirt, in 6 Tagen glücklich verlaufen, Schmid in Wiesbaden (Monatsbl. f. Augenheilk. 158. Mai 1864), Béhier (L'Union. 85. 1863), Chambers (Lancet 1. 1864), Fronmüller sen. (Memorabil. IX. 1. 1864), Vergiftungen durch aus Versehen genommene Atropinlösung. Lubelski (Gaz. hebd. 7. Sept. 1864), Vergiftung einer Hysterica mit $\frac{1}{60}$ Gran Atropinum valerianicum, A. Commaille in Algier (Journ. de Pharm. et de Chim. Avr. 1865) Vergiftungen durch mit baldriansaurem Atropin verfälschtes Chininum valerianicum, Bathurst Woodman (Med. Times. 385. Oct. 1864), Vergiftung durch innerliches Einnehmen eines aus Belladonnaextract, Wasser und Glycerin zusammengesetzten Liniments, Macnamara (Dubl. med. journ. 246. Febr. 1863), Vergiftung eines Knaben durch Extract, endlich E. Rollett (Wien. med. Wchschr. 97), Vergiftung durch ein Clystier einer Infusion von 10 Gr. Belladonnablätter. Eine complexe Vergiftung durch ein Clystier von je 1 Dr. Opiumwein uud Belladonnaextract ist von Taylor (Guy's Hosp. rep. 287. 1865) beschrieben, interessant dadurch, dass nur die Symptome des Atropismus eintraten.

Für die Dosis toxica ist die Beobachtung von Evans (Vergiftung durch Saft und Pulpa von 4 Belladonnabeeren, deren Schale ausgespieen wurde, von

24 St. bei einem 9jährigen Mädchen) von Wichtigkeit. Nicht lethal wirkten bei einem Kinde 2 Theelöffel einer Lösung von 1 Gr. Atrop. sulf. in 1 Unze (Chambers) und bei Erwachsenen 2 Gr. Atrop. sulf. (Hohl), 1 Gr. Atrop. sulf. angl. (Cohn und Koerner); dagegen lethal von einer Vesicatorfläche aus 2 Gr. (Ploss). Die Dosis von 10 Gr. Hb. Bellad. im Infus als Clysma bei Rollett ist geringer als die bisher bekannte kleinste toxische Gabe.

Unsre Kenntnisse über die Symptomatologie der Belladonnavergiftung sind durch die neuesten Beobachtungen nicht erheblich erweitert. Der Fall von Evans zeigt, dass die Erscheinungen auch erst nach Stunden auftreten können. Die in diesem und Hayden's Falle, sowie in einem Falle von Rollett beobachtete Abwechslung von Delirien und Coma ist nichts Auffallendes; wohl aber die Anfälle von Niesen bei Evans, während die von ihm und Woodman beobachtete scarlatinöse Röthe ein exceptionelles, der schmerzhafte Harndrang ein problematisches Symptom ist. Schmid's Fall ist ausgezeichnet durch Steigerung des Geschlechtstriebes (Erectionen und erotische Bewegungen) und die Steigerung der Pulsfrequenz, welche auch Rollett beobachtete. Kleinwächter's Beobachtung zeigt sehr deutlich verschiedene Grade der Atropinvergiftung nach der genommenen Dosis: Mydriasis und Trockenheit im Halse in leichten Fällen, rauschähnlicher Zustand mit heiteren Delirien, gesteigertem Bewegungstrieb, Aufgehobensein der Articulation, langsamem Pulse in höherem, Sopor und furibunde Delirien im höchsten Grade. In Ploss' Falle trat der Tod in 2, in Otto's nach 21 Stunden ein. Die von R. Hohl bei seiner Patientin 6 Wochen nach Beseitigung der acuten Erscheinungen beobachtete Erkrankung (Abnahme der Sensibilität in den Fingern, Formication, Hallucinationen, Cephalalgie, Agrypnie) sind wol kaum noch als Atropinwirkung aufzufassen.

Bezüglich der Sectionsresultate notirt Otto Hyperämie der Sinus und der Gefässe der Pia mater, Injection der Medulla oblongata und rothe Flecken auf dem serösen Ueberzuge des Herzens.

Von Interesse für die Elimination des Atropins ist es, dass R. Hohl die mydriatischen Eigenschaften des Urins bei seiner Vergifteten noch nach 36 Stunden constatirte. In Bezug auf die physiologischen Wirkungen dieses Stoffes ist eine Arbeit von Lemattre (Arch. gén. Juill. Août. 39. 173. 1864) nicht ganz ohne Wichtigkeit. Lemattre leugnet die Immunität der Kaninchen gegen Atropin, das zu 80 Mgm. in die Jugularis gespritzt den Tod und zu 40 Mgm. subcutan Convulsionen bewirkt; vom Magen aus wirken 80 Mgm. nicht, weil der starke Inhalt die Resorption toxisch wirkender Mengen nicht gestattet, in Folge wovon auch der bei subcutaner Application stets leichte Nachweis des Alkaloids nach ½ Stunde nicht möglich ist. Am raschesten wirkt es toxisch von der Respirationsschleimhaut aus, gleichmässig rasch bei Application auf Schleimhäute (Magen, Collum uteri) und vom Unterhautbindegewebe. Atropin zerstört, wie übrigens auch schon früher Botkin (Virch. Arch. XXIV. 1. u. 2. pag. 83. 1862) fand, nach Lemattre die Nervenreizbarkeit, vernichtet dagegen nicht die Muskelirritabilität, die Aufhebung der Nervenreizbarkeit schreitet von der Peripherie aus zum Centrum fort und die Sensibilität erlischt vor der Motilität. Bei localer Application auf Muskeln und Herz werden Nerven- und Muskelreizbarkeit zugleich vernichtet. Bei durchschnittenen Vagis steigert Atropin die Zahl der Pulse und Respirationen. Nach Botkin verlangsamt Atropin bei Fröschen die Herzbewegung sehr bedeutend, bei Säugethieren steigert es die Zahl der Pulse, vermindert aber, wie auch Lemattre bestätigt, den Blutdruck. In der Schwimmhaut des Frosches bewirkt Atropin Contraction der Gefässe, was übrigens nach Hayden (a. a. O.) nicht durch directen Reiz der vasomotorischen

Nerven geschieht, sondern Reflexwirkung ist, indem das Phänomen ausbleibt, wenn die Integumente höher oben durch Cirkelschnitt getrennt und die sensiblen Nerven durchschnitten werden. Die Pupillenerweiterung folgt nach Lemattre schneller bei subcutaner Application als bei solcher in Magen und Dickdarm. Bei Vergiftungen an Thieren nimmt die Sensibilität im Stadium der Erregung ab und verschwindet während des Coma ganz; bisweilen wird eine Art Reitbahngang, der nicht auf Hämorrhagie im Pons oder den Pedunc. cerebri zurückzuführen ist, beobachtet, ausserdem zeigen sich Convulsionen, klonische und tonische, manchmal dem Strychnintetanus ähnlich, endlich Paralysen; bei starken Convulsionen sah Lemattre rasches Eintreten und schnelles Verschwinden der Todtenstarre. Pulsfrequenz soll steigen, der Blutdruck sinken. In einzelnen Fällen tritt im Urin Eiweiss und Zucker auf. Onsum (Forhandl. i det norske med. selsk. 188. 1864) bezeichnet nach Versuchen an Fröschen das Atropin als der Wirkung auf die Medulla spinalis ermangelnd und als Gehirn und peripherische Nerven paralysirend.

Fleming (Edinb. med. journ. March 1863) fand bei seinen Versuchen, dass eine nicht spirituöse Lösung von 1 Gr. Atr. in 10 Dr. in die Haut eingerieben weder Sensibilität noch Contractilität noch Hautfärbung irgendwie verändert und dass das Atropin überhaupt nicht local lähmt, vielmehr die Contraction der Applicationsorgane beschleunigt.

Chronische Atropinvergiftung resultirt nicht selten als Folge längeren Gebrauches von Atropincollyrien und gibt sich als erethische Schwäche und Darniederliegen der Assimilation zu erkennen; der Zustand ist leicht zu verkennen, da die Belladonnasymptome sich nicht zeigen (A. v. Gräfe m. Archiv f. Ophthalmol. IX. 2. 62. 1864).

Als ein neues organisches Antidot der Belladonna hat Kleinwächter die Calabarbohne empfohlen (vgl. Leguminosen) und zwar gestützt auf angeblich günstigen Erfolg von 10 Tropfen einer Lösung von 6 Gr. Extr. in 1 Dr. Glycerin. Ueber den Antagonismus von Opium und Atropin vgl. unter Papaveraceen.

Interessant, wenn auch bisher nicht von toxikologischem Interesse, ist die von verschiedenen Forschern gefundene Spaltbarkeit des Atropins durch kaustische Alkalien, alkalische Erden, Salzsäure (Kraut, Lossen, Pfeiffer). Nach Kraut (Annal. d. Chem. und Pharm. CXXXIII. 87. 1865) wird das Atropin in ein neues Alkaloid, Tropin, von stark basischen Eigenschaften und der Formel $C^{16} H^{15} NO^{2}$, und eine Säure, Atropasäure, von der Formel $C^{18} H^{7} O^{3}$ gespalten, welche in der Pflanze selbst nicht präformirt sind und von denen letztere durch Erhitzen mit chromsaurem Kali und Schwefelsäure in Benzoësäure übergeht. Bei der Behandlung mit Salzsäure sollen nach Lossen (ibid. 370. 1865) neben dem Alkaloid drei verschiedene Säuren auftreten.

2. Hyoscyamus.

[Zusatz zu §§. 262—268. S. 470—474.]

Die in den letzten Jahren publicirten Bilsenkrautvergiftungen reduciren sich auf zwei von Rezek beobachtete Fälle von ökonomischer Vergiftung durch Samen (Allg. Wien. med. Ztschr. 30. 1864), mit subcutaner Morphium-Injection behandelt, und auf eine von Landerer an sich gemachte Beobachtung von Vergiftung durch eine zu hohe Gabe Bilsenkrautextract. In Rezek's Falle ist der 12stündige Mangel der Urinentleerung von Interesse.

Mit Buchner'schem und Merck'schem Hyoscyamin stellte Fronmüller sen. (Deutsche Klin. 35. 1865) Versuche in Bezug auf ihre hypnotische Wirkung an. Das Merck'sche bildet eine gelblichbraune, nicht krystallisirte, das Buchner'sche eine rothbraune, canadabalsamähnliche Masse. Im Allgemeinen erwies sich die hypnotische Kraft des Buchner'schen Hyoscyamins den schlechtern Opiumsorten gleich ohne besondere Nebenwirkungen; in der Nacht sanken Puls und Athemzüge, während die Temperatur etwas stieg. Merck's Hyoscyamin ist viel stärker und bewirkt zu $\frac{1}{10}$—$\frac{1}{5}$ Gran soviel wie $\frac{1}{3}$—$\frac{1}{2}$ Gran des Buchner's, bedingt aber auch in dieser Dosis Mydriasis und die sonst den Mydriatica zukommenden Symptome (häufig Brechreiz und Ructus, bisweilen Trockenheit im Halse, Schwindel, Delirien und Agitation, Schweiss).

3. Datura.

[Zusatz zu §§. 268—274. S. 474—478.]

Von den Stechapfelvergiftungen der neuesten Zeit sind medicinale: Flögel (Wien. Med. Halle II. 12. 1861), Vergiftung von 5 Soldaten durch eine Maceration von $\frac{1}{2}$ Seidel frischer Samen in 1 Seidel Branntwein, zu $\frac{1}{4}$ und resp. $\frac{1}{8}$ Seidel als Hausmittel und Jules de Soyre (Gaz. des hôp. 42. 1865), Vergiftung durch ein Infus. statt eines Aufgusses von Lorbeerblättern; ökonomische: Liégey (L'Un. med. 6. 1862), Lee (Hay's Amer. journ. Jan. 1862), Turner (ibid. Apr. 1864), Vergiftungen von Kindern durch Stechapfelsamen betreffend. Ausser der scarlatinösen Röthe (Liégey), der Beschleunigung des Pulses, der am 3. Tage plötzlich sank (Flögel), und einer vielleicht auf die Medicamente zurückzuführenden Schmerzhaftigkeit des Grimmdarms (Flögel), bieten sie symptomatologisch nichts Auffallendes. Wie bei Belladonna ist auch hier verschiedentlich ein Antagonismus mit dem Opium behauptet und letzteres Mittel als Antidot angewendet.

Die Angabe von Schroff, dass Daturin stärker mydriatisch wirke, als Atropin, wird von Lemattre (Arch. gén. Juill. 73. 1864) bestritten, nach welchem Atropin stärker als Daturin und dieses stärker als Hyoscyamin, sowol was die Raschheit des Eintrittes als die Dauer der Mydriasis anlangt, wirke; Schroff's Angaben sollen sich aus Nichtberücksichtigung der verschiedenen Empfänglichkeit der einzelnen Versuchsthiere erklären. Lemattre constatirte bei Thieren den Uebergang des Daturins in den Harn.

In Bezug auf die Identität des Daturins und Atropins ist die von Erhard sen. in Passau (N. Jahrb. f. Pharm. Juni 1866) neuerdings hervorgehobene Differenz der Krystallformen der Salze, deren ausführlichere Erörterung hier zu weit führen würde, von einiger Wichtigkeit.

Datura Strammonium wird in America vielfach Jamestown wood genannt, weil zu Jamestown in Virginia eine grosse Menge Soldaten durch die als Gemüse genossenen Blätter vergiftet wurden (Beverley's hist. of Virginia. 1722. p. 121); und zwar unter 11 Tage lang anhaltenden Erscheinungen von Geistesstörung a pleasant comedy, for they turned up natural fools upon it for several days).

4. Nicotiana.

[Zusatz zu §§. 275—282. S. 478—492.]

Unter den neueren Tabaksvergiftungen befinden sich mehrere durch äussere Application von Tabak, so von Martin (L'Union med. 29. 1863), Intoxication durch mit Tabaksinfus (30 Gmm. auf 1 Lit. Wasser) getränkte Binden, Namias (Gaz. des hôp. 84. 1864), Vergiftung eines Schmugglers durch auf der Haut getragene Tabaksblätter und Callas (Journ. de Chim. méd. Mai 1865), mehrfache Intoxicationen aus Tamoul durch Application von Tabaksblättern auf Scrotalgeschwülste; ausserdem eine Vergiftung von 4 schweren Kentuckycigarren

(Majer in Würt. Corr.-Bl. XXXIV. 15. 1864) und eine durch Tabaksschmirgel (Journ. de méd. de Brux. 429. Mai 1865).

Die Wirkung des Nicotins auf das Herz verhält sich nach Traube (Med. Centr.-Ztg. 103. 1863) so, dass es auf das regulatorische Nervensystem des Herzens stark erregend und nach übermässiger Erregung lähmend wirkt. Bei künstlich unterhaltener regelmässiger Respiration vermag Nicotin den Herztod nicht herbeizuführen; die Herzlähmung geschieht nur mittelbar durch Lähmung der Respiration. — Nach den Untersuchungen von O. Nasse (Beiträge zur Physiologie der Darmbewegung. Leipz. 1866) erzeugt das in die Jugularis injicirte Nicotin nach kurzer Zeit eine Art Tetanus des Darms vom Magen bis zum Rectum, welche Wirkung auf directe Erregung der Ganglien und Nervenenden im Darme zu beziehen ist, da sie weder durch Durchschneidung der Vagi, noch durch Compression von der Aorta abdominalis geschwächt wird; der Splanchnicus verliert dabei seine Hemmungswirkung.

Der Nicotingehalt des Pfälzertabaks ist von Wittstein (dess. Vierteljschr. 351. 1862) an lufttrockenen Blättern nach 6 Sorten als zwischen 1,5 und 2,6 % schwankend bestimmt.

Chronische Tabaksvergiftung.

Gibb (On diseases on the throat. London 1860) beschreibt sehr genau Kehlkopfleiden durch Missbrauch von Tabak, besonders durch Kauen, bestehend in Entzündung und Ablagerung in den Follikeln der Schleimhaut bis in die Bronchien hinab. Zenker machte auf der Naturforscherversammlung zu Hannover Mittheilung über die Section von 2 in einer Tabaksfabrik beschäftigt gewesenen Arbeitern, welche beide Atrophie der Lungen und eigenthümlich braune, durch Tabaksstaub bedingte Flecke im Lungengewebe und in den Bronchialdrüsen zeigten. — Allgemeine Anästhesie und Halsschmerzen als Folge chronischer Tabaksvergiftung constatirte P. J. Farnsworth (Amer. med. times. Oct. 1862, Schmidt's Jahrb. CXIX, 1863); Harn und Schweiss des Kranken hatten Nicotingeruch. Eine Otite des fumeurs stellt Triquet (Leçons cliniques sur les maladies d'oreille. Paris 1863) auf, ausgezeichnet durch Trockenheit der Schleimhäute und Gefühl von eigenthümlicher Kälte des Ohres. J. C. Wordsworth (Lancet, Juli 25. 1863) bestätigt die Existenz der von Mackenzie aufgestellten Amaurosis of the smokers, und theilt 3 Fälle davon mit, in welchen durch den Augenspiegel weisse Atrophie der Nervi optici constatirt wurde; der consumirte Tabak betrug in einem Falle 1—1½ Pfd. die Woche, mehrere Jahre hindurch, in einem andern ½ Unze täglich, 9 Monate hindurch. Nach Siebel (L'Union med. 54. 1863) charakterisirt sich die Tabaksamaurose durch den gleichzeitigen Mangel von heftiger Hirncongestion; die Papillen sind bald sehr weiss, bald etwas injicirt, ihre Contouren unbestimmt, die Netzhaut wenig injicirt, die Centralgefässe normal oder erweitert, besonders die Venen. Der Verlauf ist sehr langsam (3—6—12 Monate).

Als besondere Form der chronischen Tabaksvergiftung bezeichnet E. Decaisne (Compt. r. T. 58. pag. 1017. 1864) die bei 21 leidenschaftlichen Rauchern von ihm beobachteten Intermissionen des Herz- und Pulsschlages ohne organische Herzleiden, bisweilen mit Verdauungsstörungen combinirt, welchen er den unpassenden Namen Narcotisme du coeur beilegt. Bei 9 verlor sich die Affection nach dem Aufgeben der Gewohnheit. H. Kennedy (Dubl. med. Press. Apr. 20. 1864) hält es für unzweifelhaft, dass Fettherz nicht selten Folge von unmässigem Tabaksrauchen sei. Beau (Gaz. des hôp. 82. 83) nennt das Tabaksrauchen, besonders excessives, als Ursache von Angina pectoris.

Decaisne (Compt. r. T. 59. pag. 763. 1865) hat eine Reihe von Fällen gesammelt, wo Anämie von Arbeiterkindern auf eine andere Ursache wie die Unsitte des frühzeitigen Tabaksrauchens nicht zurückgeführt werden konnte. J. de Briert (Gaz. des hôp. 21. Juill. 1864) berichtet über den Tod einer 46jährigen Tabaksesserin, welche in Folge deprimirender Gemüthsaffecte zu dieser Leidenschaft (nebenbei rauchte und schnupfte sie noch) kam, der sie 4 Jahre lang fröhnte. Am Tage vor dem Tode fand Briert Patientin im elendsten Zustande (Herzschlag kaum fühlbar, vollständige Blindheit bei sehr dilatirten Pupillen, Schwerhörigkeit, allgemeine Anämie, Tremor der Zunge, Dysphagie und fortwährende Magenkrämpfe, Ohnmachten, Prostration, Schlaflosigkeit). Torpor alvi war schon sehr lange vorhanden, nachdem anfangs reichliches und häufiges Erbrechen und Stuhlentleerungen bestanden hatten, der Harn wurde unfreiwillig entleert. Keine Convulsionen.

Nicht ohne Interesse ist die Mittheilung von Morin (Gaz. hebd. 52. 1861) über das Auffinden von Nicotin in Lungen und Leber eines langjährigen Schnupfers.

5. Solanum.

[Zusatz zu §§. 282—286. S. 492—500.]

Bourneville (Gaz. des hôp. 35. 1864) citirt in einer Arbeit über Belladonnavergiftung eine Mittheilung von Bourdin in der Sitzung der Soc. méd. psychol., betreffend die Intoxication eines 11jährigen Kindes, welches 2 Stunden nach dem Genuss von circa 10 Dulcamarabeeren in Katalepsie verfiel, die Augen waren geschlossen, Pupillen nicht dilatirt; Sprache fehlte; Respiration und Puls normal. M. Maury beobachtete, wie er bei derselben Gelegenheit mittheilte, starke Hallucinationen bei einem mit den Beeren von Solanum nigrum vergifteten Knaben. Die Vergiftung eines 4jährig. Kindes durch 3 bis 4 Beeren von Solanum pseudocapsicum, in 3 Stunden mit Uebelkeit, Leibschmerzen, Mydriasis, Somnolenz verlaufen, beobachtete Montané (Journ. de chim. méd. 34. Janv. 1862). Durch den Genuss unreifer Kartoffeln entstanden nach Haaf in Burgdorf (Schweiz. Wchschr. f. Pharm. 30. 1863) Intoxicationssymptome, die auf Solaninvergiftung hindeuteten; der Solaningehalt der Kartoffeln stellte sich auf 0,007 %.

Mit Solanin in hypnotischer Beziehung stellte Fronmüller sen. (Dtsch. Klin. 40. 1864) Versuche an, wobei er es zu 1 — 4 Gran pro dosi gab; die schlafmachende Wirkung war inconstant und klagten die Versuchspersonen zum Theil über leichtes Brennen im Schlunde und Aufstossen, einmal war Mydriasis die Folge. 9 Gran riefen bei einem Gesunden nach 2 — 3 Stunden Erbrechen, 15 Gran bei demselben nach 3 Stunden Uebelkeit und Abweichen, sowie Appetitverlust, einige Stunden später Schwindel und ¾stündigen Schlaf, keine Pupillenerweiterung hervor.

9. Familie: Apocyneae Juss., Apocyneen (S. 501).

[Zusatz zu §. 294. S. 501.]

Eine Gruppirung der bekannten Giftpflanzen dieser Familie nach ihrer Wirkungsweise habe ich (Schuchardt's Ztschr. H. 6. p. 557. 1865) versucht, im Anschlusse an eine pharmakognostisch - toxikologische Untersuchung der neuerdings aus Ostindien eingeführten, bisher nicht für giftig gehaltenen Semina Indageer oder Indurjuo, welche nach der eigenthümlichen Beschaffenheit des Embryos als Samen von Wrightia antidysenterica R. Br. (Nerium antidysentericum) anzusehen sind, und in denen Stenhoure (Pharm. journ. and transact.

p. 493. Febr. 1864) ein Alkaloid, Wrightin genannt, nachgewiesen haben will. Eine genaue Beschreibung der länglich lanzettlichen, einer Vogelzunge nicht unähnlichen, 10—15 Mm. langen, bis 1 Mm. breiten Samen gab Flückiger (Schweiz. Wchschr. f. Pharm. 25. 1865). Bei Fröschen und Kröten stellten sich 0,3—0,5 als lethale, 0,04 Gmm. als schwächste toxische Dosis bei subcutaner Application, während bei innerer Application 0,3 Gmm. nicht tödtlich wirkte; auch bei Tauben wirkte die subcutan angewendete kleinste lethale Dosis von 2,5 Gmm. alkohol. Extract nicht lethal, wohl aber 3—4 Gmm.; bei Kaninchen betrug die tödtliche Gabe subcutan 4, von Magen aus 6 Gramm. Wässriges Extract wirkte schwächer als alkoholisches. Die Vergiftungserscheinungen sind hauptsächlich Motilitätsstörungen, bei Batrachiern bis zu vollständiger Paralyse sich steigernd; die Reflexthätigkeit bleibt lange Zeit intact; Muskeln und peripherische Nerven sind im paralytischen Stadium, electrisch reizbar. Es ist somit die Vergiftung aus einem Ergriffensein der Nervencentra und insbesondere zunächst des Gehirns bedingt; der Tod erfolgt durch Respirationslähmung; die bei Tauben und Kaninchen vor dem Tode eintretenden Convulsionen scheinen durch Kohlensäureanhäufung bedingt. Das Herz pulsirt bei Batrachiern mehrere Stunden p. m. fort. Das Blut ist dunkel (Tod durch Asphyxie). Hiernach reiht sich der Samen von Wrightia antidysenterica an das Coniin und die ähnlich wirkenden Gifte. Die Rinde von Wrightia antidysenterica, im vorigen Jahrhundert als Conessi-Rinde im Gebrauch und von Brocklesby als narkotisch bezeichnet, soll nach Haines (Pharm. Journ. p. 432. Febr. 1865) ebenfalls das von ihm Conessin genannte Alkaloid enthalten.

Aus der Familie der Apocyneen stammt auch ein neues Pfeilgift der Westafricanischen Elephantenjäger, L'Inée oder Onage, wahrscheinlich aus dem Samen einer Echites-Art bereitet, in welchem Pelikan (Comptes rend. 5. Jun. 1865) ein Herzgift constatirte, das mehrere der bekannten Herzgifte an Intensität der Wirkung übertrifft.

Nerium Oleander L.

[Zusatz zu §. 296. S. 503.]

Die schon von Kurzak angedeutete exquisite Wirkung des Oleanders auf das Herz bestätigt Pelikan (Comptes rend. Apr. 1866) und stellt denselben gradezu zu den Herzgiften. Als das die Wirkung bedingende Princip betrachtet er nach seinen Versuchen mit Präparaten von Oleander aus Algier ein gelbes scharfes Harz. In den spirituösen Extracten glaubt er Substanzen vorhanden, welche die Wirkung des eigentlichen Herzgiftes hindern. In welcher Beziehung diese zu den von Leukowsky (Journ. de Pharm. 46. 397. 1865) angeblich im Oleander gefundenen beiden Alkaloiden, Oleandrin und Pseudocurarin, welches letztere unwirksam sein soll, stehen, muss näherer Untersuchung überlassen bleiben.

10. Familie: Loganiaceae Endl., Strychneae R. Br., Loganiaceen (S. 504).

[Zusatz zu §§. 298—305. S. 505—522.]

Von den Intoxicationen durch Venena strychnacea haben in jüngster Zeit 2 zu gerichtlichen Verhandlungen Anlass gegeben, ein Americanischer Fall von Giftmord durch Strychnin, über welchen Geo. F. Barker (Hay's Amer. journ. Oct. 1864) genauere Mittheilung macht, und die Vergiftung des Speditors Trümpy in Bern, welche als Selbstvergiftung anzusehen ist; in beiden Fällen war das Alkaloid oder ein Salz desselben benutzt. Weitere Selbstmordfälle betreffen: Vergiftungen durch Battley's vermin killer u. a., eine in England verbreitete Art von Rattengift (Fälle von James Part in Lancet I. 13. 14. Apr. 1861. von W. Travers in Lancet II. 14. Oct. 1861 und Rogers in Brit. med. journ. 20. May 1865) und Vergiftungen durch das Alkaloid oder dessen Salze (Fälle von G. Harley in Lanc. Oct. 16. 1861, Ogston in Brit. med. rev. Oct. 1861. Martius in Memorabil. 267. 1862, W. Buck in Amer. med. times. Oct. 31. 1863, Casper und Fränkel in Vtjhrschr. f. ger. Med. N. F. I. 1, Burow jun. in D. Klin. 31. 1864, Königsb. med. Jahrb. Bd. IV. Heft 2. 325. 1864, Jos. Wilson in Amer. journ. 70. Jul. 1864, Perini und Tarchini Bonfanti in Gazz. med. Lomb. 50. 1864 und Bertholle in Ann. d'hyg. Avr. 1865). Medicinale Vergiftungen sind mitgetheilt von Ogston (a. a. O.). M. Leach (Med. Times. Nov. 1863, Vergiftung durch cumulative Wirkung von 1½ Gr. in 11 Tagen), Danvin (Ann. d'hyg. 128. 1861, Strychn. statt Santonin dispensirt). Duriau (ibid. 428. 1861), Fructeau (Ann. d'hyg. 387. 1865, Vergiftung eines Kindes durch Pillen, welche einer andern Kranken verordnet waren), sämmtlich Strychnin betreffend. Ein Fall von Intoxication durch Extr. nuc. vomic. statt Extr. nuc. jugl., auf welche leicht mögliche Verwechslung bereits v. Hasselt aufmerksam machte, wird von Gallard nach Gazz. med. Lomb. 30. 1864 mitgetheilt, auch finden sich bei Gallard (Ann. d'hyg. 395. 1865) 2 Fälle von mit Sirop de Strychnine (Strychn. sulf. 5 Cgm. auf 100 Grammes Syrup) behandelten und nach zuvorigem Tetanus gestorbenen Kindern, welche an Chorea litten. Von den hier zusammengestellten Fällen sind somit 8 medicinale und vom Fall Trümpy abgesehen 11 Selbstvergiftungen und 1 Giftmord; es betreffen davon 1 die Schweiz, 3 Deutschland, 2 Italien, 2 die Vereinigten Staaten, 5 Frankreich und 8 England.

Hinsichtlich der Dosis sind die Fälle von Duriau (sehr heftige Erkrankung einer Erwachsenen durch ¼ Gr., nachdem jedoch früher Strychn. als Arznei verabreicht war) und Fructeau (Tod eines Kindes durch ½ Gran) beachtungswerth. Gallard führt in einem Memoire über die Strychninvergiftung (Ann. d'hyg. 368. 1865, 129. 1866) die Beobachtung von Trousseau an, wonach choreakranke Kinder oft bis 5 und selbst 7½ Cgm. (⅚—1¼ Gran) pro die vertragen, wenn ihnen alle 1½ Stunden eine Dosis von ½ Cgm. Strychn. (in Trousseau's Syrup) verabreicht wird, dass die Empfindlichkeit der Kranken gegen das Mittel nicht an allen Tagen dieselbe ist.

Nach meinen Versuchen ist die bekannte Thatsache, dass Hühner grosse Dosen von Nux vomica ertragen, welche ich selbst constatirte, nicht als eigentliche Immunität zu betrachten; dieselbe wird unverdaut wieder excernirt. Strychnin in Lösung tödtet Hühner rasch sowol bei innerer als bei subcutaner Application. Frösche werden zwar, eben weil sie im Allgemeinen sehr sensibel sind, leicht und durch sehr kleine Dosen Strychnin tetanisch, aber sie sterben nur nach verhältnissmässig grossen Dosen und können z. B. $\frac{1}{24}$ Gran überstehen.

Zur Theorie der Strychninwirkung hat A. J. Spence (Edinb. med. journ. 44. Jul. 1866) einige interessante Versuche angestellt. Strychnin bewirkt bei Fröschen keinen Tetanus bei Application in Magen oder Bauchhöhle nach Ligatur des Herzens, wohl aber bei directer Application auf das Gehirn nach zuvoriger Unterbindung des Herzens. Am raschesten wirkt die Application auf die Thalami optici und auf die Nervenparthie zwischen diesen und der Medulla oblongata. Durch allmäliges Vordringen in das Rückenmark werden zuerst die vorderen, später die hinteren Extremitäten tetanisch und in den ersten Anfällen nach vorn und oben, in den spätern nach hinten gezogen; die Hyperästhesie beginnt vorn und schreitet nach hinten zu allmälig fort, verschwindet in der nämlichen Ordnung. — Die Theorie von Harley, dass die tetanischen Krämpfe Folge von alterirter Ernährung der Nervencentra, bedingt durch Entziehung von Sauerstoff des Blutes, sei, ist nach Spence falsch, weil Frösche nach längerem Aufenthalte in Sauerstoff in gleicher Weise tetanisirt werden. Hyperämien des Rückenmarkes sind nach Spence nicht Ursache des Tetanus, weil die Krämpfe bei directer Application nach Wegschneidung des Herzens ebenfalls eintreten. Spence hält vielmehr eine directe Wirkung auf die Nervencentra, und zwar anfangs Reizung, später Erschöpfung durch Ueberreizung für wahrscheinlich, auch sah er in einzelnen Fällen bei sehr grossen Dosen Frösche an Erschöpfung sterben, ohne dass Tetanus voraufging.

Hinsichtlich des Auftretens der Symptome will Trousseau bei seinen Chorea - Patienten Muskelsteifigkeit in Folge des Strychninsyrups niemals nach ½ Stunde auftreten gesehen haben; doch referirt Gallard einen Fall von Moynier, wo die Convulsionen nach dem Syrup erst in 1½ Stunden sich einstellten. Die Dauer der Intoxication ist sehr auffallend in Duriau's Falle, indem die Patientin 62 Stunden ohne Bewusstsein blieb und mehrere Wochen keine festen Nahrungsmittel zu sich nehmen konnte. — Mit Recht macht Gallard darauf aufmerksam, dass zwischen der Intoxication und dem Auftreten der Erscheinungen in einzelnen Fällen noch Handlungen, wie Essen, Trinken, Spazierengehen vorgenommen werden können und dass dies auch noch nach Eintritt der Krämpfe geschehen kann, zeigt das lange Klopfen des Patienten in Casper's Falle. — Das geschwundene Bewusstsein in Duriau's Falle scheint uns auf Rechnung der hochgradigen Blutentziehung gebracht werden zu müssen. — Pupillendilatation als constantes Symptom der Strychninvergiftung anzunehmen, wie Gallard thut, geht nach meiner Ueberzeugung nicht an; während der Remissionen ist sie gewiss meist normal (Harley, Fructeau). Auch bei Thieren sieht man trotz der gegentheiligen Behauptung von Gallard oft Pupillencontraction, und zwar während der Anfälle, und eine Dilatation tritt erst im Momente des Todes ein, wie ich bei meinen Versuchen mit Upas sehr häufig beobachtete. — Duriau hat die Erregung eines entzündlich gastrischen Zustandes als beachtungswerthes Zeichen der Strychninwirkung hervorgehoben, was jedenfalls völlig unstatthaft ist, wenn auch in einzelnen Fällen Magenschmerzen und Erbrechen vorkommen und post mortem (Danvin) Ecchymosen an der hintern Magenwand und dendritische Gefässverzweigungen bei normaler Schleimhaut finden. — Die krampfhafte Ejaculation von Samen, Urin u. s. w. bei Thieren habe ich wie Gallard oft bei Strychninvergiftung bei denselben gesehen; doch bin ich weit davon entfernt, diese Erscheinung als nur einigermassen constant zu bezeichnen.

Was den Leichenbefund anlangt, so hat Casper nach einer Beobachtung sich berechtigt gefunden, das Verhalten der Todtenstarre bei Strychninvergiftung als irrelevant zu bezeichnen; dies ist es aber, wenn man die Casuistik genauer durchgeht, nicht, da nur in sehr wenigen Fällen starke und sehr rasch eintretende Todtenstarre vermisst wird. Kleinere Blutextravasate im Hirn habe ich einige Male bei Thieren beobachtet; im Falle von Fructeau fand sich eine kleine Hämorrhagie auf der Hirnoberfläche. Reichliche seröse Ergiessung in Rückenmark findet sich bei Harley. Congestion bei Danvin. — Casper fand das Blut weichselkirschroth wie bei Kohlenoxyd; dieser Befund ist indess sehr exceptionell, meist ist es dunkel. — Dass, wie Gallard hervorhebt, die Blase leer und contrahirt gefunden werde, ist wohl rein zufällig.

In Bezug auf die Behandlung der Strychninvergiftung ist besonders die zweite Abtheilung der Arbeit von Gallard von Interesse, obschon einzelne Angaben nicht als richtig zugestanden werden können. So ist die Anwendung der Magenpumpe von ihm mit Unrecht verworfen, weil dadurch tetanische Krämpfe hervorgerufen werden können; nichtsdestoweniger hat man sie manchmal mit Erfolg angewendet. Das Tannin muss trotz des Misserfolges in Gallard's Experimente und in Casper-Fränkel's Falle als Antidot festgehalten werden. Ich habe versucht, die ungiftige und mit Strychnin einen im Ueberschusse des Lösungsmittels nicht leicht löslichen Niederschlag gebende Wolframsäure zu substituiren; indessen gelangt nach einem damit angestellten Versuche auch das wolframsaure Strychnin, wenn auch erst später, zur Resorption. Vielleicht empfiehlt sich in gleicher Weise das Bromkalium, das sowol das Strychnin fällt als die Sensibilität herabsetzt und somit auch als organisches Antidot wirken könnte; es fehlt mir indess zur Zeit noch an Versuchen darüber. Ueber das Fett als Antidot hat F. Rienderhoff (Arch. f. d. holl. Beitr. z. Nat. u. Heilk. III. 2. 141. 1862 zufolge einer Zusammenstellung neuerer Arbeiten über Strychnin von Schraube in Schmidt's Jahrb. CXXXI. 8. 239. 1866) Versuche an Hunden und Kaninchen angestellt, welche darthun, dass Fett, Butter oder Oel die Absorption vou Strychnin und Strychninsalzen verlangsame, und zwar am meisten Fett, dass der Verlauf der Symptome durch Butter und Oel eher verkürzt als verlängert werde und dass das Vorhandensein von Fett, Butter oder Oel die Wirkung der Emetica beeinträchtigt, die deshalb in relativ grossen und sogar wiederholten Dosen zu geben sind. Die von Gorré (Bull. de Thér. 44. 266. 1856) gegen Nux vomica gerühmte Milch erwies sich Gallard als Antidot nicht brauchbar. Der durch Bouchardat's Aqua jodata in Strychninlösung gemachte Niederschlag wirkt auf Thiere lethal und kann daher dies Antidot nur in Verbindung mit Brechmitteln gegeben werden, von denen Tart. stib. vorzuziehen ist, da Zink- und Kupfervitriol das jodwasserstoffsaure Strychnin lösen (Gallard) und, wie wir hinzufügen müssen, die Brechwurzel wegen Zersetzung des Emetins unwirksam bleibt.

Gallard's Versuche über die antidotarische Wirkung des Morphiums fielen negativ aus, sowol bei 4fach als bei 24fach grösserer Gabe des Antidots, ebenso die über Chloroform angestellten, welches letztere Mittel inhalirt weder Lösung des Krampfes noch Unempfindlichkeit hervorbrachte. Ebenso wenig fielen antidotarische Versuche mit Coniin und Nicotin günstig aus, womit auch meine Versuche über erstere Substanz übereinstimmen; die Empfehlung des Nicotins durch Haughton ist übrigens, wie Spence (a. o. a. O.) hervorhebt, auf falsch angestellte Versuche basirt, indem die in eine Strychninlösung getauchten Frösche nicht nur in Nicotinlösung, sondern auch in reinem Wasser sich erholen; Injection beider Substanzen wirkt nach Gallard toxisch. Auch den Antagonismus von Strychnin und Aconitin (vgl. Ranunculaceen) konnte Gallard nicht bestätigen. Ueber die in neuerer Zeit viel besprochene Behandlung der Strychninvergiftung mit Urari, für welche namentlich der Fall von Burow jun. citirt wird, welcher aber wegen gleichzeitig angewendeter Emetica und Tannin nicht als reine Beobachtung erscheint, liegen experimentelle Studien von Ercole Moroni und Felice dell' Acqua (Ann. univ. di med. Sept. bis Dcb. 1865) und von R. Richter (Henle's Ztschr. 3. St. XVIII. 76. 1863) vor, welche die Anwendung dieses Antidots als sehr problematisch erscheinen lassen. Burow will es zu 10 Tropfen einer Concentration von gr. 1. auf gtt. 10 Aq. destill. ½—2 stündlich subcutan injicirt angewendet wissen, welche Dosirung bei der grossen Wirkungsdifferenz verschiedener Urari-Sorten wol nur auf das benutzte Appuhn'sche Curare bezogen werden kann. R. Richter hat in der Combination der Behandlung mit Urari und künstlicher Respiration ein

Verfahren wider Strychnismus gefunden, das bei Thieren die überraschendsten Resultate lieferte, in seiner Anwendung beim Menschen aber viele Schwierigkeiten in der praktischen Ausführbarkeit einschliesst. Künstliche Respiration für sich ist nach R. Richter bei Thieren, welche man von einer Vene aus mit lethalen Dosen Strychnin vergiftet hat, wonach nicht, wie bei subcutaner oder innerlicher Anwendung Tetanus, sondern äusserst heftiger Krampf und sofortiges Aufhören der Respiration die Folge ist, im Stande, das Leben einige Zeit zu fristen, doch erfolgt bald ein Zustand der Erschlaffung und Tod. Bei der gewöhnlichen Strychninvergiftung ist wegen der brettartigen Steifigkeit der Athemmuskeln die künstliche Respiration nicht ausführbar. Wendet man Strychnin und Urari zugleich an, so kommt Strychnin stets zuerst zur Wirkung und ist dabei die Dosis Urari klein, so tritt von ihrer Action nichts zu Tage; ist sie gross, so tritt Lähmung ein, aber entweder tödtet das Gift selbst oder nach Aufhören seiner Wirkung tritt die des Strychnins in ungeschwächter Weise wieder hervor. Selbst wenn man bei Strychninvergiftung kleine Dosen Urari direct in die Venen bringt, gelingt die Lebensrettung nicht. Wenn danach weder die künstliche Respiration noch das Urari für sich bei Strychnintetanus günstig wirken, so gelingt die Rettung doch durch combinirte Anwendung beider; es bedarf dazu indess grosser, vollkommen lähmender und die Sensibilität aufhebender Dosen von Pfeilgift und Ausdauer bei Anwendung der künstlichen Respiration, die in einem Versuche sogar 14 Stunden lang fortgesetzt werden musste. Von Eulenburg (Reichert's Archiv. 423. 1865) ist das Chinin als Antagonist des Strychnins bezeichnet und bei Thieren antidotarisch verwerthet.

Im Falle von Duriau ist, wie Gallard richtig bemerkt, wol nicht der Aderlass, sondern die kleine Dosis des Giftes, auf welche die Heilung zurückzuführen ist, ersterer aber wohl Schuld an der langsamen Reconvalescenz. Ueber die von Eulenburg und Landois vorgeschlagene Substitution sind weitere Versuche wünschenswerth.

Nach neueren Angaben von Dragendorff (Pharm. Ztschr. f. Russl. IV. 232. 1865) enthalten die Brechnüsse nicht 0.4, sondern 1,167 % Strychnin und daneben noch 1,121 % Brucin, so dass die in §. 299 gemachten Berechnungen über den Strychningehalt toxischer und letaler Dosen des Brechnusspulvers viel zu niedrig erscheinen, z. B. in dem Falle von F. Hoffmann nicht $= 2 \times \frac{1}{16}$, sondern $= 2 \times \frac{7}{40}$ Gr. Strychnin $+ \frac{4}{25}$ Brucin, wobei aber zu berücksichtigen ist, dass im Magen nicht so viel Strychnin aus den Brechnüssen entzogen wird, wie nach der Methode von Dragendorff, welche ein von früheren abweichendes Resultat auch in so fern liefert, als sie mehr Strychnin als Brucin in den Brechnüssen nachweist. Dragendorff gibt die Löslichkeitsverhältnisse des Strychnins in verschiedenen Lösungsmitteln folgendermassen an: 100 Theile Aether lösen 0,080, Amylalkohol 0,550, Aethylalkohol von 95 % 0,936 und Benzin 0,607 Theile Strychnin. Da Benzin das Brucin viel leichter löst (1,688 Th.), so benutzt Dragendorff dasselbe zur Trennung beider Alkaloide.

Von Battley's vermin killer enthält nach Mayet ein Paquet von 1 gr. 30 Gewicht 0,10 Strychnin, 1,00 Kartoffelstärke und 0,20 Berliner Blau (Ann. d'hyg. 373. 1865). Das in Roger's Falle genommene „wurmtödtende magische Pulver“ enthielt bei 28 Gran Gewicht 10 % Strychnin.

Zur Abscheidung des Strychnins bei gerichtlichen Untersuchungen hat das von Erdmann und v. Uslar angegebene, bereits im Handbuche beim Morphium besprochene Verfahren mittelst Amylalkohol, welches in dem bekannten Trümpyprocesse zur Anwendung kam, keinerlei Vorzüge vor dem im Handbuche empfohlenen. Sonnenschein (Vierteljhrschr. f. ger. Med. I. 1. 1864) erzielte mit Amylalkohol bessere Resultate als mit Phosphormolybdänsäure. Die Anwendung der Dialyse hat in Harley und John Barclay u. Fraser (Med. Times. Dcb. 12. 1863) Gegner gefunden, weil in das Dialysat stets amorphe Substanzen mit übergehen, welche unreine Reactionen ergeben. Von Alf. Cossa und Carpéné (Gazz. med. Lombard. 29. 1863) wird das Jodkalium-Jodquecksilber, schon durch Planta als Reagens für Alkaloide bekannt, nach vorgängiger Dialyse zur Constatirung des Strychnins empfohlen. Es entsteht ein flockiger, weisser, aus kleinen farblosen Nadeln bestehender, sich in 24 Stunden nicht ändernder, in Wasser, Alkohol und Aether unlöslicher Niederschlag. Man soll damit $\frac{1}{80000}$ Strychnin nachweisen können.

Die Angabe Horsley's, man könne mit Nitroprussidnatrium noch $\frac{1}{100000}$ Strychnin nachweisen, bestätigt sich nicht.

Nicht ohne Interesse für die gerichtliche Chemie möchte der Umstand sein, dass nach Reese (Amer. journ. of Pharm. 212. 1862) die Otto'sche Farbenprobe durch die Gegenwart von Morphin beeinträchtigt wird, und zwar in um so höherem Grade, je mehr davon dem Strychnin beigemengt ist. Reese vermochte nachzuweisen: $\frac{1}{50000}$ Grm. bei gleichen Theilen Strychnin und Morphin, $\frac{1}{30000}$ bei 1 Str. + 2 M., $\frac{1}{15000}$ bei 1 Str. + 3 M. und nur $\frac{1}{1000}$ bei 1 Str. + 10 M. und $\frac{1}{500}$ bei 1 Str. + 20 Morph. Zur Trennung beider bedient man sich nach Rodgers (Journ. f. prakt. Chemie. 89. 498) am besten des Benzins, welches Strychnin leicht löst, Morphium ungelöst lässt.

Gegenüber den Behauptungen von Cloëtta über die Zerstörung des Strychnins im thierischen Organismus (Virch. Arch. XXXV. H. 3. pag. 369. 1866) müssen wir die von uns gemachten Angaben, welche wir durch verschiedene neue Versuche, die zum Zwecke unsrer genauen Information vor dem Processe Trümpy von Prof. A. Husemann und mir unternommen wurden, constatirten, in voller Kraft aufrecht erhalten. Der Nachweis des Strychnins im Blute und in den Secreten Vergifteter ist von so vielen Chemikern (vgl. unsre Zusätze zu §. 38) geliefert worden und wir haben uns von dem Vorhandensein des Giftes in der Leber bei mit Strychnin vergifteten Kaninchen so deutlich überzeugt, dass wir in allen gerichtlich-chemischen Untersuchungen empfehlen müssen, wenn Verdacht auf Strychninintoxication vorhanden ist, sich nicht allein auf die Analyse der Magencontenta zu beschränken. Namentlich aber in solchen Fällen, wo grössere Dosen genommen sind und das vergiftete Individuum noch verhältnissmässig lange Zeit gelebt hat, wird man in der Regel, so weit sich dies aus Thierversuchen schliessen lässt, die geschehene Resorption des Strychnins nachweisen können. Vielleicht sind die Angaben Cloëtta's über die Möglichkeit, mittelst der Reaction von Horsley (vgl. Handbuch p. 419) in thierischen Flüssigkeiten Strychnin zu entdecken, nicht ohne Interesse. Während er in einer reinen Strychninlösung $\frac{1}{300}$ Gran nachwies, gelang es im Harn nur bei $\frac{1}{20}$, nicht bei $\frac{1}{40}$ Gr., in 1 Pfd. Kalbsblut, mit einer Lösung von $\frac{1}{4}$ Gr. Str. nitr. geschüttelt, war Strychnin nachzuweisen. 1 Gran Strychnin, mit Mageninhalt gemischt und vergraben, liess sich nach $11\frac{1}{2}$ Monat noch nachweisen.

Methylstrychnin fand Schroff früheren Angaben von Stahlschmidt gemäss zu 0,05 bis 0,2 Grm. bei Kaninchen und von 0,3 Grm. bei Hunden innerlich ohne Wirkung, dagegen zu 0,1 Grm. bei Kaninchen in 7 Min. lethal, bei Hunden stark toxisch nach subcutaner Application. Die Vergiftungssymptome charakterisiren sich als Lähmung nach längerm Fortbestande der Herzthätigkeit und peristaltischen Bewegung wie bei Curare. In einem Froschversuche (0,004 Grm.) stellte sich zunächst allgemeine Paralyse, Vernichtung der Reflexaction und der Motilität ein, nach und nach kehrte die Receptivität für äussere Reize wieder und steigerte sich allmälig so sehr, dass heftige Krämpfe wie bei Strychnismus resultirten, woraus Schroff auf Umwandlung des Methylstrychnins in Strychnin innerhalb des Organismus schliesst (Wochenbl. d. Ztschr. d. Aerzte z. Wien. 14. 1866).

2. Pfeilgifte.

[Zusatz zu §. 306. S. 522—529.]

Asiatische Pfeilgifte (S. 523).

Das Upas-Radja oder Tieuté hat in Berlin zu einem interessanten Vergiftungsfalle Anlass gegeben, welchen Mannkopf (Wien. med. Wochenschr. 30. 31. 1862) beschrieben hat; dieselbe wurde veranlasst durch Prüfung dieses Stoffes von Seiten eines Naturforschers, wobei dieser etwa 3 Gran zu sich nahm. Die Symptome waren im Wesentlichen die der Strychninvergiftung (Tetanus, gesteigerte Reflexerregbarkeit, auch Lichtreiz rief Tetanus hervor) und begannen etwa 1 Std. nach der Vergiftung; bei Behandlung mit Brechmitteln und Opiumtinctur schwanden die hauptsächlichsten Symptome in ca. 24 Std. und nur eine Spannung der Hals- und Rückenmuskeln persistirte einige Tage. In dem 18 Std. nach der Vergiftung sparsam entleerten Urin wies O. Schultze (Arch. f. Anat. 1864. H. 4. pag. 198) Strychnin nach und in dem gebrauchten Upas fand derselbe Forscher 60 % Strychnin. — Ich hatte Gelegenheit, mit einem mir von Prof. Keferstein gütigst überlassenen Upas Tieuté aus der Sammlung von Blumenbach, welches nach der Etiquette aus dem Jahre 1814 stammte, mehrfach zu experimentiren; dasselbe wich in keiner Weise hinsichtlich seiner Wirkung vom Strychnin ab. Die Dosis entsprach ganz dem Strychningehalte, welcher noch etwas höher als in dem von Schultze untersuchten Upas war. Durch mehrfache Untersuchungen, zum Theil von Prof. A. Husemann ausgeführt, constatirten wir, dass das Gift keine Spur von Brucin enthält, so dass dieses Alkaloid im Stamme von Strychnos Tieuté nicht vorzukommen scheint. In andern Theilen scheint es spurenweise enthalten zu sein; wenigstens spricht dafür eine Notiz (N. Repert. f. Pharm. Bd. XV. pag. 229. 1866), wo nach J. Bernelot Moens die Samen von Strychnos Tieuté viel mehr Strychnin als die Nuces vomicae enthalten, nämlich 1,469 %, aber nur Spuren von Brucin. Nach mündlicher Mittheilung von Dr. Groelman bezeichnet man auf Java nur das in Frage stehende Pfeilgift, nicht das Antjar, als Upas.

Neuerdings sind noch einige weitere Asiatische Pfeilgifte einer physiologischen Prüfung unterzogen worden. Es sind dies:

1) das von Braidwood (Edinb. med. journ. Aug. 123. 1864) untersuchte Pfeilgift der Orangdajas oder Dajakkers auf Borneo, von ihm als Dajaksch bezeichnet, das sich als ein exquisites Herzgift herausstellte, und im Wesentlichen die Erscheinungen des Antjar macht, von diesem sich aber dadurch unterscheiden soll, dass Dajaksch die Herzparalyse durch Lähmung der Herzganglien des Sympathicus, Antjar durch directe Lähmung der Muskelfasern bewirkt. ½ Std. nach der Herzparalyse tritt allgemeine Paralyse und Anästhesie ein. Directe Application auf das Auge bewirkt bei niedern Thieren Myosis, jedoch nicht so ausgesprochen wie Calabarbohne. Ich habe bereits in meinem Referate über diese Arbeit in Cannstatt's Jahresbericht die Identität des Dajaksch und Antjar als Vermuthung ausgesprochen und finde eine Bestätigung meiner Ansichten in der Arbeit von P. J. van Leent über die Pfeilgifte der Eingebornen von Borneo (N. Repert. f. Pharm. XV. 263. 1866), wonach die Dajakkers nur 2 Arten Gift besitzen, das Siren boom, welches dem Antjar von Java entspricht und vorzugsweise den eingedickten Saft von Antiaris toxicaria enthält, dem indessen von

den Dajakkern noch andre Pflanzenextracte zugefügt werden, besonders von Calamus verus, Cocculus crispus (Wurzel, die auch als Fischköder dient), Landsium domesticum, Tubernaemontana sphaerocarpa (Wurzel), Hydrocotyle asiatica (Blätter), Pangium edule (junge Knospen), Dioscorea hirsuta (Wurzel, oebi ara genannt, welche gekocht essbar ist, roh Gastroenteritis bewirkt), Tabak und span. Pfeffer, und das Ipoehester, dem Upas Tieuté entsprechend, von welchem das Mantallatgift eine Abart ist, welcher die gepulverten Flügeldecken von Lytta gigantea hinzugesetzt werden.

2) Mehrere von J. Rosenthal (Reichert's Arch. f. Anat. H. 5. p. 601. 1865) untersuchte, durch Fedor Jagor aus Asien mitgebrachte Pfeilgifte und zwar 3 Giftproben der Yatruns oder Mintras von Malacca, die sich, obschon sie eine verschiedene Bereitungsart haben sollen, sämmtlich als Herzgifte und zwar nach Art des Antjar wirkend erwiesen. Aeltere, ebenfalls von F. Jagor herrührende Giftproben der Mintras hält Rosenthal für ein Gemenge eines Herzgiftes mit einem strychninähnlich wirkenden Gifte. Von zwei später durch Jagor erhaltenen Baumrinden, aus welchen die Yrigoten am Berge Yriga auf Luzon ein Pfeilgift bereiten, fand Rosenthal die eine wirkungslos, die andere herzlähmend wirkend, aber schwächer als das Gift der Mintras.

Americanische Pfeilgifte.

Mit curarinhaltigen Pfeilgiften ist in den letzten Jahren ungemein viel experimentirt worden. Dass dasselbe sehr lange Zeit wirksam bleibt, beweisen Schroff's Experimente mit einem 100 Jahre alten Pfeilgifte (Wchbl. d. Ztschr. Wien. Aerzte 31. 1862). Es ist dabei indessen die gute Aufbewahrung stets von Gewicht, da Ozon die Wirksamkeit vernichtet, ein ozonisirter Luftstrom entfärbt Urarilösung und macht sie wirkungslos C. R. Richter in Henle's Ztschr. 3. R. XVIII. 76. 1863).

Dass die Südamericanischen Pfeilgifte nicht alle von gleicher Giftigkeit sind, ist ein Factum, welches Cl. Bernard (Comptes rend. LX. 1324. 1865) auf Grund vielfacher Versuche mit verschiedenen Sorten betont. Einzelne wirken sogar 6mal stärker als andere. Im Allgemeinen waren die an Pfeilspitzen oder in irdenen Gefässen enthaltenen stärker als die in Calabassen aufbewahrten, welche letztere auch in gleichen Gewichtsmengen minder gefärbte Lösungen geben. Diese Angabe Bernard's ist einigermassen in Widerspruch mit Schomburgk's Mittheilung, dass das Pfeilgift der Otomaken, das Curare im engeren Sinne, welches in irdenen Gefässen aufbewahrt wird, nicht so stark und gesucht ist wie das in Calabassen bewahrte Macusi-Urari, Waterton's Woorara; Bernard kann daher nur das Nordbrasilianische Urari iiva meinen, wenn er von stärkeren Pfeilgiften in irdenen Gefässen spricht. Uebrigens sind, wie Ercole Moroni und Felice dell'Acqua (Annali univ. di Medicina, Sept.—Decbr. 1863) fanden selbst die Wirkungen der Pfeilgifte derselben Völkerschaften so different, dass von der einen Sorte 15, von der andern erst 50 Mgm. als lethale Dosis für Hunde erscheinen.

Von Cl. Bernard erhielt auch Preyer jun. das Material zur chemischen Analyse des Americanischen Pfeilgiftes, welche uns endlich das wirksame Princip in einer krystallinischen, Ofreien Base nachwies, welcher Preyer und Cl. Bernard den Namen Curarin belassen haben (Comptes rend. LX. 1346. 1865, vgl. auch Berl. klin. Wchschr. 40. 1865). Das Curarin bildet farblose, vierseitige Prismen, schmeckt höchst bitter, zieht Wasser an, ist in Wasser und Alkohol in allen Verhältnissen löslich, wenig in Alkohol und Amylalkohol, gar nicht in Aether, Benzin, Terpenthinöl und Schwefelkohlenstoff. Mit reiner concentrirter Schwefelsäure bildet es eine ziemlich beständige, prächtig blaue Lösung; gegen Schwefelsäure und Kalibichromat verhält es sich wie Strychnin. Starke Salpetersäure färbt das Curarin purpurfarben. Es reagirt nur schwach alkalisch und bildet mit Salzsäure, Essigsäure, Salpetersäure und Schwefelsäure krystallinische Salze, deren Lösungen sich sehr leicht beim Verdunsten braun färben. Beim Erhitzen zersetzt sich das Curarin, für welches Preyer die wahrscheinliche Formel $C^{20}H^{15}N$ ermittelte. Der nach Extraction des Curarins bleibende Rückstand ist wirkungslos. Das Curarin wirkt 20mal stärker als Curare und theilt mit diesem die Qualität der toxischen Wirkung und die schwierigere Resorption vom Magen aus. 1½ Mgm. salzsaures Curarin subcutan injicirt tödten grosse Kaninchen, 1 Mgm. und weniger Meerschweinchen, $\frac{3}{10}$ Mgm. Frösche. Von der Vena portarum und von den Muskeln aus wirkt noch weniger lethal.

Für die Abstammung des Americanischen Pfeilgiftes ist der Umstand von Interesse, dass Preyer in einer Calabasse eine Frucht fand, welche Tulasne als diejenige von Paullinia Cururu bezeichnete. Dies gab Anlass zur Darstellung eines Extractes, der den eigenthümlichen Geruch einer sehr wirksamen Curare-Art von Para hatte und auf Frösche genau wie Pfeilgift wirkte. Es ist damit indessen keineswegs erwiesen, dass nicht auch Strychneen (Str. cogens u. s. w.) Curarin produciren können oder doch einen lähmenden Stoff, der das Herz nicht afficirt, wie das ja ausser dem Curarin noch andere Gifte (Coniin, Wrightia u. s. w.) thun. Uebrigens wird auch die gemischte vegetabilische und animalische Natur neuerdings wieder hervorgehoben, und zwar von Moroni und dell' Acqua, auf die Mittheilung eines Botokuden an einen der Verfasser, wonach bei diesen Völkerstämmen das Hauptingrediens der in Masse secernirte Saft von Kröten sei, welche nach vorgängiger Abwaschung und Kitzeln der Unterfläche mit Blättern von Datura arborea in Thongefässen dem Feuer exponirt werden; der Saft werde mit grossen Quantitäten der Wurzelrinde von Paullinia pinnala (Timbo genannt, dem Hauptbestandtheile des Giftes der Neger, Fetisch genannt, zu dem aber auch Schlangenköpfe, Leuchtkäfer, Tabaksschmirgel und bisweilen auch Strammonium gesetzt werden) zur Extractconsistenz eingekocht. Es ist die Frage über die vegetabilische oder gemischte Natur der Pfeilgifte wohl dahin zu entscheiden, dass einzelne, namentlich das eigentliche Curare, das Pfeilgift der Otomaken, nur vegetabilischer, andere, zumal das Urari iiva, gemischter Natur sind. In dem in Deutschland meistverbreiteten Pfeilgifte von Appuhn in Bunzlau habe ich selbst Schlangenzähne gesehen.

Vergiftungserscheinungen am Menschen hat Preyer zweimal beobachtet; einmal an sich selbst beim Pulvern einer besonders harzreichen Curare-Art aus Venezuela, deren Einathmen starken Blutandrang nach dem Kopfe, ausserordentlich heftige, aber nicht lange vorhaltende Kopfschmerzen, mehrstündige eigenthümliche Mattigkeit und Unlust zur Bewegung, ungewöhnliche Speichel- und Nasenschleimabsonderung hervorrief. Im zweiten Falle zeigten sich nach dem Hineingerathen einiger Tropfen Curarinlösung in eine Schnittwunde die Erscheinungen erst in 5 Stunden, zunächst in einer auffallenden Secretionsvermehrung der Schweissdrüsen, Thränen, Nasenschleimhaut, Speicheldrüsen und Nieren, welchen ein ungekanntes Gefühl von Erleichterung und Frische nachfolgte. A. Voisin und H. Liouville (Gaz. des hôp. 109. 111. 114. 1866) fanden bei ihren Versuchen an Kranken, bei denen sie Curare in Dosen bis zu 0,15 Gmm. anwendeten, das zu 25 Mgm. Kaninchen tödtete, stets Vermehrung der Urinsecretion, dann einen Zustand von Frost bei erhöheter Temperatur und mit nachfolgender febriler Excitation, stark beschleunigtem, doppelschlägigem Pulse, Steigen der Respirationsfrequenz, übermässigen Schweissen, neben Verlust der willkührlichen Bewegung und geringer Beeinträchtigung der Hirnfunctionen, welche Erscheinungen 20 Min. bis 1½ Stunden nach der subcutanen Injection begannen und zum Theil, wie Mattigkeit, Pulsbeschleunigung, 3—10 Tage anhielten.

Diese Vergiftungserscheinungen deuten auf die von Bernard behauptete Affection des Sympathicus durch Urari, welche von andern Forschern auf dem Wege des Experiments nicht bestätigt wurde und welche auch ich bei Thieren nicht ausgeprägt gesehen habe. So namentlich auch nicht von Bidder (Reichert's Arch. 337. 1864), der mit einem von Pelikan erhaltenen Pfeilgifte experimentirte, das schon in Gaben von $\frac{1}{30}$ Mgm. Frösche in 20 Minuten regungslos machte und zu 3 Mgm. von einer Hautwunde aus in 3—5 Minuten Kaninchen vergiftete, somit die höchste Grenze der Wirksamkeit dieses Giftes annähernd erreichte. Hiernach sah er niemals vermehrte Thränen- und Speichelsecretion, keine gesteigerte Diurese; das Ausfliessen des Urins ist nur Folge der verminderten Thätigkeit des Sphincter vesicae, welcher vom Rückenmark innervirt wird und über welchen der vom Sympathicus abhängige Detrusor urinae die Oberhand gewinnt. Auch als vasomotorischer Nerv wird der Sympathicus nicht gelähmt; es zeigt sich die Einwirkung des Halsstammes auf Gefässe und Temperaturverhältnisse der betreffenden Seite in deutlichster Weise, und auch in andern Körpertheilen konnte Bidder Gefässdilatation und davon abhängige locale Hyperämien nicht constatiren, ehe der Herzschlag schwächer und die Blutbewegung langsamer wird. Herz und Darmbewegung sind selbst nach den höchsten Dosen nach 24 Stunden wie bei unvergifteten Thieren. Die Mydriasis, das nächst der Lähmung der Lymphherzen sich 24 Stunden und mehr anhaltend zeigende, mit Prominenz der Bulbi verbundene Symptom, das erst bei erlöschendem Leben schwindet, ist auf Lähmung des Oculomotorius zu beziehen, während der Sympathicus intact bleibt. — In Bezug auf den Vagus widerspricht Bidder nach seinen Versuchen der Angabe Bernard's u. A. und schliesst sich Bezold, Vulpian und Meissner an, dass der Einfluss des Vagus auf das Herz durch Urari nicht aufgehoben wird, nur sehr grosse Dosen, z. B. 15—20 Mgm. beim Frosch, lähmen den Vagus wie alle andern Nerven. Eine Alteration der vom Rückenmark ausgehenden Hemmung der Darmperistaltik bewirkt Curare nach Bidder nicht (entgegen Kölliker und Pflüger).

Moroni und dell' Acqua experimentirten mit verschiedenen Pfeilgiften, welche von dem Lombardischen Ethnographen Osculati stammten und als Pfeilgifte der Ticunas, Yaguas und Oreckones bezeichnet werden, sämmtlich in Thongefässen. Das der Ticunas hatte Wasser angezogen und verwandelte sich, 24 Stunden der Sonne exponirt, in eine feste, glänzend schwarse Masse, die abgekratzt durchscheinend violettrothe Plättchen, ähnlich dem Eisencitrat, darstellte; auch übertraf es die anderen an Bitterkeit (Pikrotoxin?). Ihre auf die Wirkungsweise bezüglichen Schlussfolgerungen sind: Auf Pflanzen üben die Pfeilgifte keinen deletären Einfluss aus. Es gibt schwächere und stärkere Sorten. 160 Centigr. der stärker wirkenden tödten Pferde, 40—150 Cgm. bedingen Intoxication, wenn sie subcutan injicirt werden; in das Blut direct gebracht tödten 3 Dcgm. Vom Magen aus ist die lethale Dosis für Säugethiere weit grösser, für Vögel und Amphibien gleich. Die Ursache für die relative Unwirksamkeit des Giftes im Magen der Säuger ist weder der Magensaft noch das Pepsin, Speichel oder Galle, noch der Succus pancreaticus oder entericus, auch nicht Lähmung der Magennerven, wie der Eintritt sauren Erbrechens beweist. Die Wirkung des Giftes tritt sowol bei leerem als bei gefülltem Zustande des Magens ein; 200 Cgm. genügen bei leerem, 250 bei gefülltem Magen zur Tödtung eines Hundes. Das Gift wird schnell und leicht von der Schleimhaut des Rectums und der Vagina, weniger schnell von der Blase und Conjunctiva aus resorbirt und wirkt äusserst rasch und in kleiner Dose tödtlich von der Mucosa der Luftwege und dem Peritoneum aus. Auch die unverletzte Haut der Säuger ist für dasselbe permeabel, eben so die Froschhaut in feuchtem oder trocknem Zustande, mehr jedoch in ersterem. Die Administration sehr kleiner Gaben, allmählig selbst bis zu einer die Dosis letalis dreifach übertreffenden Gesammtgabe gesteigert, bleibt ohne Wirkung, was der raschen Elimination zuzuschreiben ist.

Dieses Fehlen cumulativer Wirkung beim Urari hat auch R. Richter bestätigt, leitet es aber, wie schon im allgemeinen Theile angegeben wurde, von einer Destruction im Organismus ab. Mit Recht bestreitet Richter die Angabe von Wundt und Schelske, dass durch das Gift zuerst die Herzcontractionen vermehrt und die Reflexaction gesteigert sei. Wenn Richter das von Vulpian zuerst bemerkte Phänomen der Wiedererholung nach vollständiger Lähmung bei Fröschen nicht auch bei Warmblütern sah, so rührt dies davon her, dass seine Versuche sich nicht auf Vögel erstreckten; bei Säugethieren führen Dosen, welche überhaupt Wirkung bedingen, in Folge der Lähmung der Respirationsmuskeln fast stets zum Tode.

Lussana (vgl. Schmidt's Jahrb. CXXXI. S. 161) fand, dass Americanisches Pfeilgift vom Mastdarm aus viel kräftiger wirke als vom Magen aus (lethale Dosis nach subcutaner Injection bei Katzen und Hunden 0,01 Gmm., bei Kaninchen 0,006, bei kleinen Vögeln $\frac{1}{100}$ Mgm., bei Kröten $\frac{1}{100}$ Mgm.; nach Einverleibung in den Mastdarm bei Katzen über 15 Mgm., bei Hunden $\frac{1}{2}$ Gmm., bei Vögeln 15 Mgm., bei Kröten 5 Mgm., bei Tauben 80 Mgm.; per os bei Katzen 0,3 Gmm., Hunden 1,5 Gmm., Kaninchen 0,4 Gmm., kleinen Vögeln 0,05, Tauben 0,3 und Kröten 0,5 Gmm.). Er glaubt, dass die geringere Wirkung vom Magen aus sich dadurch erkläre, dass das Gift allmählig durch die Leber mit der Galle ausgeschieden wird, ohne in den Kreislauf zu gelangen. L. wies Curare in der Galle nach und fand Einspritzung von 3—5 Mgm. in eine Mesenterialvene wirkungslos, während 0,177 Gmm. tödtete.

In Bezug auf die Therapie der Urari-Vergiftung geben Moroni und dell Acqua nach ihren Versuchen an, dass weder die Antidote der Wilden (Kochsalz, Zucker) noch das Strychnin, noch Kaffee, noch Venäsection, noch auch die 2—3 Stunden lang fortgesetzte künstliche Respiration als Antidot anzusehen seien, dass dagegen etwas mehr von der Anwendung des Ammoniaks und von der des Alkohol zu hoffen sei, indem durch ersteres von 7 mit lethaler Dosis vergifteten Hunden 2, durch letzteres von 4 einer gerettet wurde. Durch umfassende Versuche hat indessen R. Richter dargethan, dass die zuerst von Waterton mit Erfolg benutzte künstliche Respiration, wenn man nicht müde wird, dieselbe gehörig lange fortzusetzen, stets mit Urari vergiftete Thiere rette, wenn dieselben sich schon in einem dem wirklichen Tode ähnlichen Zustande befinden, so dass sie absolut gegen Reize unempfindlich sind, die Cornea trübe und glanzlos, die Pupille in mittlerer Weite starr und unbeweglich ist und die Wunden einen ausgesprochenen Fäulnissgeruch zeigen.

Ganz neuerdings haben A. Voisin und H. Liouville (Annal. d'hyg. 155. Juill. 1866) gerichtlich-medicinische Studien über Urari veröffentlicht. Sie bedienten sich eines von E. Currey von den Ticunas mitgebrachten Pfeilgiftes in Thongefässen, das beim Zerreiben einen starken, an giftige Solaneen erinnernden Geruch hatte und zu 3 Mgm. ein Kaninchen tödtete. Von 2 Kaninchen, welche sie durch subcutane Injection von 10 resp. 13 Centigr. Urari getödtet hatten, wurden die Eingeweide wiederholt mit destillirtem Wasser und Alkohol von 95 Grad ausgewaschen und das Product dieser Behandlung zu physiologischen Versuchen benutzt. Diese gaben an Fröschen die charakteristischen Erscheinungen der Urari-Vergiftung, welche auch der eingedickte Urin der vergifteten Thiere hervorbrachte. Im Urin der vergifteten Thiere wiesen Voisin und Liouville, ebenso wie Cl. Bernard, Zucker nach.

11. Familie: Ericaceae Rich., Heiden (S. 530).

[Zusatz zu §. 306b. S. 530.]

Zu den giftigen Pflanzen dieser Familie gehört auch nach Falke's Bericht über die Thierarzneikunde (Schmidt's Jahrb. CXXVII. 109. 1865, Wchschr. f. Thierhld. 21. 1865) das Wintergrün, Pyrola, indem es bei ausschliesslicher Fütterung Nierenreizung und Hämaturie veranlasst. P. umbellata gilt bekanntlich lange schon als diuretisch.

Hinsichtlich der Giftigkeit von Rhododendron und Ledum dürfte eine toxische Prüfung des Ericolins und Ericinols (Rochleder und Schwarz, Ann. d. Chemie, CXXXIV. 366) nicht ohne Interesse sein. Das Ericinol wird als blassgelbes Oel von starkem, nicht unangenehmem Geruche durch Destillation der Blätter von Ledum palustre, Rhododendron ferrugineeum, Erica herbacea, Calluna vulgaris und Arctostaphylos uva ursi erhalten, bildet sich ausserdem aber auch bei Behandlung des aus Ledum palustre dargestellten Ericolins und des von Kawallier in den Nadeln und der Rinde von Pinus sylvestris erhaltenen Pinipikrins mit verdünnten Säuren in der Wärme neben Zucker. Dem Ericolin wird die Formel $C^{10}H^{16}O$ beigelegt. Nach Fröhde (Journ. f. prakt. Chemie, 82. 181. 1861) enthält das ätherische Oel von Ledum palustre eine Säure, Ledumsäure, einen dem Terpenthinöl isomeren Kohlenwasserstoff und ein wasserstoffhaltiges Oel von der Zusammensetzung des Ericinols.

12. Familie: Campanulaceae Juss., Campanulaceen (S. 530.)

[Zusatz zu §. 307. S. 530.]

Die von Barrallier (Bull. de Thér. Janv. 30, Févr. 15. 1864) an sich selbst und verschiedenen Zöglingen der Bildungsanstalt für Marineärzte in Toulon angestellten Versuche mit Gaben von 10—40 Tropfen Tinctura Lobeliae inflatae ergaben Brennen im Schlunde, Aufstossen und Brechreiz gleich nach dem Einnehmen, Mydriasis, Somnolenz, Athembeschwerden, Compression der Brust, bei grösseren Dosen tumultuarischen Herzschlag und später Sinken des Pulses, Colikschmerzen und flüssige Stühle nach einigen Stunden. Alle diese Erscheinungen führt Barallier auf das Ergriffensein des Nervus vagus zurück.

13. Familie: Synanthereae Rich., Compositae Juss., Korbblüthler (S. 531).

[Zusatz zu §. 308. S. 531.]

Cabasse (Gaz. des hôp. Juillet. 14. 1864) beschreibt die lethale Vergiftung von vier Kabylenkindern durch eine Wurzel, welche als die von Carlina acanthifolia All. angesehen wurde, unter Erscheinungen der Gastroenteritis und Mydriasis. Vielleicht handelt es sich um Atractylis gummifera Less, deren Giftigkeit Comaille feststellte. Uebrigens soll auch Carlina acaulis L. für Schweine giftig sein, daher der Name Eberwurz, Carduus suarius. Aehnlich verhält es sich mit der Bezeichnung Saudistel, Sonchus arvensis L., welche in Wurzel und Stengel einen sehr bitteren Milchsatz besitzt, übrigens ausser den Schweinen auch Schafen gefährlich ist, wie die von Faber (Ztschr. f. Staatsarzneik. N. F. XX. 329. 1862) erwähnte Intoxication von 70 Schafen, wovon 6 starben, erweist.

Will. Smith (Lancet. Dec. 6. 1862) berichtet einen Fall von Vergiftung, durch ätherisches Oel von Artemisia Absynthium L., wo bei einem Erwachsenen ½ Unze in wenigen Minuten die Erscheinungen scharf narkotischer Vergiftung (Anaesthesie, Convulsionen, Trismus, Schaum vor dem Munde, Brechneigung) hervorbrachte, und der Patient nach der Genesung in 48 Stunden Nichts von dem Vorgefallenen wusste. — Eine Vergiftung durch Arnikatinctur berichtet H. Bertin (Lancet. II. 21. Nov. 1864), dadurch ausgezeichnet, dass sie nach 1 Unze derselben erst 8 Stunden nach dem Genusse nach vorgängigem ruhigem Schlafe eintrat, und zwar als Gastralgie mit Uebelkeit und Schwäche, Mydriasis, unregelmässigem, schwachem Pulse von 100 Schlägen, kalter und trockener Haut, welche Erscheinungen durch Opiumtinctur in 24 Stunden beseitigt wurden. Die Angabe von Perretti, dass die Arnica ein flüchtiges Alcaloid enthalte, fand O. Hesse (Ann. des Chem. und Pharm. CXXIX. 254. 1865) nicht bestätigt; das Destillat mit Kalihydrat enthielt Trimethylamin.

1. Artemisia Vahliana Kostel.

[Zusatz zu §. 308. S. 532.]

Dass nicht Artemisia Vahliana, sondern eine bis jetzt noch unbekannte Artemisiaart den Levantischen Wurmsamen liefert, hat Berg aus der Gestalt der die Wurmknospen bildenden Schuppen richtig gefolgert; er nennt diese Art Artemisia Cina. Rose hat über die Wirkung des Santonins (Virch. Arch. XXVIII. 1. 2. 1863) weitere Versuche an Menschen gemacht und nach grösseren Gaben in 30 Versuchsfällen stets Gelbsehen, 19 mal Violettsehen, 8 mal Visionen bei geschlossenen Lidern, niemals Amblyopie, 6 mal Geruchs- und 5 mal Geschmackshallucinationen, 8 mal Cephalalgie, 9 mal Abgeschlagenheit, Blässe und Duseln, nie Geistesstörung oder Gedankenincohärenz, 14 mal Erbrechen beobachtet. Hardy (Gaz. de Paris, 28. 1863) beobachtete schon nach 15 Minuten den Uebergang des Santonins in den Urin.

2. Lactuca.

[Zusatz zu §. 309. S. 535.]

Ueber die hypnotische Wirkung der Lactuca hat Fronmüller sen. (D. Klin. 42—44. 1862) reichhaltige Versuche an Kranken angestellt und ist dabei zu dem Resultate gelangt, dass das Englische und Deutsche Lactucarium in ihrer Wirkung ziemlich gleichstehen, während das Französische weit zurücksteht. Als Nebensymptome wurden bei der Darreichung grösserer Dosen (bis zu 62 Gran des Englischen und 32 des Deutschen Lactucariums) mehrmals schwere Träume, Ohrensausen, Schwindel, Kopfschmerz während der Nacht und am folgenden Morgen beobachtet; häufig (bei 59 %) zeigten sich Pupillenerweiterung und verminderte Diurese, fast immer Schweiss. Der Aubergier'sche Syrupus Lactucarii, welcher übrigens nach späterem Zugeständniss des Verfertigers auch Morphium enthält, wirkte zu ½—1 Unze schwächer als das Lactucarium selbst. Lactucin von Merck, vom Geruche des Deutschen Lactucariums, bitter, unter dem Mikroskop einzelne hexaëdrische Krystalle zeigend, meist amorph, und krystallinisches Lactucin von Kromayer und Ludwig, in perlmutterartigen Schuppen, völlig neutral, gleichfalls sehr bitter, repräsentiren nach Fronmüller beide nicht die volle hypnotische Kraft der Lactuca; die narkotischen Symptome waren bei Darreichung des ersteren zu ¼ bis 10, des letzteren von 1—5 Gr. nicht sehr entwickelt.

14. Familie: Rubiaceae Juss., Rubiaceen (S. 535).

1. Cinchona L.

[Zusatz zu §§. 310—336. S. 536—542.]

Zu gerichtlicher Untersuchung gab ein Fall, in welchem 20 Gran Chinin und 6 Gr. Cinchonin innerhalb ¼ Stunde genommen wurde, Veranlassung, da der Tod 3—4 Stunden später nach vorhergehenden Magenschmerzen, Röthe des Gesichts, Ohnmachten und Convulsionen eintrat. Frerichs (Vljhrschr. f. ger. Med. XXX. 1. Jan. 1862) nimmt mit Recht wegen der geringen Dosis, des kurzen Intervalls und der bei der Section vorgefundenen Hirnanämie an, dass keine Chininvergiftung vorlag. Schlockow (De Chinini vi physiologica. Vratisl. 1860) fand das in angesäuertem Wasser gelöste Chinin für Frösche tödtlich zu 1—1½ Gr. per os, ⅕—¼ Gr. per anum und ¼ Gr. subcutan, für Kaninchen zu 4—15 Gran hypodermatisch. Bei intensiver Einwirkung wird der Puls verlangsamt, das Herz steht bald ganz still und verliert rasch seine Reizbarkeit; die Respiration wird bei Fröschen sehr bald unregelmässig, intermittirend, dann schwach und cessirt bald, bei Kaninchen anfangs wenig beeinflusst, erst gegen das Ende schwer und keuchend. Die spontanen Bewegungen hören auf, bei Insulten bewegen sie sich unsicher und schwankend, bei Kaninchen werden die Bewegungen unsicher, die hinteren Extremitäten gelähmt, die Empfindlichkeit nimmt ab. Vagusdurchschneidung bedingt nach vorausgehender Verlangsamung des Pulses durch Chinin keine Beschleunigung, grosse Chiningaben führen auch nach Vagusdurchschneidung Pulsverlangsamung herbei. Anaesthesie der Cornea, welches nach Schlockow eines der ersten Vergiftungssymptome sein soll, ist dies nach neueren Versuchen von A. Eulenburg und Th. Simon (Reichert's Arch. f. Anat. H. 4. p. 423. 1864) nicht, nach welchen die Respiration bei grösseren Gaben stetig abnimmt, und bei Fröschen viel eher cessirt als die Herzbewegung. Nach Eulenburg und Simon lähmt das Chinin zuerst die Centralheerde der Reflexaction im Rückenmark und später erst die Centralorgane der Empfindung und willkürlichen Bewegung im Gehirn; diese Aufhebung der Reflexaction tritt immer ein, mag derselbe vorher normal oder durch Strychnin vorher pathologisch erhöht sein. Auf die Muskelreizbarkeit, die Erregbarkeit der Nervenstämme und die Ursprünge der motorischen Nervenfasern im Rückenmark wirkt es nicht; doch tödtet es bei localer Application den eingetauchten Muskel rascher als das Herz.

2. Cephaëlis.

[Zusatz zu §§. 337 u. 338. S. 542—544.]

H. Pécholier (Recherches expérimentales sur l'action physiologique de l'Ipécacuanha, Paris und Montpellier, 1862) hat eine Reihe von Versuchen an Kaninchen und Fröschen mit Radix Ipecacuanhae und Emetin angestellt und gefunden, dass beide nur quantitativ different wirken. Ein ätherisches Extract der Brechwurzel, welches die riechende Materie derselben, aber kein Emetin enthält, blieb wirkungslos. Die Action der Ipecacuanha zeigte sich auch, obschon langsamer, vom Rectum aus; eben so wenig fehlte die Wirkung eines Emetinsalzes bei Application auf die Haut. In Bezug auf die Circulation nahm Pécholier bei Kaninchen nach sehr kurzer Zeit (1—3 Minuten) anhaltender Aufregung eine rasche und energische Abnahme der Herzschläge wahr, die sich im Allgemeinen proportional der Gabe verhält und bei Dosen von 5 Mgm. bis 5 Cgm. Emetin und von 20 bis 80 Cgm. Ipecacuanha Schwankungen von minus 40 bis minus 104 zeigte; bei nicht lethalen Gaben kehrte der normale Zustand in ¼—1 Stunde zurück. Mit der Frequenz nahm auch Kraft und Energie des Herzschlages ab, auch trat Unregelmässigkeit und Ungleichmässigkeit desselben ein. Dass die Wirkung des Emetins auf das Herz eine directe sei, erschliesst Pécholier aus Versuchen an Froschherzen, deren Contraction durch 12 Tropfen einer Lösung salzsauren Emetins in 10 Minuten um 30 Schläge verringert und in 33 Minuten ganz gehemmt wurde. Die Zahl der Respirationen fand Pécholier stets vermindert und zwar proportional der Dose um 90—140. Die Lungen waren bei der Section stets in anämischem Zustande, welchen er auf Rechnung des trägen Athems und der Entzündung im Tractus stellt. Hinsichtlich der Körperwärme will Pécholier eine Abnahme von meistens 1° (im Maximum 2°,7) in Mund, Achselhöhe und Ohren, dagegen ein Constantbleiben oder sogar eine Vermehrung (um 0°,4) im Rectum constatirt haben. Was die Wirkung auf die Digestion und den Tractus betrifft, so bemerkte er 1—3 Minuten nach der Application energische Brechanstrengungen, die bei Anwendung weiterer Dosen weniger prononcirt auftraten; mit dieser verband sich Blässe der Mundschleimhaut, die allmählig wieder verschwand. Die Mucosa intestini et ventriculi war stets stark hyperämisch, namentlich an der Curvatura major ventriculi und in der Nähe des Pylorus. In der Leber konnte niemals eine Spur von Zucker nachgewiesen werden. Die Urinsecretion war niemals beeinträchtigt. In allen Fällen folgte bei den Kaninchen auf die oben erwähnte kurze Excitation ein starker Collapsus, von welchem sie sich aber in ½—¾ Stunde vollständig wieder erholten; bei weiteren Gaben verringerte sich die Periode der Excitation, während der Collapsus zunahm. Dem Tode, der bei starken Dosen in 8—25 Minuten erfolgte, gingen meist Convulsionen voraus, sie fehlten bei Anwendung der höchsten Dosen. Die Nervencentra zeigten bei der Section keine Alterationen. Aus Versuchen an Fröschen schliesst Pécholier, dass Emetin die sensitiven Nerven lähmt, während es die motorischen Nerven und die Muskelcontractilität zwar ebenfalls afficirt, aber in einem geringeren Grade. Das Blut fand Pécholier stets von normaler Beschaffenheit.

15. Familie: Umbelliferae, Doldengewächse (S. 547).

[Zusatz zu §. 342. S. 547—550.]

Dass Heracleum Sphondylium L. bei Personen, welche die Pflanze ausreissen, Furunkeleruption an den Händen verursache, wird nach Beobachtungen in der Gegend von Namur (Gaz. hebd. 1. Nov. 1861, Ann. d'hyg. 2. sér. XVII. 229. 1862) bestätigt. Ob die ebendaselbst sich findende Angabe, dass Pastinaca satica L. häufig in Belgien und besonders in Lüttich dieselben Erscheinungen bedinge, welche man dort als mal du panais bezeichne, auf Verwechslung mit dem Bärenklau beruhe, bedarf der Aufklärung.

Anthriscus sylvestris Hofm. soll nach Kohli (vgl. Falke's Bericht über Thkd. Schmidt's Jahrb. CXXIII. 126. 1864) bei Schweinen als Wurzel und Kraut allein verfüttert Lähmung, von den hinteren Extremitäten ausgehend, Unempfindlichkeit der Pupille und bei der Section constatirte starke Entzündung der Schleimhaut des Magens und der Gedärme erzeugt haben (Conium?).

1. Conium maculatum L.

[Zusatz zu §§. 343—351. S. 550—560.]

Ueber das Coniin hat neuerdings P. Guttmann (Berl. klin. Wchschr. 5. 6. 1866) eine toxikologische Studie publicirt, welche im Wesentlichen die früheren Angaben von Kölliker und Ihmsen bestätigt und deren wir hier gedenken, weil auch unsere eigenen Versuche mit den erhaltenen Resultaten am besten übereinstimmen. Guttmann fand, dass auch von der unverletzten Haut aus das Coniin bei Fröschen (Eintauchen in eine ½procentige Lösung) toxisch wirkt und dass Erholung stattfindet, wenn die Frösche nicht über ⅓ Tropfen erhalten haben, was übrigens nach meinen Erfahrungen keineswegs constant ist; Rhythmus und Frequenz des Herzschlages werden nicht beeinträchtigt und der Kreislauf dauert wie bei Urari und Wrightia noch lange nach dem Tode fort. Die Lähmung, welche zuerst die Extremitäten und zuletzt die Respirationsmuskeln betrifft, ist nicht directe Muskellähmung, noch vom Rückenmarke abhängig, es werden vielmehr wie bei Urari zuerst die peripherischen Nerven der Muskeln, später, aber nur bei grösseren Dosen, die Stämme gelähmt. Die sensiblen Nerven werden viel weniger oder gar nicht afficirt; doch wirkt directe Application auf die Hautnerven local anästhesirend. Sopor und Einwirkung auf das Gehirn will Guttmann nie beobachtet haben und glaubt solche, wo sie vorkommen, vom Präparate abhängig. Die bei Säugethieren eintretenden Convulsionen sind, da sie auch bei unterhaltener künstlicher Respiration auftreten, nicht als Folge gestörter Respiration anzusehen.

2. Oenanthe crocata L.

[Zusatz zu §. 353. S. 562—565.]

Die Vergiftung von 6 Knaben durch die Wurzel dieser Umbellifere, von denen einer gleich unter Convulsionen starb, und ein zweiter angeblich durch ein die Grösse des obersten Gliedes des kleinen Fingers nicht übersteigendes Stück mehrere Tage an tetanischen Convulsionen und Anästhesie abwechselnd, Sprachlosigkeit, Mydriasis u. s. w. litt, beschreibt Popham (Dubl. quart. journ. Nov. 1865) und fügt daran einige Bemerkungen über die Giftpflanze, welche örtlich reizend und daneben auf Hirn und Med. spin. wirkt, die Gerinnungsfähigkeit des Blutes zerstört und entweder asphyktisch durch Tetanus der Brustmuskeln oder comatös wie beim Opium tödtet, von der Wirkung des letztern sich durch die Mydriasis unterscheidend. Die Sprachlosigkeit bezieht Popham auf Lähmung der Zungenmuskeln. Neben Glossoplegia articulata bestand im vorliegenden Falle auch, jedoch kürzere Zeit, Glossoplegia masticatoria, indem Patient zwar zu schlucken vermochte, aber nicht continuirlich, sondern nur stossweise und in Portionen.

3. Cicuta virosa L.

[Zusatz zu §. 354. S. 565—567.]

Zur Casuistik der Vergiftung durch Wurzeln von Wasserschierling sind zu nennen: Lender in Soldin (Vjhrschr. f. ger. Med. 129. 1865) und Mittheilungen im Bayr. Intell.-Bl. (24. 27. 1865), letztere deshalb von Interesse, weil man die Intoxication anfangs durch Wurzeln von Nymphaea lutea bedingt hielt, erstere, weil sie in den drei beobachteten Fällen auch die verschiedenen Grade der Vergiftung darbietet: I. sofortiges Erbrechen, II. Erbrechen nach längerer Zeit, Ohnmacht, Bewusstlosigkeit, III. nach 1 Stunde Erbrechen, Bewusstlosigkeit und allgemeine Convulsionen (die auch in 2 der Bayrischen Fälle in heftigster Weise, als Opisthotonos, auftraten) und Tod (in 4 Stunden nach der Vergiftung), und wegen des Sectionsbefundes (Hyperämie der Hirngefässe, serös-sanguinolenter Erguss in Brusthöhlen und Pericardium, Hyperämie der Lungen, röthlicher Schaum und hellrothe Gefässinjection in Trachea und Bronchien, schmutzig-dunkelrothe Färbung, stellenweise starke Injection der Mucosa ventriculi und intest. ten., Hyperämien von Leber, Milz, Nieren und Pankreas).

16. Familie: Ranunculaceae L., Ranunculaceen (S. 567).

1. Aconitum, Sturmhut (S. 568).

[Zusatz zu §§. 356—363. S. 568—575.]

Nach Schroff (Wochenbl. d. Gesellsch. d. Aerzte z. Wien, 14. 1866) sind nicht alle am Himalaya vorkommenden Species von Aconitum dem A. ferox in der Wirkung ähnlich; die Wurzel von A. heterophyllum Wall., welche von den Eingebornen unter dem Namen Atees als kräftiges Tonicum benutzt wird hat z. B. einen schleimigen und rein bitteren Geschmack, ohne jede Andeutung von Brennen, und steht vielleicht dem A. Anthora in der Wirkung am nächsten.

Hinsichtlich der Bestandtheile von Aconitum Napellus L. ist zu erwähnen, dass T. und H. Smith (Pharm. Journ. V. 317. 1864) darin eine von Aconitin verschiedene organische Base entdeckten, welche sie Aconellin nannten, die aber nach ihren und den Versuchen von Jelletet (Chem. News. Apr. 1864.) Narkotin zu sein scheint. Die Löslichkeit stimmt zwar nicht ganz, die elementare Zusammensetzung und das Verhalten gegen polarisirtes Licht sind aber gleich. Aus 100 Pfd. frischer Aconitwurzel wurde etwa 1 Unze Aconellin erhalten. Wiggers Vermuthung, dass das Deutsche Aconitin ein Gemenge von wenig Aconitin und viel Narkötin sei (Cannstatt's Jahresber. V. 62. 1864), scheint durch Hübschmann (Schweiz. Wochensch. f. Pharm. 242. 1865) keine Bestätigung gefunden zu haben. Die Angabe des Letztern, dass Aconitum Lycoctonum L. weder Aconitin noch Napellin, sondern zwei neue Basen, welche er Acolyctin und Lycoctonin nennt, enthalte, von denen letztere viel Aehnlichkeit mit dem Aconellin habe, verdient nähere Prüfung. Nach Hager (Pharmac. Centralhalle, IV. 1003. 1863) ist der Gehalt der im Handel vorkommenden Tubera Aconiti, welche die neueste Preussische Pharmacopoe als officinell eingeführt hat, an Aconitin sehr schwankend; in den besten Sorten beträgt er 1,25 %, in den schlechtesten 0,64 %, selbst weniger als in Knollen des im Garten gewachsenen A. Stoerkeanum. Procter (Arch. f. Pharm. 174. Oct. Nov. 1866), welcher in Americanischen Sturmhutknollen 0,42 %, in Europäischen nur 0,20 % fand, scheint schlechte Waare untersucht zu haben.

Hottot (Journ. de l'Anal. 113. 1864) will nach einer neuen Methode Aconitin in einer die im Handel vorkommenden Alkaloide weit übertreffenden Stärke, jedoch nicht krystallinisch, erhalten haben. Morson's Aconitine pure, welchem der Fabrikant neuerdings den Namen Napellin beilegen will, tödtete zu 5 Mgm., Hottot's Alkaloid schon zu 2 Mgm. einen Frosch in 20 Minuten. Die gegen Schroff gerichtete Polemik, dass keine zwei giftige Principien im Sturmhut enthalten seien, fällt nach den neueren Entdeckungen von T. und H. Smith völlig dahin. Hottot's Aconitin, das im Magen rascher als Strychnin resorbirt werden soll, wird eine Wirkung auf die Nervencentra, und zwar zunächst auf das verlängerte Mark, dann auf Rückenmark und schliesslich auf das Gehirn zugeschrieben; zunächst soll es die Respiration herabsetzen, dann die Sensibilität, Reflexerregung und Motilität. Weiter vindicirt ihm Hottot eine directe Wirkung auf die Substanz des Herzens. Die Reizbarkeit erlischt in den peripherischen Nerven früher als in den Nervenstämmen. Hottot's Aconitin mindert auch bei äusserer Application die Sensibilität; innerlich gegeben bedingt es Reizung der Mundschleimhaut, Ptyalismus, Nausea, Muskelschwäche, Myrmecismus, Schweisse, Schwere im Kopfe, Schmerzen in einzelnen Aesten des Trigeminus, Mydriasis, behinderte Respiration, Abnahme der Pulsfrequenz und der Sensibilität. Die von Hottot beim inneren Gebrauche noch zulässig erachtete Dosis von 3 Mgm. hält Gubler (Bullet. de Thérap. 15. Mai 1864), der mit Hottot's Aconitin Versuche an Kranken anstellte, für zu hoch, indem schon 1 Mgm., 3—4 mal täglich gegeben, toxisch wirken kann.

Mit Deutschem Aconitin von Merck, Trommsdorf und Schering experimentirte Achscharumov (Reichert's Arch. H. 2. p. 255. 1866) und stimmen seine Resultate im Wesentlichen mit den von Schroff erhaltenen und auch von mir mehrfach constatirten, z. B. Unwirksamkeit bei äusserer Application, dem Englischen Aconitine pure gegenüber, viel geringere Giftigkeit, überein. Die subcutane Injection wirkt zehnmal stärker als die Ingestion per os. Achscharumov's Präparate waren übrigens stärker als die von Schroff benutzten, so dass schon 0.8 Gramm vom Magen aus Kaninchen in einigen Minuten tödteten. Im Wesentlichen fasst Achscharumov die Wirkung des Aconitins wie Schroff auf: Tödtung in Folge von Herzlähmung, in Folge deren das Blut in allen Theilen stagnirt und Mangel an Sauerstoff bekommt, als dessen Folge die Convulsionen zu betrachten sind. Bei kleineren Gaben tritt neben der Schwächung des Herzschlages und Verlangsamung der Respiration Muskelparese ein. Die Herzlähmung ist abhängig von einer Paralyse der motorischen Ganglien des Herzens selbst, indem das ausgeschnittene Froschherz in 2 Minuten zum Stillstand kommt. Nach Achscharumov erregt das Deutsche Aconitin zuerst Reizung der Medulla oblongata, die den Vagis mitgetheilt wird; die Reizung der Vagi führt zur Ermüdung und Lähmung desselben. Es entwickelt sich Lähmung sämmtlicher cerebrospinaler motorischer Nerven; aber indem sie sich ausbildet, entwickelt sich Lähmung der motorischen Centren des Herzens und Herzstillstand tritt ein. Die Nervenstämme werden endlich gelähmt; die Muskelsubstanz wird nicht afficirt, die Reflexfunctionen des Rückenmarks und die Leitungsfähigkeit sensibler Fasern bleiben intact (Hottot's Aconitin vernichtet die Reflexerregbarkeit). Das Gehirn bleibt ungetrübt. Temperatur und Blutdruck werden durch Aconitin rasch herabgesetzt. Der Zustand der Pupille ist veränderlich und diese Veränderlichkeit dauert auch bei Durchschneidung des Sympathicus an. Auf Schleimhäuten bedingt Aconitin Röthe und Extravasation.

Zu erwähnende neuere Fälle von Aconitvergiftung sind vier von Ogier Ward (Brit. med. journ. 1860. Decbr. 1) beobachtete, zu den ökonomischen gehörig und durch die so häufige Verwechslung der Wurzel von Aconitum Napellus mit Meerrettig bedingt, und eine Medicinalvergiftung (durch 1 Theelöffel von Flemming's Aconittinctur, statt Tokaier genommen; Tod nach 2 Stunden), von J. Strecker (Edinb. med. journ. 1861. Sept. p. 259) mitgetheilt. Für die Symptomatologie der Aconitvergiftung sind besonders erstere von Interesse, insofern sie zeigen, dass die Wurzel selbst häufiger als deren Präparate locale Symptome (gastrische Erscheinungen, jedoch nicht immer Erbrechen und Diarrhoe) bewirkt und dass diese sogar manchmal isolirt dastehen, dass von entfernten Erscheinungen aber ausser den gewöhnlichen und klonischen Krämpfen auch heftige tetanische Anfälle eintreten können und dass die Respiration manchmal unbeeinträchtigt bleibt; auch fehlte die Harnentleerung auf der Höhe der Anfälle ganz. In Constantinopel ist nach Schroff eine Vergiftung mit der Wurzel von Aconitum ferox durch Substitution derselben für Jalappewurzel vorgekommen.

Von Woakes (Brit. med. journ. Octbr. 26. 1861) ist nach Versuchen an Hunden ein Antagonismus zwischen Aconitin und Strychnin angenommen worden und Hanson will in einem Falle von Vergiftung mit Tinct. Aconiti bei einem 5jährigen Kinde, charakterisirt durch Muskelerschlaffung, schwachen Puls, unregelmässige Respiration, Mydriasis, durch Darreichung von Tinctura nucis vomicae (zu 3 Tropfen alle 3 Stdn.) das Leben gerettet haben (vgl. Hay's Amer. journ. 285. Jan. 1862).

2. Helleborus, Nieswurz.

[Zusatz zu §. 364. S. 575.]

Ueber die wirksamen Bestandtheile von Helleborus niger, H. viridis und H. foetidus sind wir in chemischer Hinsicht durch W. Marmé und A. Husemann, in toxikologischer durch W. Marmé zur Klarheit gekommen. Marmé entdeckte 1864 in der schwarzen Nieswurz vermittelst des Verfahrens von de Vry und Sonnenschein ein in Wasser lösliches Glykosid (Nachr. d. königl. Gesellsch. d. Wiss. zu Göttingen, Mai 1864), neben welchem durch eine weitere, in Gemeinschaft mit A. Husemann unternommene Arbeit über die Bestandtheile der grünen und schwarzen Nieswurz (Ann. d. Chem. u. Pharm. p. 55. Juli 1865) ein zweites in Alkohol und Aether lösliches Glykosid zu Tage gefördert wurde. Später wies W. Marmé auch in Helleborus foetidus die beiden erwähnten Glykoside nach und gewann ausserdem aus dieser Nieswurzart, jedoch in sehr geringer Menge, einen intensiv riechenden, festen Körper von weisser Farbe (Ztschr. f. rat. Med. 3. Reihe Bd. XXVI. H. 1. p. 1—98. 1865).

Das in Wasser lösliche Glykosid, nach dem Sonnenschein'schen Verfahren mittelst phosphormolybdänsauren Natrons, welchem man auch phosphorwolframsaures Natron oder Metawolframsäure oder Tannin mutatis mutandis substituiren kann, hat den Namen Helleboreïn erhalten und seine Formel ist $C^{52}H^{44}O^{30}$. Das Helleboreïn schmeckt süss bitter, nicht scharf, reizt zum Niesen, ist weiss von Farbe, zieht an der Luft begierig Wasser an und färbt sich dabei dunkler, löst sich leicht in Wasser und wasserhaltigem Alkohol, schwer in absolutem Alkohol, etwas in fettem Oel und fast gar nicht in Aether und setzt sich aus der concentrirten Lösung in absolutem Alkohol in Warzen von krystallinischem Gefüge ab. Concentrirte Schwefelsäure löst es mit bräunlich gelber Farbe, welche beim Stehen an der Luft in Violett und endlich unter Verkohlung in Braun übergeht. Setzt man der Lösung in concentrirter SO^3 einen Tropfen concentrirte reine Schwefelsäure hinzu, so bleibt die Lösung Tage hindurch unverändert gelb; ist der Körper nicht ganz rein, so scheiden sich nach einiger Zeit bräunliche Flocken aus. Concentrirte Salpetersäure, Salzsäure und Ammoniak lösen das Helleboreïn farblos auf. Der Spaltungskörper, den man durch Kochen mit verdünnten Säuren nebst Zucker und Helleboreïn erhält, ist im feuchten Zustande schön veilchenblau, bei 100° getrocknet schmutzig graugrün, in Alkohol löslich, in Wasser und Aether unlöslich, neutral reagirend, und hat den Namen Helleboretin erhalten.

Das zweite Glykosid der Nieswurzarten ist identisch mit dem früher von Bastik in einer Helleborusart (wahrscheinlich H. viridis, nicht H. niger, wie im Originale steht) gefundenen Körper, weshalb der diesem beigelegte Name Helleborin beibehalten ist. Der nach Bastik's Methode erhaltene Körper von der Formel $C^{72}H^{42}O^{12}$, welcher weisse glänzende, gern in concentrischen Gruppen sich zusammenlagernde Nadeln bildet, in Substanz auf die Zunge gebracht so gut wie geschmacklos ist, in Oel oder Alkohol gelöst ein lebhaft brennendes, längere Zeit anhaltendes Gefühl von Abstumpfung hinterlässt, ist nicht, wie Bastik angibt, ein Alkaloid, sondern stickstofffrei, und spaltet sich ziemlich schwierig, am besten durch Kochen mit concentrirter Chlorzinklösung, in Zucker und ein braunes Harz, welches Helleboresin genannt ist. Das Helleborin löst sich schwer in Wasser, leichter in einer concentrirten Lösung von Helleboreïn, leicht in Alkohol und Chloroform, schwieriger in Aether, etwas in fetten Oelen. Concentrirte Schwefelsäure färbt die Krystalle sofort hochroth und löst sie mit gleicher Farbe; beim Stehen an der Luft scheidet sich in Folge angezogenen Wassers das Helleborin als weisses Pulver aus und die Lösung wird farblos. Der Spaltungskörper, das Helleboresin, löst sich nicht in Wasser, wenig in Aether, gut in kochendem Weingeist.

Das fette Oel des Helleborus ist dunkelgrün, widrig riechend, sehr bitter und scharf, reagirt niemals sauer (wie Fensulle und Capron behaupteten), und schliesst Quantitäten der beiden Glykoside ein, welche ihm durch geeignete Behandlung entzogen werden können, wonach das Oel seine Schärfe und Bitterkeit verliert. Ein dritter Körper ist in demselben nicht vorhanden.

Die Destillate des wässrigen Auszuges der Radix Hellebori nigri liefern keinen wirksamen Bestandtheil; von H. foetidus war schon oben die Rede.

Helleboreïn kommt in Wurzel und Wurzelblättern der drei untersuchten Nieswurzarten, am reichlichsten in den grünen vor. Helleborin findet sich in Wurzeln und Blättern von H. nigre nur spärlich (wahrscheinlich auch in H. foetidus nur in geringer Menge), sehr reichlich in H. viridis, und zwar besonders in älteren und kräftigeren Exemplaren. An Oel sind H. niger und H. viridis ebenmässig reich; dem Helleborin-Gehalte entsprechend ist das Oel der grünen Nieswurz weit schärfer. Aus H. foetidus hat Marmé eine nennenswerthe Quanität Oel nicht erhalten. Die von Marmé angestellten physiologischen Versuche lassen das Helleborin und Helleboreïn als die wirksamen Bestandtheile der Nieswurz erscheinen. Das fette Oel ist, wie Schroff fand, auch in grossen Dosen (30 Gramm) unschädlich. Das Helleboretin bringt zu 1—2 Gramm bei Kaninchen und Hunden nicht die mindeste Störung hervor. Das negative Resultat, welches Marmé mit dem Destillat des wässrigen Auszuges der Radix Hellebori foetidi in zwei Experimenten erhielt, glaubt er nicht ausreichend, um diesen für ungiftig zu erklären, sondern vielleicht durch zu kleine Quantitäten bedingt.

Das Helleboreïn der drei Nieswurzarten zeigt ein und dasselbe Verhalten gegen chemische Reagentien, aber je nach der Pflanzenspecies, aus der es dargestellt ist, quantitativ sehr verschiedene Wirksamkeit. Das Helleboreïn aus H. niger und wahrscheinlich auch H. foetidus ist bedeutend schwächer als das der grünen Nieswurz. Es wird als solches resorbirt und zeigt eine örtliche und entfernte Wirkung, erstere besonders bei Application in Substanz. Von der äusseren Haut wird es nicht resorbirt und bringt daselbst auch keine Irritation hervor. Am raschesten wirkt es bei Einspritzung in Gefässe, seröse Häute, Unterhautbindegewebe und Hautwunden. Die Dosis lethalis des in Wasser gelösten Helleboreïns stellt sich für Frösche subcutan auf 0,060 Grm., H. der schwarzen Nieswurz (Tod nach Stunden), auf 0,005 Grm. bis 0,001 H. der grünen Nieswurz († nach Minuten); für Tauben subcutan auf 0,120 Grm. H. der schwarzen N. († in ¼ Std.), in den Kropf auf 0,030—0,060 Grm. H. der grünen N. († nach wenigen Min. bis 1 Std.); für Kaninchen subcutan auf 0,400—0,600 Grm. H. der schwarzen H. († nach 2—5 Std.). subcutan auf 0,030 Grm. H. der grünen N. († nach ¼ Std.), in eine Vene auf 0,012 Grm. H. der grünen N. († in 5 Min.), in den Magen auf 0,180—0,300 Grm. H. der grünen N. († in 3 Std.); für Katzen subcutan auf 0,200—0,400 Grm. H. der schwarzen H. († nach mehreren Std.), subcutan auf 0,080—0,120 Grm. H. der grünen N. († nach 20 Min.), in eine Vene auf 0,012 Grm. H. der grünen N. († nach 5 Min.), in den Magen auf 0,230—0,300 Grm. H. der grünen N. († nach 2 Std.); für Hunde subcutan auf 0,400 Grm. H. der schw. N. († nach 2—6 Std.), subcutan auf 0,120 Grm. H. der grünen N. († nach ¼ Std.), in eine Vene auf 0,010—0,006 Grm. H. der grünen N. († nach ¼ Std.) und in den Magen auf 0,036—0,886 Grm. H. der grünen N. († v. 3 Std. bis 3 Tagen).

Das Helleboreïn bewirkt auf der Conjunctiva Röthumg, Schwellung und stark gesteigerte Schleimsecretion, erzeugt Thränenfliessen und indirect Myosis. Auf der Nasenschleimhaut bedingt es Reiz zum Niesen, doch viel schwächer als Veratrin. Im Munde macht es (in Folge des bitteren Geschmackes) bei Säugethieren Lecken und Zähneknirschen und ausserdem bei Carni- und Omnivoren mehr oder minder vermehrte Speichelsecretion. Im Magen wirken sehr kleine Gaben anscheinend nicht nachtheilig, nach wiederholter Darreichung tritt aber bald cumulative Wirkung ein, die sich durch Verlust des Appetits, Uebelkeit und Erbrechen ankündigt und nach Sistirung des Gebrauchs rasch verschwindet, andernfalls ebenso wie grosse Gaben Schmerzen, vermehrte Secretion und selbst Gastroenteritis zur Folge haben können, welche Wirkung das Helleboreïn der schwarzen Nieswurz nicht so intensiv zu besitzen scheint. Auf die Darmschleimhaut wirkt das Helleboreïn der grünen Nieswurz gleichfalls reizend ein und kommt es nach kleinen Gaben zu vermehrter Se- und Excretion und nach wiederholten kleinen, sowie nach grossen Dosen zu dysenterischen Darmentleerungen und selbst zu ulcerativer Enteritis, welche letztere besonders stark ausgeprägt bei Hunden und zwar im Dünn- und Dickdarm, selten im Mastdarm sich findet. Die Peristaltik der Darmschlingen und des Magens besteht längere Zeit nach dem Tode fort und erhält sich meist 15—30 Min. länger als die Reizbarkeit des Herzmuskels, nur nach sehr grossen Dosen erlischt sie meist gleich oder sehr rasch post mortem. — Leber und Milz sind nach Helleboreïn bald normal, bald von reichlicherem Blutgehalte. Vermehrte Speichelsecretion zeigt sich auch bei nicht localer Application des Giftes. Nicht zu rasch tödtlich wirkende Dosen verursachen meist reichliche Diurese (Helleboreïn konnte im Harn nicht nachgewiesen werden), und bisweilen zeigte sich post mortem Hyperämie der Nieren, insbesondere der Corticalsubstanz; Harnleiter und Nierenbecken sind unverändert, die Harnblase nach rasch tödtlichen Dosen meist stark gefüllt, nach länger währender Intoxication meist leer, contrahirt und ihre Schleimhaut normal. Bei weiblichen Thieren findet sich post mortem starke Anfüllung der Uterusgefässe und Schwellung mit mehr oder minder starker Injection der Schleimhaut.

Die Hauptwirkung des Helleboreïns ist auf das Herz gerichtet; sie ist qualitativ der des Digitalins gleich, von welchem aber viel grössere Gaben erforderlich sind. Rasch verlangsamend und tödtlich lähmend auf die Herzaction von Fröschen wirkt Merck'sches Digitalins erst zu 0,072 Grm., Helleboreïn dagegen schon zu 0,01 Grm. Bei Säugethieren bewirken ebenfalls viel kleinere Dosen, subcutan oder in die Blutbahn injicirt, fast stets ohne vorgängige Beschleunigung bedeutende Verlangsamung der Herzaction, welche (bei tödtlichen Gaben) in enorme Beschleunigung und darauf meist plötzlich in mehr oder minder vollständige Lähmung übergeht; grössere Dosen bewirken meist nur rasch vorübergehende Verlangsamung, welcher enorme Beschleunigung und plötzlicher Tod folgt. Während der enormsten Beschleunigung lässt sich durch electrische Reizung der isolirten Nervi vagi bei Kaninchen bis zuletzt Stillstand und bei Hunden durch schwache Ströme Verlangsamung der Herzaction herbeiführen. Aehnlich bewirkt nachfolgende wiederholte Injection von Helleboreïn eine freilich rasch vorübergehende Verlangsamung. Durchschneidung der Nervi vagi während der künstlich gesetzten Verlangsamung bedingt sofort enorme Beschleunigung. — Bei Kaninchen und Katzen mit durchschnittenen Nervi vagi wirken kleine wie grosse Dosen Helleboreïn kurze Zeit in geringem Grade verlangsamend; bei Hunden tritt dagegen meist keine Verlangsamung, sondern bald plötzliche Lähmung des Herzens ein. Während der Verlangsamung und Beschleunigung ist, so lange noch nicht Paralyse dicht bevorstand, der Herzschlag verstärkt. Nach dem Tode ist das Herz entweder sofort, oder doch sehr rasch, und zwar zuerst die Ventrikel, vollständig gelähmt. In den meisten Fällen findet sich bei Fröschen der Ventrikel contrahirt und leer, bei Säugethieren umgekehrt schlaff und gefüllt. Ebenso sind die grossen Blutgefässe der Brust, des Bauches und Beckens strotzend mit Blut gefüllt. Das Blut zeigt keine constante Farbenveränderung, ist gleich nach dem Tode flüssig, wenige Stunden später locker geronnen. Mit der Einwirkung auf das Herz gehen Respirationsanomalien Hand in Hand. Auf die meist bald auftretende Beschleunigung folgen bei allen Thieren stets sehr stark verlangsamte und beschwerte Athemzüge. Die Respiration überdauert die Herzaction. Post mortem sind die Respirationsorgane wenig afficirt. Das Nervensystem wird durch Helleboreïn in der Weise beeinträchtigt, dass sich während des Lebens constant lähmungsartige Schwäche, begleitet von Zittern und Herabsinken des Kopfes und Ausgleiten der Extremitäten und ausserdem schwächere oder nach rascher Einwirkung grosser Dosen heftigere Convulsionen einstellen. Der Leichenbefund ist negativ. Pupillenveränderungen sind nach Helleboreïn nicht constant, beim Eintritt des Todes ist die Pupille meist erweitert und contrahirt sich später wieder.

Das Helleborin wirkt auf die äussere Haut gar nicht und auf Schleimhäute viel geringer als das Helleboreïn; auf der Conjunctiva kaum mehr als ein fremder Körper, auf der Mundschleimhaut bei Vögeln und Säugern unangenehme Geschmacksempfindung, bei letzteren ausserdem Lecken, Kauen, Zähneknirschen, daneben bei Katzen und Hunden etwas vermehrte Speichelsecretion; im Magen und Darmcanal bei Vögeln Erbrechen, bei Katzen keine sichtbare Störung der Magenthätigkeit, bei Hunden Würgen und Erbrechen; Schmerzen im Leibe scheinen bei Kaninchen das Zusammenkrümmen und plötzliche Zusammenzucken, bei Hunden das Jammern und Stöhnen zu verrathen. Die Darmthätigkeit ist bei allen Thieren wenig afficirt, nur bei Hunden tritt Drang zur Darmentleerung ein. Post mortem sind die Alterationen im Tractus nicht so bedeutend als nach dem Helleboreïn. Charakteristisch ist die Wirkung des Helleborins auf das Nervensystem. Nach vorhergehender Aufregung und Unruhe erfolgt sehr bald Parese der hinteren Extremitäten und des unteren Theils des Leibes mit Zittern und Hin- und Herschwanken des ganzen Körpers. Die Parese geht bei starker Einwirkung in tiefste Betäubung mit hochgradigster Unempfindlichkeit, fast absolute Anaesthesie über, aus welcher sich nur Katzen verhältnissmässig rasch erholen, während Kaninchen und Hunde schon bei viel geringeren Dosen zu Grunde gehen. Nach dem Tode findet sich reichliche Blutüberfüllung der Hirn- und Rückenmarkshäute, bei Kaninchen Verminderung der Consistenz des Rückenmarkes und Blutextravasate in der Schädelhöhle. Die Functionen aller übrigen Organe verhalten sich während der Helleborinnarkose ziemlich wie unter dem Einflusse der Narcotica überhaupt. Leber und Milz wie nach Helleboreïn; die Harnmenge bei Kaninchen und Hunden normal, bei Katzen nach überstandener Intoxication etwas vermehrt; die weiblichen Genitalien normal blutreich; die Respiration in der Narkose verlangsamt, in den Lungen post mortem locale Hyperämien und Hypostase, bei Hunden vielleicht in Folge des heftigen Würgens und Erbrechens subpleurale Blutextravasate; die Herzthätigkeit anfangs wenig afficirt, bei intensiverer Wirkung verlangsamt, besonders bei Fröschen und Hunden und nicht ganz constant bei Kaninchen, das Herz post mortem viel später absterbend als nach Helleboreïn; die Pupille bei starker Narkose sehr erweitert, auf elektrischen Reiz post mortem sich contrahirend. Was die lethale Dosis anlangt, so wirkt das Helleborin trotz seiner geringen Löslichkeit in Wasser schon in kleinen Dosen sehr energisch. Frösche sterben nach Application von 0,080 Grm. (subcutan), Tauben schon nach 0,040 Grm. (per rostrum), während Raben nach innerlicher Application von 0,120 Grm. sich erholen können; Kaninchen sterben nach 0,150 bis 0,4 Grm.; Katzen können sich nach 0,2 bis 0,4 Grm. erholen; Hunde werden schon von 0,070 Grm. schwer afficirt und können nach 0,24 Grm. sterben. Der Tod nach Helleborin ist Folge von Lähmung der Nervencentra, namentlich des Hirns und verlängerten Marks und erklärt sich hinlänglich aus dem anatomischen Befunde.

Marmé's Arbeit liefert eine wesentliche Vervollständigung der bisherigen Untersuchungen über die Nieswurz, namentlich derjenigen von Schroff, welchen gegenüber sich besonders folgende bedeutende Differenzen ergeben: Wenn auch der Symptomencomplex der Nieswurzvergiftung, wie Schroff richtig erkannte, auf ein scharfes und ein narkotisches Princip zurückzuführen ist, so sind die Träger desselben doch nicht einfach ein scharf und ein narkotisch wirkender Stoff, sondern zwei Glykoside, welchen beiden eine irritirende, scharfe Wirkung zukommt; das eine, das Helleboreïn, besitzt dieselben in weit höherem Grade neben seiner charakteristischen Hauptwirkung auf das Herz, das andere, das Helleborin, wirkt auch, aber weniger scharf und vorzugsweise narkotisch. Die Nieswurz, und besonders die grüne, kann allerdings Entzündung, selbst ulcerative Gastroenteritis mit dysenterischen Erscheinungen bewirken. Träger der narkotischen Wirkung sind nicht, wie Schroff gefunden haben will, gewisse in Wasser sehr leicht lösliche, sondern die in Wasser sehr schwer löslichen Krystalle des Helleborins, und hauptsächlicher Träger der scharfen Wirkung ist nicht ein besonders in Alkohol und Aether löslicher Körper, sondern das in Aether unlösliche, dagegen in Wasser sehr leicht lösliche Herzgift, das Helleboreïn.

In Bezug auf die Intoxication beim Menschen ist nicht ohne Interesse die von Fingerhuth (Preuss. Ver.-Ztg. N. F. V. 22. 1862) beschriebene Vergiftung durch ein gegen chronischen Magenkatarrh verordnetes Decoct von 3 Loth Rad. Hellebori nigri auf 5 Schoppen Wein, davon die Hälfte getrunken; indem sie narkotische Symptome, welche mit Heftigkeit etwa nach einer Stunde auftraten (Angst, Schwindel, Ohrenklingen und Sausen, Schwere des Kopfes und Uebelkeit, Delirien mit Zuckungen in den Extremitäten, Mydriasis) und fünf Stunden, in gelinderer Weise, insbesondere auch die Mydriasis, mehrere Tage anhielten, neben verminderter Herzthätigkeit (P. 64), Sinken der Athemfrequenz und Temperatur und in den ersten drei Stunden mehrmals sich wiederholenden, flüssigen, sehr übelriechenden, mit Erleichterung der vorhandenen Magen- und Leibschmerzen verbundenen Stuhlentleerungen zeigte.

17. Familie: Menispermeae Juss., Menispermeen (S. 581).

[Zusatz zu §§. 371—378. S. 581—585.]

W. Schmidt in Petersburg (Journ. f. prakt. Chem. 87. 344. 1862) empfiehlt zum Nachweise von Pikrotoxin in mit Kockelskörnern verfälschtem Biere die Anwendung des Amylalkohols als Extractionsmittel, nachdem zuvor Farb- und Extractivstoffe dem Biere durch Thierkohle entzogen sind, welche vom Pikrotoxin wenig aufnimmt und daher nicht, wie Herapath vorschlug, zum Nachweise dieses Stoffes benutzt werden kann. Es gelang Schmidt der Nachweis in einer Flasche Bier, das mit ½ Flasche durch 6—8 Gmm. Kockelskörner kaum bitter gemachtem Wasser versetzt war. Als Reagens auf Pikrotoxin, das damit noch zu ⅙ Mgm. nachweisbar sein soll, gibt Langley (Silliman's Journal, 2. sér. XXXIV. 100) an, dass, wenn man trocknes Pikrotoxin mit dem 3fachen Gewichte Salpeter verreibt, die Masse mit Schwefelsäure befeuchtet und concentrirte Natronlauge darüber giesst, sich Substanz und Lösung vorübergehend ziegelroth färben. Diese Reaction soll von einer, dem Pikrotoxin anhaftenden stickstoffhaltigen Substanz herrühren, die nur durch wiederholtes Lösen in Kali und Füllen mit Säuren beseitigt werden kann.

18. Familie: Rutaceae Adr. de Juss., Rautengewächse (S. 585).

[Zusatz zu §. 378. S. 585.]

Eine grössere Reihe von Versuchen an Tauben und Kaninchen mit Extractum Simarubae und Extr. Quassiae liessen mir diese Stoffe als nicht unbedeutend toxisch erscheinen, indem wenige Gran, und zwar von ersterem weniger als von letzterem, den Tod herbeiführten; bei Tauben stellte sich nach subcutaner Application heftiges, sich in Pausen von 5 zu 10 Minuten wiederholendes Erbrechen, häufig mit flüssigen Stuhlentleerungen verbunden, starker Durst und Tod durch Erschöpfung ein, häufig constatirte ich submucöse Extravasate von bedeutender Ausdehnung im Kropf. Bei Kaninchen waren stets Krämpfe vorhanden. Die lethale Dosis des alkohol. Extractes der Simaruba für Tauben ist kaum höher als 3—4 Gran.

19. Familie: Erythroxyleae Kunth, Rothhölzer (S. 589).

[Zusatz zu §. 385. S. 589.]

Das Cocaïn hat nach neueren Untersuchungen von Lossen (Annal. d. Chem. CXXXIII. 123. 1865) nicht die von Niemann angegebene Formel, sondern $C^{34} H^{21} NO^{8}$ und ist in den Cocablättern nur zu geringen Quantitäten (in den besten Sorten 0,2, welches Verhältniss auch von Merck angegeben wurde, in der Coca des Handels sogar nur 0,016 %) vorhanden. Weitere physiologische Prüfungen des Cocaïns und der Cocablätter liegen vor von Schroff (Wchbl. der Ztschr. d. Aerzte, 30. 31. 1862) und Fronmüller (Prag. Viertjhrschr. H. 3. p. 109. 1863). Schroff stellt das Cocaïn zu den narkotischen Giften und glaubt es dem Indischen Hanf am nächsten stehend. Der Geschmack ist etwas, jedoch nicht anhaltend bitter, auf der Zunge hinterlässt es ein eigenthümliches Gefühl und stumpft die Geschmacksempfindung ab. Subcutan wirkt es bedeutend stärker als vom Magen aus. Es bewirkt bei Kaninchen zu ½ Dcgm. vom Magen aus geringe Schwankungen der Respiration und des Herzschlags nebst vorübergehender Mydriasis, subcutan applicirt Tod binnen 28 Minuten nach epileptiformen Krämpfen und enormer, gleich nach dem Tode weichender Pupillendilatation. Auch bei einem Selbstversuche nahm Schroff cerebrale Erscheinungen (Eingenommenheit des Kopfes, Müdigkeit, Verminderung des Gehörs und Gedächtnisses, Unmöglichkeit den Ideengang zu reguliren), sowie anfängliche Vermehrung, später Verminderung der Respiration wahr. Nach dem Tode fand Schroff bei Thieren das gesammte Venensystem und alle Herzhöhlen von Blut ausgedehnt. Auch bei directer Application auf das Auge wirkte Cocaïn erweiternd auf die Pupille. Die Verrichtungen des Darmcanals werden nicht beeinträchtigt; die Harnentleerung war bei Schroff retardirt, bei den Versuchsthieren nicht; die Speichelsecretion scheint vermehrt zu werden. Ein alkoholisches Extract der Cocablätter wirkt qualitativ gleich wie Cocaïn, ist aber bedeutend schwächer, so dass 1 Gmm. Extract kaum so giftig wie ½ Dcgm. Cocaïn ist. Fronmüller, welcher die hypnotischen Eigenschaften des Mittels an Kranken zu erforschen suchte, fand es in Dosen von ½—5½ Gran des Merck'schen Präparates ziemlich wirkungslos; nur in drei Fällen trat Schlaf ein, einige Male narkotische Symptome (Schwindel, Ohrensausen, Delirien), öfterer — im Gegensatze zu Schroff — gastrische Erscheinungen (Aufstossen, Erbrechen), Retardation des Stuhles und der Harnentleerung, bisweilen Mydriasis und eine leichte Steigerung der Frequenz von Puls und Athem, die am folgenden Morgen einem Sinken Platz machte.

Von Interesse ist ein von Ploss (Ztschr. f. Chir. 222. 1863, Schmidt's Jahrb. CXX. 181. 1863) berichteter Selbstmordsversuch eines Apothekers mit 24 bis 25 Gran Cocaïn, in ein Glas Bayr. Bier genommen, wo nach einigen Stunden ruhigen Schlafes heftiges Bauchgrimmen, Brennen im Gaumen, Trockenheit im Munde, starker Durst, Schwindel, Schwäche, keine Trübung des Bewusstseins noch Störung der Herzaction, 24stündige Anurie als Symptomencomplex auftraten; die gereichten Flüssigkeiten wurden jedesmal wieder erbrochen.

20. Familie: Papaveraceae A. Rich., Papaveraceen (S. 590).

Papaver, Mohn.

[Zusatz zu §§. 388—397. S. 591—621.]

Bei der grossen Häufigkeit der Opium- und Morphiumvergiftung ist eine Zusammenstellung der Casuistik unmöglich. Von grösserem Interesse sind die Publicationen von A. Duchek (Wchbl. d. Aerzte z. Wien. 43. 1861), Will. F. Norris (Hay's Amer. journ. Oct. 1862), John W. Ogle (Med. Times. Oct. 3. 1863), J. de Soyre (Gaz. des hôp. 132. 1864), Rich. C. Ellis (lethale Vergiftung eines Kindes durch ½ Unze Laudanum statt Rheum, Lanc. II. 5. Aug. 1863), Hoering (Württemb. Corr.-Bl. XXXIII. 24. 1863) und Taylor (Guy's Hosp. Rep. 2. sér. XI. 287. 1865), bis auf zwei Fälle von Morphiumvergiftung (Hoering und Norris) sämmtlich durch Tinctura Opii bewirkte Intoxicationen betreffend. Einen wahrscheinlichen Selbstmord mit Opiumextract theilt Haidlen (Württemb. Corr.-Bl. XXXIV. 16. 1863) mit.

Dass auch im kindlichen Alter grössere Dosen von Opiaceen ertragen werden können, ohne tödtlich zu wirken, beweist der günstige Ausgang der von Hoering beschriebenen Vergiftung eines 1½jährigen Mädchens durch 1 Gran Morph. acet. und im Taylor'schen Falle (1½ Unzen Laud. = 31 — 32 Gran Opiumextract) bei einem 11jährigen Mädchen.

In Bezug auf Idiosynkrasien gegen Opium und Morphium ist der Fall einer alten Dame (Lancet, March 21. 1863), die nach 2 Tropfen Laudanum einen Frostanfall bekam, Gesicht und Gehör verlor und einen scharlachähnlichen Ausschlag, der später abschuppte, bekam, sowie ein von Steinbömer (Schuchardt's Ztschr. H. 4. p. 367. 1866) mitgetheilter, einen intensiven Bläschenausschlag betreffender hervorzuheben.

Fälle von langjährigem Verbrauche grosser Gaben von Morphium resp. Opium sind veröffentlicht von J. Samter (Deutsche Klinik. 16. 17. 1864), einen an chronischer Magenkrankheit leidenden Maurer betreffend, der zur Stillung seiner Schmerzen täglich 3 — 4 Gr. Morphium circa 3 Jahre hindurch und in einer genau controlirten Periode von 323 Tagen nicht weniger als 1323 Gr. Morphium verzehrte, und von Albin Eder (Oesterr. Ztschr. f. prakt. Heilk. 33. 1864), einen Prediger betreffend, der wegen chronischen Gelenkrheumatismus 11 Jahre lang täglich Opiumpräparate nahm; anfangs kleine Dosen Opiumtinctur, 6 Tropfen, später 10, nach 14 Tagen 15 und nach einigen Monaten 20 Tropfen vor dem Schlafengehen, im Jahre darauf auch bei Tage, und zwar dreimal täglich ½ Dr., in den folgenden Jahren bis auf eine Unze täglich steigend; 3 Jahre vor seinem Tode Opium in Substanz, anfangs täglich 18, später 120—160 Gr. pro die, 1½ Jahr später Morphium, und zwar von Anfang an je 7 Gr. alle 9 Stunden, einige Monate darauf 27 Gr. in 24 Stunden; erst jetzt zeigten sich Intoxicationserscheinungen, charakterisirt durch eine öfters am Tage auftretende allgemeine Kälte mit nachfolgendem Schweiss, Schlaflosigkeit, plötzliche Zuckungen, unangenehmes Gefühl im Magen, Unruhe; man versuchte die ungeheure Morphiumquantität heimlich zu mindern, aber Patient konnte es nicht aushalten, und das auf Skoda's Rath genommene Colchicin war wirkungslos; endlich versagte auch Morphium den Dienst und selbst 45 Gr. in 24 Stunden schafften keine Ruhe; Chloroforminhalationen bekamen anfangs sehr gut; aber bald erregten auch diese Brechreiz; Chinin konnte den endlichen Tod ex marasmo nicht hindern: die Section zeigte ausser allgemeiner Anämie eine hypostatische Pneumonie im rechten unteren Lungenflügel. Endlich theilt Jul. Beer (Preuss. Ver.-Ztg. 25. 1864) den Fall einer an Metritis und Darmfistel leidenden Dame mit, welche in drei Jahren 12,960 Gr. essigsaures Morphium, oft 24 Gr. pro die, consumirte.

Zu den drei bekannten Theorieen der Opiumvergiftung kommt eine vierte von Onsum in Christiania (Norsk. magaz. for laegevidensk. 635. 1864), dass die Kohlensäureanhäufung im Blute dabei die grösste Rolle spiele. Onsum fand bei Kaninchen, dass die Zahl der Respirationen bei ihnen von 80—200 oft auf 8 sinke, wobei die Inspiration kurz, die Exspiration bedeutend verlängert erscheint; die ausgeathmete Kohlensäure sank nach der Intoxication von 1,176 Grm. auf 1,077—0,612 und stieg 5 Stunden nach begonnener Abnahme der Symptome auf 1,434. Nach den vorhandenen Thierversuchen glaubt nun Onsum, dass Opium zunächst die Medulla oblongata und die obersten Theile der Medulla spinalis irritire, wodurch bei Thieren mit starker Reflexthätigkeit tetanische Krämpfe erfolgen, später eine Depression veranlasse, wonach Lähmung der Respirationsnerven (Verlangsamung der Respiration und Kohlensäureanhäufung) resultire.

Der Uebergang des Morphiums in den Harn, welchen in jüngster Zeit Cloëtta (Virch. Arch. XXXV. 3. 369. 1866) auf Grund von Fehlschlagen bei Kranken, welche starke Morphindosen erhielten, geleugnet hat, ist eine Thatsache, für welche die Beobachtungen von Bouchardat (Bull. de thérap. Dcb. 1861), welcher Morphium im Harn einer Person, die nur ½ Dcgm. Extr. Opii genommen hatte, nachwies, Lefort (Journ. de chim. XI. 93. 1861), der es nicht im Schweisse, wohl aber im Harne fand, J. Erdmann, nach welchem übrigens nur geringe Quantitäten in den Harn übergehen und bisweilen kein Morphium in demselben nachweisbar ist, sprechen. In dem oben erwähnten Falle von Haidlen wurde das Morphium im Herzblute des Vergifteten nachgewiesen.

Ueber die Wirkung der einzelnen Opiumbestandtheile haben wir drei neuere Arbeiten hervorzuheben: die erste von Professor Albers in Bonn (Virch. Arch. XXVI. 3. 4. 225. 1863), die zweite von Cl. Bernard (Compt. rend. LIX. 406. 1864), die dritte von Ozanam (Rev. de thérap. Oct. 1864). Nach Albers ist keiner der im Opium enthaltenen wesentlichen Bestandtheile unwirksam, auch das Porphyroxin und die Mekonsäure nicht. Sechs erregen neben erhöhter Empfindlichkeit heftige Krämpfe, sogar Starrkrampf — Morphium, Thebain, Codein, Narcein, Porphyroxin und Papaverin — drei dagegen im geringen Masse Krampf und erhöhte Sensibilität, vielmehr rasch eintretende Empfindungslosigkeit und Abstumpfung — Mekonin, Narkotin und Mekonsäure. — Porphyroxin und Papaverin zeichnen sich aus durch die ungemeine Steigerung der Empfindlichkeit, die selbst gegen den Krampf noch hervorsticht. In der Erregung der Krämpfe steht das Thebain allen voran; die Krämpfe sind heftiger und länger anhaltend als die des Morphins und Codeins (bei einem Frosche 24 Std.); dagegen steigert Thebain nicht die Empfindlichkeit in gleichem Masse wie diese beiden, weshalb auch die Erschöpfung nicht so rasch eintritt und die ganze Vergiftung mit Thebain langsamer verläuft.

Codein steht dem Morphium ziemlich gleich; die Wirkung des Narceins ist etwas schwächer. Porphyroxin wirkt sehr bald nach der Einführung; Krampf und erhöhte Sensibilität steigen rasch zu einer beträchtlichen Höhe; der Krampf ist nicht Reflexkrampf und die Empfindlichkeit noch grösser als bei Strychnin; zu dem bei Thebain sehr häufigen Streckkrampf kommt es nicht; der Verlauf der Vergiftung ist ein sehr rascher, in ½ Std. hört alle Bewegung auf, und das Herz schlägt noch (über 1 Std.) fort. Schwächer sind die Erscheinungen beim Papaverin, welches, weil schwer löslich, sehr langsam zur Wirkung kommt, so dass erst nach 2—4 Std. die Empfindlichkeit, am Kopf beginnend, sich nach und nach steigert und allmälig über den ganzen Körper erhöht; der Reflexkrampf ist deutlich, tritt aber vor der erhöhten Sensibilität zurück; schliesslich tritt Muskelschwäche ein. Das Narkotin bildet in seiner Wirkung gewissermassen ein umgekehrtes Thebain. Die tödtliche Wirkung bei Fröschen hängt von einer Gabe von circa 1 Gran ab. Sehr rasch erfolgt auf eine nur kurze Zeit währende geringe Erhöhung der Sensibilität und einiges Zucken die Empfindungslosigkeit, Betäubung und Lähmung; die Empfindlichkeit des Auges, die Empfänglichkeit der Nerven für den elektrischen Reiz scheinen vermindert; ein schlafsüchtiger Zustand vorherrschend zu sein. Ein Versuch mit Mekonin zeigte eine ungemein entwickelte Abstumpfung der Sensibilität, ähnlich der Einwirkung eines Kohlenhydrats. Die Mekonsäure hat eine ganz ähnliche Wirkung wie das Narkotin, rasch vorübergehenden Krampf, vorzüglich in dem Schenkel entwickelt, in welchen die Mekonsäure eingeführt wurde, ebenso nach kaum bemerkbar gewordener Empfindlichkeit Abstumpfung und Erschöpfung. Die Wirkung tritt sehr langsam und nur nach grösseren Gaben ein, kleinere, z. B. ½ Gr., haben keine Wirkung. Auch erholen sich Frösche von der Vergiftung mit Mekonsäure unter allen Opiumbestandtheilen noch am ersten.

Cl. Bernard experimentirte mit 6 Opiumbasen, Morphin, Narcein, Codein, Narkotin, Papaverin und Thebain. Von diesen wirken nur die drei erstgenannten hypnotisch, und auch diese nicht in gleicher Weise. Morphium erzeugt tiefen Schlaf, der Thiere zu physiologischen Operationen sehr geeignet macht; die Sensibilität ist fast ganz aufgehoben, doch reagiren die Thiere langsam auf wiederholtes Kneifen und plötzliche Geräusche. Die Dauer des Schlafes variirt nach der angewandten Gabe; beim Erwachen aus demselben sind die Augen eigenthümlich wild, das Hintertheil des Thieres wie gelähmt, der Gang hyänenähnlich; der Hund erkennt seinen Herrn nicht und verkriecht sich an dunkele Orte, oft 12 Stunden lang im Zustande seiner intellectuellen Störung verharrend. Codein führt selbst in den grössten Dosen nie so tiefen Schlaf herbei wie Morphium; das Thier bleibt sehr empfindlich gegen Kneifen und Geräusche und scheint mehr ruhig als narkotisirt; das Erwachen ist leicht und rasch und die Intelligenz ungestört. Narcein ruft von den drei Basen in gleicher Gabe den tiefsten Schlaf hervor; derselbe ist jedoch nicht so lethargisch wie beim Morphin und das Thier reagirt auf Kneifen, wird dagegen durch Geräusch nicht afficirt und das Erwachen ist fast so leicht wie beim Codein und niemals das Hintertheil gelähmt. Dieser eigenthümliche Schlaf tritt nach den drei Alkaloiden bei Säugethieren und Vögeln stets in gleicher Weise ein, alle drei wirken stärker auf junge als auf alte Thiere und nach längeren Experimenten tritt für alle eine Art Gewöhnung ein. — Die giftigste der Opiumbasen ist das Thebain; 1 Dcgm. in 2 Clitr. Wasser in die Vene gespritzt tödtet einen Hund von 7—8 Cgm. Gewicht, was unter gleichen Bedingungen 2 Gmm. Morphin nicht vermögen. Dem Thebain zunächst steht das Codein, das daher beim Menschen nicht höher dosirt werden darf als das Morphin; darauf folgen der Reihe nach Papaverin, Narcein, Morphin und Narkotin. Alle Opiumbasen, mit Ausnahme des Narceins, bewirken Convulsionen und zwar tetanische; beim Thebain folgt auf dieselben Stillstand des Herzens und rascher Rigor mortis. In Bezug auf ihre Convulsionen erregende Wirkung rangirt Bernard die Opiumbasen folgendermassen: 1) Thebain, 2) Papaverin, 3) Narkotin, 4) Codein, 5) Morphin.

Ozanam, der die Opiumbasen in therapeutischer Beziehung viel studirt hat, bezeichnet das Codein als Excitans, Sedativum und Stupefaciens, je nach der gebrauchten Gabe, das Narkotin als excitirend und die dem Morphin entgegengesetzte Wirkung besitzend, das Thebain als die Pars cervic. medull. spin. irritirend und das Narcein als werthvolles Sedativum, dem eine specifische Wirkung auf den Lumbartheil des Rückenmarks zuzukommen scheine.

Eine Parallele der Wirkung des Opiums und Morphins nach Thierversuchen gibt Onsum (Forhandl. i det norske med. selsk. 188. 1864), wonach, entgegen der Angabe von Albers, Morphium beiFröschen keinen Tetanus erzeugt, vorausgesetzt, dass mit seiner Application eine Verwundung sich nicht verband. Frösche werden durch Morphium in ihren Bewegungen matt und träge, das Athmen langsamer, die Reflexaction schwächer, der Tod erfolgt durch Paralyse, das Gefühlsvermögen scheint zuerst geschwächt zu sein; nach dem Tode bleiben Muskeln und Nerven elektrisch reizbar, vom Rückenmark aus können Contractionen nicht mehr erzielt werden (centrale Paralyse). Opium erzeugt dagegen Tetanus und die Leitungsfähigkeit der Nerven erlischt in Folge von Ueberreizung. Kaninchen ertragen Morphiumsalze bis zu ½ Scr., sterben nach ½ Dr. Opium. Morphium setzt, wie schon Schroff fand, die Temperatur herab, Opium steigert sie. Den von mir (vgl. Canstatt's Jahresber. V. 246. 1865) geäusserten Zweifel über die Richtigkeit der Behauptung Onsum's über Tetanuserzeugung durch Morphium stützt auch Eulenburg (Die hypodermatische Injection p. 151).

In Folge der Publication von Cl. Bernard ist das Narcein von verschiedenen Forschern in Bezug auf seine Wirkung an Menschen geprüft worden. so von Debout (Bull. de thérap. Août 30. 145. 1864), Béhier (ibid. 151), Laborde (ibid. 225. 1865), Jean Bouchardat (De la Narcéine. Thèse. Paris 1865), bei uns von A. Eulenburg (Ztschr. f. klin. Med. I. 1. 55. 1865) und W. Oetinger (Das Narcein als Heilmittel. Tübingen 1866). Es ist hiernach das Narcein ein Narcoticum und Sedativum, das zu ¼—½ Gr. innerlich und zu ⅛ Gr. hypodermatisch keine toxischen Nebenwirkungen zeigt, örtlich nicht irritirt (Eulenburg), keine üblen Nachwirkungen hinterlässt, bisweilen Erbrechen (Laborde, Debout) und Dysurie (Debout) erregt, nicht myotisch wirkt (Eulenburg), die Menses bisweilen retardirt, zuerst, und zwar oft sehr rasch, den Puls verlangsamt, meist um 12—16 Schläge, mit gleichzeitiger Schwächung der Blutwelle, bisweilen Vermehrung der Athemzüge und verändert bleibender Temperatur (Eulenburg) und bei längerem Fortgebrauche 1—2tägige Obstipation bedingt (Eulenburg). Ein toxikologisches Interesse hat dies Alkaloid bisher nicht.

Hinsichtlich der Symptomatologie ist der Fall von Duchek durch einige Unregelmässigkeiten ausgezeichnet, welche die Diagnose erschwerten, 5tägige Dauer der Intoxication, Minderung der Symptome am Morgen, Vorhandensein von Muskelkrämpfen und furibunden Delirien, welche ihre grösste Heftigkeit am 4. Tage hatten, Fehlen der Myosis und der Hautanästhesie, endlich intensiver Bronchialcatarrh.

Welks (Med. Times. Feb. 28. 1863) hat mehrere Fälle von Apoplexie des Pons beobachtet, welche in ihrem Verlaufe mit Opiumvergiftung grosse

Aehnlichkeit hatten und namentlich Pupillenverengung als Symptome zeigten. Das von Taylor angegebene diagnostische Moment (plötzliches Eintreten des Coma bei Bluterguss, allmäliges Eintreten nach vorausgegangenem Schwindel und Stupor bei Meconismus) ist nicht in allen Fällen stichhaltig, da Coma in der Opiumvergiftung schon nach ¼ Stunde sich herausbilden kann. Zumal wenn die Blutung, wie in einem mitgetheilten Falle, nach einer Mahlzeit erfolgt, ist ein Irrthum in der Diagnose sehr leicht.

In Bezug auf die Behandlung der Opiumvergiftung hat Onsum aus theoretischen Gründen (siehe oben) Sauerstoffinhalationen als Antidot empfohlen. In vielen der neubeschriebenen Fälle ist die Belladonna oder das Atropin in Anwendung gezogen worden, und wenn auch manche Fälle ungeheilt blieben, in der Mehrzahl der günstig verlaufenen aber neben der Belladonna noch andere Mittel angewandt wurden, die zum Theil ganz energisch wirken können: so scheint doch in einzelnen Beobachtungen, z. B. von Taylor, wirklich Nutzen geschafft zu sein, indem der Verlauf der Intoxication rascher und wider Erwarten eine günstige Wendung nahm. Die Statistik der mit Opium behandelten Belladonna- und Atropinvergiftungen, welche übrigens, wie wir bereits im Handbuche nachwiesen, im Allgemeinen sehr günstig ist, und der mit Atropin behandelten Opiumvergiftungen ist zumal bei der Unreinheit der Beobachtungen noch viel zu klein, um ein sicheres Urtheil über den Antagonismus der Mydriatica und des Opiums fällen zu können; gewiss aber ist es bis jetzt ungerechtfertigt, neben der in Frage stehenden Methode im concreten Falle nicht auch andere bewährte Verfahrungsweisen in Anwendung zu bringen. Auch die Reihe der sog. physiologischen Versuche, auf welche wir hier näher eingehen müssen, kann noch nicht als entscheidend für oder wider den Antagonismus angesehen werden.

Dodeuil (Bull. de thérap. 275. 1865), der einen Fall von Vergiftung mit 20 Grm. Laud. liquid. beschreibt, wo die subcutane Injection von $\frac{1}{15}$ Gr. Atropin. sulf. heilsam gewirkt haben soll, wobei aber auch Excitantien in Anwendung kamen, citirt für den Antagonismus von Opium und Atropin klinische Beobachtungen aus der Praxis von Bourdon, wonach die Combination von Morph. mur. und Atropin. sulf. in subcutanen Injectionen ohne Störung in Fällen vertragen wird, wo das Atropin für sich in gleicher Dosis Störungen verursachen würde. In dieser Mischung müsse viermal mehr Morphium enthalten sein als Atropin.

S. Weir Mitchell, M. H. Keen und George H. Morehouse (Hay's Amer. journ. 67. Jul. 1865) lassen in Folge ihrer therapeutischen Versuche einen Antagonismus der in Rede stehenden Substanzen nicht zu in Bezug auf die Circulation, indem Morphium den Puls wenig oder gar nicht verringere, Atropin gewöhnlich innerhalb 10 Min. eine Abnahme um wenige Schläge bewirke, worauf Zunahme um 20—50 Schläge innerhalb 1 Std., dann nach 10 Std. wieder Sinken unter die normale Frequenz, und Rückkehr zur Norm in 24 Std. folge, Morphium aber die durch Atropin gesetzte Alteration des Pulses nicht hindere. In Bezug auf die Pupille concediren sie den Antagonismus und ebenso in Bezug auf die Hirnerscheinungen, welche wechselseitig durch Anwendung des einen oder anderen Medicamentes bezwungen werden können; es sei aber nicht leicht, eine vollständig ausgleichende Wirkung zu erzielen, weil die toxische Wirkung des Atropins länger anhalte. Morphium hebt die Atropintrockenheit im Munde nicht auf, Atropin nicht die Morphiumnausea; in Bezug auf die durch beide bewirkte Dysurie besteht ein Antagonismus nicht.

Fast ganz dieselben Ansichten finden wir bei Erlenmeier und Eulenburg in ihren Schriften über subcutane Injection ausgesprochen.

Zur Beantwortung der Frage hat Camus (Gaz. hebd. 11. Août. 1865) eine Reihe von Thierversuchen (an Kaninchen und Sperlingen) ausgeführt, wobei die hypodermatische Methode benutzt wurde. Zunächst bestimmte Camus die toxische Dosis für die einzelnen Substanzen und fand, dass ein grosses Kaninchen durch 1 Grm. Opiumextract in 2½ Std., durch 1 Grm. Morphium muriaticum in 4½ Std., durch 1 Grm. Narkotin in 20 Std., durch ½ Grm. Codein in 2 Std., durch ½ Grm. Papaverin in 7 Min., durch 2 Cgm. Thebain in 6 Min. und durch 1 Grm. Atropin in 19 Min. zu Grunde ging. 1 Grm. Morphium und 1 Grm. Atropin zusammen subcutan injicirt führen den Tod rascher herbei als Morphium (in 1⅓ Std. resp. 55 Min.), das Coma ist zwar weniger tief als beim Morphium, aber der Tod erfolgt, und zwar auch dann, wenn man geringere Atropindosen (¼ der lethalen Dosis) einspritzt. Dasselbe ist der Fall bei Extr. Opii (Tod bei Atropinbehandlung in 1 Std. resp. 20 Min.), bei Codein (Tod in 23 resp. 20 Min.), beim Papaverin trat bei Atropinbehandlung einmal Tod in 9¼ Std., einmal Genesung, beim Thebain Genesung, beim Narkotin einmal früherer Tod, in 4 Std., einmal Genesung ein. Am Sperling stellte sich das Verhältniss im Wesentlichen gleich, woraus Camus schliesst, dass bei diesen Thieren, welche die Wirkung beider Mittel wie der Mensch hervortreten lassen, und deshalb auch wahrscheinlich beim Menschen kein Antagonismus zwischen Opium (Morphium) und Belladonna existire.

Onsum (Forhandl. i det norske med. selskab. 488. 1864) leugnet auf Grund seiner Versuche mit Opium und Morphium einerseits und Atropin andererseits, sowie der daraus gezogenen Schlüsse, welche bereits mitgetheilt wurden, den Antagonismus. Gibt man beide zusammen, so combiniren sich ihre Wirkungen, die Opiumsymptome treten eher ein als die Atropinsymptome, weil die Opiumbestandtheile rascher resorbirt werden. Onsum behauptet daher, dass eine Indication für die Anwendung des Morphiums bei Atropismus nicht in dessen antidotarischer Wirkung liegen könne, sondern nur in seinen sedativen und hypnotischen Eigenschaften. —

Dass zur chronischen Opiumvergiftung auch die häufige Wiederholung der neuerdings so sehr beliebten subcutanen Injectionen von Morphium u. s. w. führen könne, ist eine neuerdings besonders von Nussbaum hervorgehobene Thatsache. —

In Bezug auf den forensischen Nachweis der Opiumalkaloide sind einige Reactionen, insbesondere des Morphiums und Narkotins, von entschiedener Wichtigkeit. Es ist A. Husemann (Ann. d. Chemie, CXXVIII. 3. 305. 1863) gelungen, mit dem nämlichen Material, welches J. Erdmann zu seiner im Handbuche als nicht zuverlässig charakterisirten Morphinreaction anwendet, ein der Otto'schen Strychninprobe an Sicherheit gleichkommendes Reagens auf Morphin zu schaffen, das noch ⅟₅₀ Mgm. Morphin deutlich nachweist. Charakteristische Farbenreactionen treten nicht durch Schwefelsäurehydrat mit einem Minimum Salpetersäure (Erdmann), sondern durch Salpetersäure an in Schwefelsäurehydrat gelöstem und durch letzteres bereits verändertem Morphium hervor. Es ist gleichgültig, ob man Säure von 1,2 spec. Gew. oder rauchende oder mit 3—4 Theilen Wasser verdünnte anwendet, auch thuen eine wässrige Lösung von unterchlorigsaurem Natron oder feste Stückchen Chlorkalks oder chromsauren Kalis dieselben Dienste; ja das wässrige unterchlorigsaure Natron verdient vor der Schwefelsäure den Vorzug, indem es auch bei Anwesenheit organischer Substanzen die Färbung hervorruft, was jene nicht thut. Die fraglichen charakteristischen Färbungen sind:

Beim Zusammenbringen kalt bereiteter, frischer Schwefelsäuremorphinlösung und einer jener Substanzen Rosafärbung an der Berührungsstelle, in wenigen Secunden in Gelb übergehend, später grünliche und nach 10—15 Minuten bräunliche Färbung der Mischung;

bei zuvoriger Verdünnung der Schwefelsäuremorphinlösung intensive und haltbare Carmoisinfärbung;

bei zuvoriger Erwärmung der Schwefelsäuremorphinlösung auf 100—150° oder bei Anwendung einer 24 Std. gestandenen Lösung prachtvoll dunkelblauviolette Färbung, die sich am Saum mehrere Minuten hält, im Centrum aber bald in ein dunkles Blutroth, das allmälig verblasst, übergeht;

bei über 150° erhitzter und erkalteter Lösung, die eine schmutzig grünliche Färbung zeigt, sofort Roth.

Von Dragendorff (Pharm. Ztschr. f. Russl. II. 157. 1864) wird folgende Reaction des Morphins angegeben: Morphin, mit phosphoriger oder besser noch mit unterphosphoriger Säure eine Zeit lang gekocht und nach dem Erkalten in die 10fache Menge von concentrirter Schwefelsäure eingegossen, gibt eine röthlich violette Färbung, die durch Salpetersäure gelblich wird; legt man ein wenig metallisches Kupfer hinein und erwärmt, so wird die Flüssigkeit unter Entwicklung von Stickoxyd zuerst entfärbt, später aber grünlich, bläulich und endlich prächtig königblau.

Eisenchloridlösung zu Morphinschwefelsäurelösung gebracht lässt an der Berührungsstelle zunächst ein dunkleres Roth mit violettem oder pfirsichblüthfarbenem Rande auftreten, später wird die Lösung schmutziggrün (A. Husemann a. a. O.).

Uebermangansaures Kali gibt mit Morphium eine kirsch- bis bluthrothe Färbung (Hager, Pharm. Centralhalle, VI. 41. 1865).

Neuerdings werden von A. Fröhde (Arch. f. Pharm. 54. 1866) folgende Reactionen des Morphiums angegeben: Molybdänsäurehaltige Schwefelsäure bringt an Morphium, essigsaurem, schwefelsaurem oder salzsaurem Morphium eine prächtig violette Färbung hervor, welche später in blau, dann in schmutziggrün übergeht und endlich verschwindet. Diese Reaction ist kaum als zweckmässig anzusehen, da die durch Lösung von molybdänsaurem Natron in concentrirter Schwefelsäure erhaltene molybdänsäurehaltige Schwefelsäure eines bestimmten Concentrationsgrades bedarf, ist zuviel Molybdänsäure darin, so geht die violette Färbung sehr schnell in die blaue über; wenn zu wenig, so verliert die Reaction an Deutlichkeit. Nach Fröhde genügen circa 5 Mgm. molybdänsaures Natron auf den Ccm. Säure. Ferner ist die Reaction bei deutlicheren Mengen von Morphium, namentlich von Morphium muriaticum, etwas anders, indem die violette Farbe in schwarzgrün oder olivengrün, an einzelnen Stellen in grasgrün übergeht. Löst man Morphium in Schwefelsäure und bringt auf einen Tropfen dieser Lösung einen Tropfen molybdänsäurehaltiger Schwefelsäure, so entsteht eine violettrothe Färbung in kurzer Zeit. 4 Mgm. essigsaures Morphium wurden in 1CC Schwefelsäure gelöst, von dieser Lösung gaben Tropfen, mit ebensoviel molybdänsäurehaltiger Schwefelsäure zusammengebracht, deutliche Reactionen.

Bringt man die schwefelsaure Lösung des Morphiums auf feste salpetersaure Salze, so bildet sich nach einiger Zeit eine blutrothe Zone um das salpetersaure Salz (Kali-, Natron-, Silbersalpeter, Hydrarg. nitr.). Diese Reaction ist nach Fröhde nicht ganz so empfindlich wie jene mit Molybdänsäure und Morphium in fester Form. Bringt man schwefelsaure Morphiumlösung zu den salpetersauren Salzen in Solution, so entstehen je nach der Concentration violettrothe, braunrothe oder braungelbe Färbungen. Ferridcyankalium und Nitroprussidnatrium geben ebenfalls, fest oder gelöst, violett- oder blutrothe Zonen oder Färbungen. Ebenso erhält man auch mit Zinnoxyd, das mit einer Lösung von Morphium in Schwefelsäure betupft wird, eine violettrothe Zone.

Narkotin. Eine sehr charakteristische Reaction dieser Opiumbase fand A. Husemann (Ann. d. Chemie, CXXVIII. 3. 307. 1863) in ihrem Verhalten gegen

Schwefelsäure. Während concentrirte Schwefelsäure Morphin farblos löst und die erhitzte Lösung vorübergehend rothviolett und endlich schmutziggrün wird, ist die Narkotinlösung in der Kälte bald constant gelb, bald anfangs blauviolett und später orangegelb; immer aber wird sie bei sehr allmähligem Erhitzen zuerst orangeroth, dann bilden sich vom Rande aus zuerst prächtig blauviolette, bisweilen rein purpurblaue Streifen, die sich selbst, wenn die Schwefelsäurelösung nur $\frac{1}{2000}$ Narkotin enthält, zeigen; lässt man dann die Lösung erkalten, so wird sie zart kirschroth; setzt man das Erhitzen aber fort, bis die Schwefelsäure zu verdampfen beginnt, intensiv roth violett.

In kalter Narkotinschwefelsäurelösung bringt unterchlorigsaures Natron eine deutlich carmoisinrothe, später in Gelbroth übergehende, in erhitzter eine hellgelbe, später mehr röthliche Färbung hervor (A. Husemann).

Eisenchloridlösung wirkt auf die Lösung von Narkotin in Schwefelsäure anfangs, so wie auf diejenige von Morphin, später aber wird die Lösung kirschroth (A. Husemann).

Narkotin bringt nach Kochen mit unterphosphoriger Säure eine prachtvoll dunkelkirschrothe Färbung hervor, welche Salpetersäure in Gelb und Kupfer in das Grün einer Kupferlösung verändert (Dragendorff a. a. O.).

Dragendorff hat das Verhalten der übrigen Opiumbasen gegen das Reagens von A. Husemann, sowie gegen die Salpeterschwefelsäuremischung von Erdmann untersucht:

Codein. Lösung in kalter Schwefelsäure farblos, nach einigen Stunden grünlich und nach 8 Tagen schön indigoblau; beim Erhitzen bis 150° dunkelblaugrün und nach dem Erkalten durch Salpetersäure fast blutroth; die 24 St. gestandene Codeinlösung wird durch Salpetersäure kirschroth, rasch in blutroth und orange übergehend. Die Erdmann'sche Mischung löst Codein kalt mit grünlicher, nach mehreren Tagen schön blau werdender Farbe, erhitzt sofort mit blauer Farbe.

Papaverin. Dunkelblauviolette, später prachtvolle und sehr beständige rothviolette Lösung in conc. Schwefelsäure, welche nach dem Erhitzen auf 150° und Erkalten durch Schwefelsäure orange wird. Die Erdmann'sche Lösung gibt weniger deutliche Färbungen.

Mekonin. Constant farblose, nach A. Husemann behandelt strohgelbe Lösung in Schwefelsäure; in der Erdmann'schen Mischung hellgelbliche, nach 8 Tagen hellrosa und nach 14 Tagen hellkirschroth werdende Lösung.

Narcein. Schwefelsäurelösung blutroth, beim Erhitzen auf 150° dunkelbraun bis granatfarben, nach dem Erkalten durch Salpetersäure hellrothbraun; Lösung in Erdmann's Mischung missfarbig blutroth.

Thebain. Die Lösung in Schwefelsäure und Erdmann's Mischung steht zwischen dunkelroth und orange, beim Erhitzen auf 150° wird die Schwefelsäurelösung heller, dann olivengrün und nach dem Erkalten durch Salpetersäure orangefarbig.

21. Familie. Leguminosae Juss., Papilionaceae Endl. Hülsengewächse (S. 627.)

[Zusatz zu §. 627. S. 409.]

Physostigma venenosum Balf.

Mit dem Namen Physostigma venenosum belegte Balfour wegen der eigenthümlich aufgeblasenen Narbe eine unseren Vitsbohnen, besonders aber der Gattung Dolichos nahestehende Leguminose Westafrika's, die Mutterpflanze der 1840 zuerst von Daniell besprochenen und 1855 von Christison zuerst toxikologisch geprüften Gottesgerichtsbohne von Calabar (Ondeal bean of Calabar), auch Eséré-Nuss und Spaltnuss genannt, über welche sehr kurze Bemerkungen bereits im Handbuche sich finden, die aber wegen der vielen und zum Theil vortrefflichen, besonders durch die zuerst die pupillenverengende Eigenschaft dieser Drogue constatirende Arbeit von Th. Fraser (Edinb. med. journ. Aug. Sept. Oct. 1863) veranlassten Untersuchungen in physiologischer und toxikologischer Hinsicht, dann aber auch wegen zahlreicher in den letzten Jahren auch in Europa vorgekommener Intoxicationen mit derselben eine ausführliche Besprechung erheischt.

Von toxikologischem Interesse sind nur die Bohnen; von den übrigen Theilen der Pflanze hat Fraser die Stengel untersucht und ganz ungiftig befunden. Die Calabarbohne ist unregelmässig nierenförmig, hat 2 Ränder, einen kürzeren concaven und einen längeren convexen, in letzterem findet sich eine Rille mit einem kleinen Loche, das mit dem Innern der Bohne communicirt. Sie ist braun (ächt kaffeebraun bis fast hellschwarz) von Farbe, wenn sie von dem sie gewöhnlich incrustirenden Schmutze befreit ist; 1—1½ Zoll lang, $^{10}/_{16}$—$^{14}/_{16}$ Z. breit und $^{6}/_{16}$—$^{11}/_{16}$ Z. dick. Die meisten Bohnen schwimmen auf dem Wasser. Das Durchschnittsgewicht beträgt 63 Gran, das Gewicht schwankt zwischen 94 und 25 Gr. Der Embryo wiegt durchschnittlich 46 Gr. (21—76), die Samenschale 16 Gr. (13—19). Die Samenschale ist sehr hart und zähe, inwendig blaugrau, der Embryo besteht aus zwei von einander bis auf die Ränder ganz getrennten concav-convexen Cotyledonen und ist milchweiss von Farbe.

Samenschale und Embryo differiren nach Fraser's Versuchen in ihrer Wirkung nicht unerheblich. 1—4 Gr. alkoholisches Extract der Samenschale, wovon jeder Gran 16 Gr. Pulver entspricht, bewirken, Kaninchen subcutan applicirt, anfangs Unruhe, in 5—6 Min. mehrfach wiederkehrende copiöse Urinentleerung, dann Paralyse der Extremitäten und zwar zuerst der hinteren, Excretion von anfangs festen, dann weichen, schliesslich ganz flüssigen Fäces, die während der ganzen Vergiftungsdauer anhält, in 20 Min. Verengung der Pupille, Lähmung der Nackenmuskeln, gegen 30 Min. laute Respiration; die Intoxication dauert mehrere Stunden (nach 2—3 Stunden schwindet die Paralyse, nach 12 Stunden die vermehrte Diurese und Excretion; Bewusstsein und Sensibilität sind dabei stets vorhanden, die Reflexaction gestört, aber nie ganz erloschen). Viel giftiger wirkt der Embryo, von welchem schon 5 Gr. ein achtmonatliches Kaninchen zu tödten vermögen. Die Wirksamkeit desselben wird durch mehrstündiges Kochen nicht modificirt; dagegen soll durch mehrstündiges Kochen der ganzen Bohne die der Samenschale eigenthümliche Wirkung der Katharsis sich vorzugsweise geltend machen. Was den Embryo anlangt, so bedingen nach Fraser kleine lethale Dosen Erscheinungen in folgender Reihenfolge: leichtes Zittern, von den hinteren Extremitäten zu den vorderen sich ausbreitend, sofortiges Rückwärtsziehen des Bauches, der Beine und Liegen auf dem Bauche, bei völliger Erschlaffung der Musculatur; bisweilen Stuhlentleerungen, Contraction der Pupille; langsame unregelmässige, stertoröse Respiration, schwache Muskelzuckungen, namentlich in den Extremitäten, Aufhebung der Reflexaction und des Sehvermögens, Tod. Gleich nach dem Tode Erweiterung der Pupillen, die Muskeln behalten ihre Contractilität, die Peristaltik ist nicht aufgehoben, das Herz kann noch 1—1½ Std. fortschlagen, der linke Vorhof cessirt zuerst, dann der linke und rechte Ventrikel. Die Section zeigt die grossen Venen in der Brusthöhle erweitert, die Hirnoberfläche hyperämisch, die Lungen, Leber und Nieren blutreich, den Blutgehalt des Rückenmarks anscheinend normal, Injection der Zungenbasis und schaumigen Schleim in den Fauces. Grosse lethale Dosen lähmen fast momentan die Hinterbeine, das Thier stürzt hin und liegt ganz schlaff da, mit contrahirten Pupillen und bisweilen vermehrter Secretion der Thränen und des Nasenschleims; die Reflexaction erlischt bald, dann auch die Respiration. Auch hier folgt unmittelbar nach dem Tode Pupillenerweiterung; die Muskeln zucken bei der Section weniger, das Herz ist erweitert, unthätig, doch folgt noch 10 Min. nach dem Tode Contraction auf Reizung, die Muskelcontractilität ist erloschen, Venen und Arterien, sowie rechte und linke Herzkammer sind mit deutlich verschieden tingirtem Blute gefüllt. Diese Erscheinungen beobachtete Fraser nach den verschiedensten Applicationsmethoden, am raschesten bei Injection in die Venen, dann vom Unterhautbindegewebe und den serösen Häuten aus, am langsamsten von der Membrana Schneideri und der Conjunctiva aus. Bei Contact mit dem Unterhautbindegewebe und den serösen Häuten entsteht locale Inflammation, nicht auf den Schleimhäuten; directe Application auf Ein Auge bewirkt Pupillenverengung an diesem; alkohol. Extract vernichtet bei directem Contact die Function contractiler Gewebe, bei Injection in die Herzhöhlen, nicht aber bei Bestreichen der Oberfläche die Herzcontractilität, und hemmt die Peristaltik von Darmschlingen, auf die es direct gebracht wird. Aus seinen Versuchen an Thieren (Kaninchen, Katzen, Hunden, Meerschweinchen, Vögeln, Fröschen, Eidechsen, Käfern, Fliegen, Blutegeln und verschiedenen Mollusken) und aus Prüfungen an Gesunden und Kranken bestimmt Fraser die Wirkung der Calabarbohne dahin, dass sie auf das Rückenmark wirkt, dessen Vermögen Eindrücke zu leiten sie vernichtet; von dieser Wirkung hänge ab: entweder Paralyse der Musculatur, die sich auf die Respirationsorgane ausdehnt und Tod durch Asphyxie herbeiführt, oder (bei grossen Gaben) rasche Lähmung des Herzens, vielleicht veranlasst durch Ausdehnung der Wirkung auf den Sympathicus, Tod durch Syncope bedingend. Von der Einwirkung auf die Medulla spinalis hängt auch die Iriscontraction ab, indem die vom Rückenmarke stammenden, den Dilatator versorgenden Nervenzweige ausser Function gesetzt werden. Das Gehirn bezeichnet Fraser nicht als in gleicher Stärke wie das Rückenmark afficirt, aber als secundär beeinträchtigungsfähig. Zu dieser Wirkung kommt noch eine lähmende auf glatte und quergestreifte Muskeln, und eine reizende auf die secernirenden Drüsen, dann als localer Effect Vernichtung der Muskelcontractilität bei Contact mit Muskeln und Contraction der Pupille bei Application auf das Auge.

Diese Resultate Fraser's bilden den Ausgangspunkt zu einer Reihe von

Arbeiten, welche zum Theil unsere Kenntniss der Wirkung der Calabarbohne erweitern und von denen wir die folgenden hervorheben müssen. So von George Harley (Brit. med. journ. Sept. 3. 1863), Robertson (Edinb. med. journ. Febr. 1863), Spencer Wells (Med. Times, May 1863), E. Hart (Lancet, 30. May 1863), Hulke (Med. Times, 20. June 1863), Ogle (Brit. med. journ. June 27. 1863), Nunneley (Lancet, Oct. 31. 1863), Giraldès (Arch. génér. Août 1863), A. v. Graefe (Arch. f. Ophthalm. IX. 3. p. 87. 128. 1863), Workman (Ophthalm. hosp. rep. IV. 1. 112. 1863), Hoering jun. (Würt. Corr.-Bl. 41. 1863), Hirschler (Wien. med. Wchschr. 42. 1863), Hamer (Nederl. Tijds. 3. 1863), Giraud Toulon (Gaz. hebd. Sept. 1863), A. Quaglino (Ann. di chim. Dcb. 1863), O. Bacchetti und C. Regnoli (Il Baccoglitore. Dcb. 1863), Hutchinson (Med. Times Sept. 3. 1864), Mettenheimer (Memorabil. X. 8. 1864), Warlomont (Bull. de l'Acad. de Belg. 2e. ser. T. VI. 9. 126. 1864), M. Vintschgau in Padua (Moleschott, Unters. IX. 504. 1865), Tachau (Arch. f. Heilk. H. 1. p. 69. 1865), Jos. Carl. Lopez jun. (Etude sur le fève du Calabar. Thèse. Paris, 1864) und W. Laskewich (Virch. Arch. XXXV. 2. 291. 1866).

Es geht aus demselben u. A. hervor, dass nicht alle Thierclassen von der Calabarbohne in gleichem Masse afficirt werden. Schon Fraser gab an, dass Vögel dadurch intensiver afficirt werden als Säugethiere, es bezieht sich dies aber, wie aus den Versuchen von Bacchetti, denen ich beizuwohnen das Vergnügen hatte, und von Vintschgau hervorgeht, auf die Lähmungserscheinungen, nicht aber auf die Contraction der Pupille, welche fehlt oder doch nur sehr vorübergehend ist (v. Graefe). Frösche sind sehr unempfindlich gegen das Gift, bei subcutaner sowohl als bei innerer Application, und wenn sie auch längere Zeit eine Lähmung der Hinterbeine zeigen, so sterben sie doch nicht (Bacchetti, Vintschgau, Harley); sie zeigen nur Lähmung der Lymphherzen (Harley). Von der Calabarbohne ernährt sich die Larve von Delopela pulchella (Fraser). — Die myotische Wirkung tritt bei Kaninchen viel intensiver auf als bei Hunden und Katzen (Vintschgau) und fehlt bei Fischen und Amphibien (v. Graefe).

Harley's Angaben über die Wirkung der Calabarbohne harmoniren nicht ganz mit demjenigen, was Fraser angibt und was ich selbst zu sehen Gelegenheit hatte. Nach ihm lähmt das Gift die motorischen Nerven und lässt Gehirn und Muskelirritabilität intact, tödtet durch Lähmung der die Respirationsmuskeln versorgenden Nerven und hemmt, obschon es die Herzaction schwächt, die Circulation nicht, noch bewirkt es Stillstand des Herzens. Harley stellt es daher am nächsten dem Urari und Conium, von dem es sich durch die von ihm hervorgerufenen Krämpfe (?) und die Pupillenverengung unterscheiden soll. Die von Harley zuerst beobachtete Vermehrung der Thränensecretion und der Speichelabsonderung können wir, was letztere betrifft, bestätigen. Tachau tritt der Angabe Harley's, die Calabarbohne sei ein Respirationsgift, entgegen, indem er bei Versuchen an Thieren mit Calabarbohnenextract den Herzschlag in seiner Frequenz und Stärke bedeutend gesunken fand; eine primäre Lähmung der die Respirationsmuskeln versorgenden Nerven glaubt er nicht annehmen zu dürfen, weil in den Pausen der künstlichen Respiration sich deutliches selbstständiges Athmen zeigte. Lähmung der motorischen Nerven ist nicht da, denn Reizung des peripherischen Rumpfes des Schenkelnerven erzeugt starke Bewegung der unteren Extremität. Tachau schliesst aus seinen Versuchen, es werde durch die Calabarbohne hauptsächlich das motorische Herznervensystem beeinflusst und die neben der Pulsverminderung das auffallendste Symptom bildende Respirationsstörung sei bedingt durch den in Folge des langsameren Blutumlaufes in den Lungen verminderten Gaswechsel und die daraus resultirende Kohlensäurevergiftung. Durch künstliche Respiration werden nach Tachau mit der Zunahme der Herzthätigkeit auch die übrigen Functionen wieder kräftiger und kehrt bald die erloschene Thätigkeit der reflectorischen Nervencentra und hinreichende Selbstathmung zurück. Reizung der Hemmungsnerven bedingt das Sinken der Herzthätigkeit nicht; die durch Vagusdurchschneidung gesteigerte Pulsfrequenz wird durch neue Injection des Giftes schneller und tiefer herabgedrückt. Die Temperatur sinkt selbst nach Rückkehr der Herzaction zur Norm. Wenn wir die Differenzen in Tonhau's und Harley's Angaben wahrscheinlich auf die gebrauchten Dosen zurückführen müssen, so ist die Angabe Tachau's entgegen Fraser, Stuhl und Harn würden durch die Calabarbohne retardirt, vielleicht daraus zu erklären, dass zur Darstellung des von Ersterem benutzten Extracts nur der Embryo benutzt war; das Pulver wirkt sicher kathartisch. Laskewich urgirt ebenfalls die primäre Wirkung auf das Herz, gibt aber auch in seinen Schlussfolgerungen an, dass das Gift nur bei Injection in das Blut durch Herzlähmung tödte, dagegen bei langsamerer Vergiftung durch Asphyxie; im Uebrigen bezeichnet er ganz richtig die Muskellähmung als eine von den Nervencentren abhängige.

Wie schon Nunneley fand, dass bei einzelnen Versuchsthieren die bei localer Application kaum je fehlende Myosis durch toxische Dosen nicht hervortrete, haben Vée und Leven sogar in einigen Fällen Pupillenerweiterung gesehen (vgl. weiter unten die Beobachtungen an Menschen). Was die Myosis anlangt, welche beim Menschen in 8—14 Min. eintritt und 2—3 Tage anhält, so glaubt v. Graefe sie als eine krampfhafte Erregung mittelst der Ciliarnervenäste des Oculomotorius auf den Sphincter pupillae, nicht auf eine Lähmung des Dilatator beziehen zu müssen, weil die Verengung auf das Maximum auch bei schon dilatirter Pupille erfolgt. Nach einseitiger Durchschneidung des Sympathicus kann man durch Calabarbohnenextract bei localer Application auf das betreffende Auge Myosis erzeugen und das Maximum der Verengung tritt früher ein und ist bedeutender als im gesunden (Vintschgau).

Was die bisher vorgekommenen Vergiftungen von Menschen mit Calabarbohnen anlangt, so haben wir ausser der bereits im Handbuche erwähnten Erkrankung Christison's durch 12 Gr. der gepulverten Bohnen noch die Intoxication zweier Dienstmägde in Glasgow, die aus Neugierde etwa 5 Gr. des Embryo verzehrt hatten (Fraser, Harley), sowie mehrfache Vergiftungen von Kindern durch gefundene Bohnen, (1 Fall von Linden in Petersburg [Gaz. hebd. 39. 1864], 2 Fälle von Dav. Young [Edinb. med. journ. Aug. 192. 1866]) und 45 Fälle, sowie die einer 32jährigen Weibsperson, von J. Cameron und J. H. Evans in Liverpool [Med. Times. Oct. 13. 1864, Med. chir. rev. 530. Oct. 1864, Gaz. hebd. 49. 1864], letztere bedingt durch Bohnen, welche als Ballast von der Afrikanischen Westküste mitgebracht und im Hafen verstreuet waren. Von allen Intoxicationen endete nur eine tödtlich (Cameron).

Als Dosis lethalis werden 6 Bohnen angegeben, dem Gewicht nach etwa 6 Drachmen (bei einem Knaben nach Cameron); zu erheblichen Erkrankungen können aber schon 5 Gr. des (erheblich giftigeren) Embryo (Fraser) bei Erwachsenen, ½ Bohne (Cameron) bei Knaben führen, und selbst das Zerkauen und Wiederausspeien einer Bohne kann Vergiftung bei Kindern bedingen (Cameron). Die Angabe, dass ein Knabe 12 Bohnen gegessen habe, ohne daran zu Grunde zu gehen, bezweifelt Evans.

Als Symptome leichter Intoxication bezeichnet Fraser (nach Selbstversuchen mit 5—10 Gr. Pulver und verschiedenen therapeutischen Experimenten mit kleinen Dosen Calabarbohnentinctur): in etwa 5 Min. eigenthümliches Gefühl im Epigastrium unter dem Sternum, anfangs schwach, später ungemein schmerzhaft und auch bei subcutaner Anwendung des Mittels sich bisweilen einstellend; bald darauf Aufstossen, mehrfach sich wiederholend, hie und da ein Gefühl von Dyspnoe, später Schwindel und Schwäche der Musculatur der Extremitäten, bei etwas stärkeren Dosen Krampf der Brustmuskeln, Zusammenlaufen von Speichel im Munde, Trübung des Gesichts, gelinder Schweiss, unregelmässige und verminderte Herzaction. Bei den beiden Dienstmägden reducirten sich die Symptome auf Schwindel und 2 Tage anhaltende Schwäche. In Young's Fällen waren die Pupillen verengt, Schmerz im Epigastrium zugegen, der Puls klein, ausserdem Schwindel, Taumeln und grosse Muscularschwäche vorhanden. Nach den ausgedehnten Beobachtungen von Cameron ist das Intervall zwischen dem Genusse des Giftes und dem Eintritt der Symptome sehr verschieden lang, durchschnittlich 20 Min. bis ½ Std., aber auch 2½ Std. (bei einer Erwachsenen) und 5—10 Min., selbst noch kürzer. Das hervorstechendste Symptom war fast in allen Fällen von Cameron und Evans Muskelschwäche und ein daraus resultirender lähmungsartiger Zustand, sehr früh, bald nach dem Erbrechen, auftretend und lange, selbst 36 Stunden und darüber persistirend, combinirt mit einem Zustande von Prostration, charakterisirt durch schwachen, langsamen Puls, kalte Gliedmassen und kalte Schweisse, und einen Gesichtsausdruck wie bei Cholera nostras. Erbrechen war das zweitwichtigste und früheste Symptom, fehlte bei 8 Patienten, von denen 7 über Nausea klagten, war meist mässig und kurzdauernd; reichliches Erbrechen war günstig, im lethalen Falle fehlte Vomitus ganz. Geringe Diarrhoe in 15 Fällen, Zahl der Stühle zwischen 1—3—4 schwankend; blutig in 1 Fall. Leibschmerzen zeigten sich constant im Beginne der Intoxication, cessirten später. Von 10 Fällen, in welchen der Zustand der Pupille notirt wurde, hatten nur drei Myosis. Schwindel, Doppelsehen in 2 Fällen, nie Convulsionen oder Anästhesie. Meist dauerte die Erkrankung nur 24 Stunden, in 11 Fällen länger. Der Tod erfolgte plötzlich.

Bei der Section fanden Cameron und Evans Gehirn, Rückenmark und Lungen gesund, die Herzmusculatur völlig erschlafft, linken Ventikel ganz relaxirt, in allen 4 Höhlen Blut und Gerinnsel; Mucosa ventr. et intest. hellblassroth; Harnblase leer; im Magen und Duodenum grosse Quanta mandelmilchähnlicher Massen.

Die Behandlung der Vergiftung erfordert Brechmittel und später Stimulantia. Vielleicht ist die künstliche Respiration indicirt.

Bei der chemischen Analyse der Magen- und Darmcontenta gelang es Edwards, daraus Extracte darzustellen, welche bei Kaninchen Myosis hervorbrachten, und von denen einige Tropfen Mäuse und Frösche per syncopen tödteten. Die wässrige Lösung ergab folgende Reactionen: Mit kaustischem Kali blassrothe Färbung, allmählig in dunkelroth übergehend, bei Zusatz von Chloroform entsteht eine dunkelrothe Lösung, auf welcher ein hellgelbes Liquidum schwimmt. Dem Lichte exponirt wird die kalische Lösung grün, schliesslich dunkelbraun. Mit Schwefelsäure und Kalibichromat oder Braunstein eine von violett in purpurroth übergehende Färbung, die bei Anwendung des letzteren länger persistirt. Mit Schwefelsäure allein rothe Färbung mit harzigem Präcipitat. Mit Goldchlorid Purpurfarbe und Reduction des metallischen Goldes. Mit Lugol'scher Lösung rothes Präcipitat. Mit Ammoniak gelbgrüne Farbe, die dem Lichte ausgesetzt dunkelbraun wird.

Als wirksames Princip der Calabarbohne haben J. Jobst und O. Hesse (Annal. d. Chemie, CXXIX. 115. 1864) aus den Cotyledonen einen basischen Stoff in Gestalt einer bräunlichgelben, amorphen Masse dargestellt und als Physostigmin bezeichnet. Auch die mit Salzsäure, Schwefelsäure und Essigsäure erhaltenen Salze waren amorph und gefärbt; die Lösung des salzsauren Physostigmins gab mit Gerbsäure einen reichlichen, flockigen, amorphen, röthlich weissen, in Salzsäure schwer löslichen, mit Platinchlorid einen amorphen, blassgelben, leicht in Salzsäure und kochendem Wasser sich lösenden Niederschlag, welcher letztere leicht durch überschüssiges Platinchlorid zersetzt wird, mit Goldchlorid eine reichliche bläuliche Füllung, worauf sich bald metallisches Gold ausscheidet und die Flüssigkeit purpurroth färbt, mit Quecksilberchlorid einen wie der mit Platinchlorid erhaltene sich verhaltenden Niederschlag. 2 Tropfen der wässrigen Lösung bewirkten in Kaninchenaugen Pupillenverengung bis zu $\frac{1}{60}$ der Norm, in dieser Weise 1 Stunde anhaltend, und nach 5—6 Stunden verschwindend. Diese Contraction trat auch ein im Auge eines 1 Stunde vorher ohne Gift getödteten und in geringem Grade in dem eines mit Cyankalium vergifteten Thieres, dagegen nicht bei einem mit Physostigmin selbst vergifteten Thiere. — Reiner als das Physostigmin von Jobst und Hesse scheint das Eserin von A. Vée und M. Leven (Journ. de Pharm. 4. sér. I, 70. 1865) zu sein, welches sehr dünne rhombische Blätter bildet, die sich in polarisirtem Lichte färben, schwach bitter schmecken und sich wenig in Wasser, leicht in Alkohol, Aether und Chloroform lösen, alkalisch reagiren und mit Säure in Wasser lösliche Salze bilden. Ein Tropfen einer Lösung des Eserin von $1^{0}/_{00}$ bedingt anhaltende Myosis.

Mit von Merck dargestelltem Physostigmin experimentirte Fronmüller sen. (Deutsche Klinik, 35. 1855) an menschlichen Augen und fand es drei Mal stärker wie Calabarbohnenextract. Bei innerer Anwendung von $\frac{1}{40}$ Gr. blieb das Befinden ungestört, $\frac{1}{8}$ Gr. bewirkte nach 1 Stunde etwas Uebelkeit, leichte beiderseitige Myosis, Flor vor den Augen, keine Pulsveränderung.

Cytisus Laburnum L.

[Zusatz zu §. 410. S. 628.]

Im Goldregen und verschiedenen andern Cytisusarten, z. B. Cytisus hirsutus, sind nach den Untersuchungen von A. Husemann und W. Marmé (Ztschr. f. Chemie, I. 161. 1865) zwei Alkaloide vorhanden, welche beide stark giftig wirken und als Cytisin und Laburnin bezeichnet werden. Das Cytisin ist eine sehr starke Base, die sich in den reifen Samen findet und farblose, strahlig krystallinische und an der Luft leicht zerfliessende Krystalle bildet; von seinen Salzen krystallisirt das salpetersaure am besten. Das Laburnin, welches sich in den unreifen Samen und Schoten findet, ist eine so schwache Base, dass es sich dem Asparagin eher als den organischen Basen anreiht, und gibt farblose, grosse, harte und aus sehr scharf ausgebildeten dicken klinorhombischen Prismen bestehende Krystalldrusen, ist leicht in Wasser, schwerer in Alkohol und kaum in Aether löslich, verändert Lakmus nicht und entwickelt Ammoniak durch Kälte schon in der Kälte. Ein neuer Beweis für die Giftigkeit von Cytisus Laburnum ist die Beobachtung Popham's (Dubl. med. journ. 248. Febr. 1863), welche 10 Knaben betrifft, die von den Samen genossen hatten und von denen 9 mit länger anhaltender Gastritis davon kamen, während einer unter den Erscheinungen gemengter irritirender und narkotischer Intoxication erkrankte. Wie bedeutend die Giftigkeit der Goldregensamen ist, dafür liefert der Umstand den genügenden Beweis, dass in einer Mühle, wo dieselben behufs der erwähnten chemischen Untersuchung zerkleinert wurden, und wo trotz der dringendsten Aufforderung der Mühlstein nicht gehörig gereinigt war, mehrere Personen, namentlich die Ehefrau des Müllers, welche von dem kurz nachher gemahlenen Buchweizen genossen hat, an Schwindel, Erbrechen und mehrstündigem Unwohlsein erkrankten.

Coronilla varia L.

[Zusatz zu §. 411. S. 628.]

Diese Pflanze soll nach Czumpelik (Schmidt's Jahrb. 1866. H. 8) einen dem ätherischen Senföl in seinen Eigenschaften verwandten Stoff enthalten.

Sarothumnus scoparius Wimmer.

[Zusatz zu §. 413. S. 629.]

Nicht die im Schatten, sondern die an sonnigen Stellen gewachsenen Exemplare des Besenginster enthalten nach Stenhouse mehr Scoparin und Spartein und sind deshalb giftiger (vgl. Annal. d. Chemie, LXXIII. 15. 1850).

22. Familie: Terebinthaceae, Terebinthaceen (S. 630).

[Zusatz zu §. 419. S. 631.]

Mit Rhus toxicodendron stellte besonders Jul. Clarus (Wien. Wchbl. 18. Apr. 1862) Versuche an, und zwar sowol an Menschen als an Kaninchen. Die frisch gequetschten Blätter, auf den Arm 1 Stunde lang applicirt, blieben ohne Wirkung. Bei Kaninchen blieben unwirksam: 1 Unze frisch ausgepresster Saft, 2 Unzen wässriges Destillat der frischen Blätter, ein durch Aetherextraction erhaltener, schwach balsamisch riechender, harzähnlicher Körper, endlich ½ Unze des nach Pharm. Saxon. officinellen Extracts, ebenso bei Menschen 1 Unze des Extracts auf 2 Mal genommen. Clarus schliesst daraus, dass die durch das Berühren der Blätter bei Gartenarbeitern beobachteten Erscheinungen, wenn sie nicht stark übertrieben seien, auf Gasexhalation beruhen, welche schon 1 Stunde nach dem Abpflücken der Blätter ihre Endschaft erreiche. Neuere Fälle von Beschädigung von Arbeitern durch den Giftsumach theilt nach der Hamburger Gartenzeitung (XIX. 14. 1863) und nach Prof. Reichenbach in Leipzig Winter (Schmidt's Jahrb. CXIX. 289. 1863) mit, darunter einen von Blasenbildung auf dem ganzen Arme in Folge von Berührung eines abgeschnittnen Wurzelstückes, welche nach 2 Tagen begann, unerträglich schmerzhaft war, und vier Wochen lang anhielt. — Clarus will Spuren eines Alkaloids im Giftsumach gefunden haben, dagegen glaubt neuerdings Maisch (Ztschr. f. Chemie. 218. 1866) das ätzende Princip in einer flüchtigen Säure, Acidum toxicodendricum, die er durch Digestion aus zerquetschten Blättern mit Wasser und 6% Kalk, Auspressen, Behandeln mit Schwefelsäure und Destillation erhielt, isolirt zu haben; in dem Producte der Behandlung nach Maisch findet sich auch Ameisensäure.

23. Familie: Coriarieae DC. (S. 633).

[Zusatz zu §. 420. S. 633.]

Coriaria myrthifolia L. verdankt nach J. Riban (Compt. rend. T. LVII. p. 798. 1864. T. LXIII. 476 und 680. 1866) ihre Giftigkeit einem als Coriamyrtin bezeichneten indifferenten krystallinischen Bitterstoff von der Formel $C^{30}H^{36}O^{10}$, welcher mit Brom und Chlor Substitutionsproducte giebt, durch Behandlung mit Baryt und Kalk unter Aufnahme von 5 Moleculen Wasser in eine Säure übergeht und durch Behandlung mit Salzsäure sich spaltet, ohne Zucker zu geben, von welcher Substanz 2 Decigrammen bei einem grossen Hunde, zum Theil sogar wieder erbrochen, heftige Convulsionen nach 20 Min. und Tod in 75 Min. herbeiführten. Kaninchen starben nach 8 Centigrammen per os applicirt und nach 2 Centigr. bei subcutaner Injection in 25 Min. Die hauptsächlichsten Erscheinungen sind paroxystische tetanische und klonische Krämpfe, Trismus, Contraction der Pupille, Schaum vor dem Munde. Starke Füllung beider Herzhälften, der Arteria pulmonaris und Venae cavae mit braunen Blutcoageln, braune Flecken der Lungen, Hyperämie der Hirnhäute, rasche Todtenstarre bilden den Leichenbefund. Die Muskelcontractilität erlischt nicht; Irritation der Darmschleimhaut fehlt.

Unter dem Namen Toot oder Tutu-Gift beschreibt Lander-Lindsay (Med. Times. Mai, 1863) die Coriaria ruscifolia aus Neuseeland. Dieses Gift ruft Coma, Delirium und Convulsionen, in der Reconvalescenz Verlust des Gedächtnisses und Schwindel hervor. Thiere werden ebenfalls dadurch vergiftet, doch scheint Gewöhnung an das Gift statt zu finden. Die giftigen Pflanzentheile sind die brombeerartigen, süssen Beeren, und die jungen, dem Spargel ähnlichen Schösslinge. Inwieweit diese Angabe richtig ist und namentlich ob Coriaria ruscifolia L. und C. sarmentosa Forst., von denen insgemein die letztere als neuseeländische, die erstere als südamerikanische Pflanze bezeichnet wird, als identisch anzusehen sind, muss ich dahingestellt sein lassen.

24. Familie: Aurantiaceae Juss., Hesperideae Vent. (S. 634).

[Zusatz zu §. 421. S. 634.]

Mit dem Oleum corticis Aurantiorum aethereum hat Nieberding (De natura olei aetherei cort. aurant. Diss. Berol. 1863) sechs Versuche an Kaninchen angestellt, welche zeigen, dass dieses ätherische Oel in seiner Wirkung dem Oleum citri aethereum gleichkommt, und stärker ist als Elemi-, Terpenthin- und Cubebenöl. Eine Unze tödtet grosse Kaninchen in 52—55 Stunden, kleine in 9½ Stunde, 6 Drachmen führen den Tod eines mittleren Kaninchens in circa 18, ½ Unze in 32 Stunden herbei, 2 Drachmen wirken nicht lethal. Urin und Athem, sowie die geöffnete Kopf-, Brust- und Unterleibshöhle riechen nach Pomeranzenöl. Symptome und Leichenbefund wie beim Citronenöl.

25. Familie: Rosaceae, Rosenartige.

Zur Unterfamilie der Spiraeaceen gehört die in Chile und Peru wachsende Quillaia Saponaria Mol. Die Rinde dieses Baumes, Cortex Quillaiae chilensis, ist die sogen. Panamarinde, welche wegen ihres Gehaltes an Saponin die Eigenschaft, mit Wasser gleich der Seife Schaum zu bilden, besitzt und in ihrem Vaterlande sowol als in Frankreich und Belgien häufig als Surrogat der Seife dient. Lessellier in Gent (Bull. de thér. 15. Avr. 1864), beschreibt eine Vergiftung durch ⅛ Liter eines Aufgusses der Quillairinde unter den Erscheinungen von Frostschauer, Kopfschmerz, allgemeinem Unwohlsein, besonders Druck im Epigastrium, Erbrechen, kalten Schweissen, Syncope, starkem Harndrang und sehr reichlicher und häufiger Harnentleerung, von denen am folgenden Tage nur noch etwas Kopfschmerz zurückblieb.

26. und 27. Familie: Amygdaleae DC. und Pomaceae Juss. (S. 636).

[Zusatz zu §§. 424—427. S. 636—641.]

Die Angabe von Taylor, die flowers of acacia enthielten Blausäure, ist wol weder auf die Blüthen von Acacia noch auf die von Robinia Pseudacacia, sondern auf die von Prunus spinosa L. (Schlehendorn) zu beziehen, welche früher als Flores Acaciae officinell waren, und wie die Blüthen anderer Prunus-Arten amygdalinhaltig sind.

Die in neuester Zeit veröffentlichten Fälle von Vergiftung mit unreinem Bittermandelöl, von Herb. Barker (Brit. med. journ. 21. Dcb. 1861), E. Ellis (Lancet, II. 16. 1863) und Reynald Thomson (Lancet, 10. March 1866. Fall von Selbstvergiftung), somit insgesammt Englische, entsprechen dem Bilde der Blausäureintoxication vollständig.

Nach Lussana (Compt. rend. T. 58. p. 324. 1864) wirken Amygdalin und Emulsin, zusammen in einen gesunden Magen gebracht, nicht giftig, wohl aber nach Durchschneidung der Vagi, und zwar in Folge des Aufhörens der Secretion des Magensaftes, da nach Salmi's Erfahrungen die Bildung von Cyanwasserstoffsäure aus den genannten Substanzen in einem neutralen Medium viel leichter vor sich geht als in einem sauren, weshalb auch bei dem weniger sauren Magensafte der Herbivoren die Vergiftung eintritt. Der Magensaft selbst zersetzt das Emulsin keineswegs; vielmehr kann man sowol mit Emulsin, das längere Zeit mit künstlichem Magensafte in Contact war, als mit dem im gesunden Magen ohne Wirkung gebliebenen Emulsin und Amygdalin nach Vagusdurchschneidung die Blausäurevergiftung veranlassen.

Durch Einleiten von Ammoniak in eine weingeistige Lösung von Bittermandelöl wird eine in sechsseitigen Säulen krystallisirende Base, das Amarin, $C^{21}H^{18}N^{2}$, erhalten, mit welcher Bacchetti Versuche an Thieren anstellte, welche die Giftigkeit sowol bei innerer als bei hypodermatischer Application darthaten. Es bewirkt Krämpfe, die, nach demjenigen, was ich bei Prof. Bacchetti sah, an Pikrotoxin und Delphinin erinnern. Nicht ohne Wichtigkeit ist es, dass das mit dem Amarin isomere Hydrobenzamid, oder Tribenzolamin nach Bacchetti's Versuchen ohne Einfluss auf den thierischen Organismus ist. Ueber die Eigenschaften beider Körper vgl. Limpricht, Lehrbuch der org. Chemie. Braunschw. 1862. S. 853 und 857.

28. Familie: Büttneriaceae Juss., Büttneriaceen.

Aus zahlreichen Versuchen von Alf. Mitscherlich (der Cacao und die Chocolade. Berl. 1859. p. 88) geht hervor, dass das in den Cacaobohnen, den Samen von Theobroma Cacao L., enthaltene, durch seinen grossen Stickstoffreichthum ausgezeichnete Alkaloid, das Theobromin, toxische Eigenschaften besitzt, indem es zu 1 Gran Frösche, zu 8 Gr. Tauben und zu 16 Gr. Kaninchen zu tödten vermag. Der Tod erfolgt bei Kaninchen nach Dosen über 1 Gramm schon in 1—2 Stunden, sonst meist erst nach längerer Zeit (10—24 Std.). Das Gift wirkt sowol vom Magen als vom Unterhautzellgewebe aus, wenn für das Vorhandensein einer genügenden Quantität Wasser zur Lösung gesorgt wird, und ist am Urin nachweisbar. Die Wirkung ist qualitativ der des Coffeins nahestehend; der Tod erfolgt unter den Erscheinungen der Lähmung des Vagus und des Rückenmarks, bei schneller Resorption können vom Rückenmark ausgehende Krämpfe den Tod selbst unter Asphyxie herbeiführen. Muskeln, Herz und peripherische Nerven bleiben post mortem reizbar, die Peristaltik normal.

C. Giftige Chemikalien.

1. Kohlenoxydgas, Oxydum Carbonii (S. 644).

[Zusatz zu §. 430. S. 644—646.]

Das Kohlenoxydgas ist in neuester Zeit der Gegenstand einer grösseren Reihe von Versuchen gewesen, so von Letheby (Lancet, March 1862), von Klebs (Berl. klin. Wchschr. 8. 1864. D. Klin. 12. 1865. Virch. Arch. XXXII. 451. 1865), Pokrowsky (Virch. Arch. XXX. 525. 1864. Reichert's Arch. H. 1. 1866), Traube (Verhandl. d. Berl. ärztl. Gesellsch. H. 1. 1866) und H. Eulenberg (Die Lehre von den schädlichen und giftigen Gasen. Braunschweig 1866. p. 29 sqq.). Als Hauptergebnisse der betreffenden Untersuchungen, soweit dieselben frühere Anschauungen modificiren, dürfte Folgendes anzusehen sein:

Als ein Moment, welches beim Menschen Kohlenoxydvergiftung bedingen kann, wird von Letheby noch hervorgehoben, dass sich das Gas auch bildet, wenn man zur Gewinnung von Wasserstoff Wasserdampf über glühende Kohlen leitet. Es sind dadurch nach diesem Autor mehrfach Intoxicationen vorgekommen, insbesondere bei den Versuchen, Wasserstoff zur Beleuchtung zu verwenden. In Eisenschmelzöfen soll es sich bis zu 25—30 %, in Kupferöfen bis 13—19 % entwickeln. Die Exhalation von Kohlenoxyd durch Sumpfpflanzen (Boussingault) ist wohl ohne Bedeutung für die Toxikologie.

Zu der Intoxication mit ziemlich reinem Kohlenoxyd gehören bestimmte Erkrankungen in Folge von Betreibung gewisser Gewerbe, auf welche in jüngster Zeit Marten in Hoerde die Aufmerksamkeit richtete. So der bei Reduction von Zinkoxyd beschäftigten Arbeiter, welche gegen Ende der Schicht Kopfschmerz, Schwindel, Abgeschlagenheit, Ohnmachten bekommen und aus diesen Ohnmachten mit Erbrechen, Kopfschmerz, Zittern erwachen; ähnliche Erscheinungen kommen bei Arbeitern, welche die Gase der Hochöfen einathmen, vor (Vierteljhrschr. f. ger. Med. XXV. 127. 224. 1864).

Dosis toxica und lethalis bei Thieren: 0,5 % Kohlenoxydgas tödtet kleine Vögel in etwa 3 Minuten, 2 % machen Meerschweinchen in 2 Minuten empfindungslos (Letheby). Eulenberg, welcher drei Stadien der Kohlenoxydvergiftung unterscheidet, die bei grösseren Gasmengen rasch in einander übergehen, sah das erste Stadium (Stadium der Betäubung) durch grosse Unruhe, Beschleunigung von Herzschlag und Respiration eingeleitet, worauf Schwindel, schwankender Gang und Neigung zum Hinfallen folgt, schon durch 2—3 % bei Kaninchen, durch 1 % bei Tauben und durch 8 % bei einem Hasen eintreten. Das zweite Stadium, das der Convulsionen, führten bei Kaninchen 3 % nach 4 Minuten, 2 % sofort bei Tauben herbei, das dritte, das Stadium asphycticum, das schon nach wenigen Secunden durch directe Zuleitung des Gases auf die Schnauze eintritt, wird bei Kaninchen durch 5 % in 4 Minuten, durch 4 % in 15 und durch 2 % in 45 Minuten bedingt. Eulenberg bestätigt das sehr frühzeitige Erliegen der Vögel; z. B. der Tauben durch 5 % in 1—2 Min.; bei 1 % können Kaninchen 1 Stunde, bei 3 % 20 Minuten leben, wobei Individualität und Grösse nicht ohne Bedeutung sind. 3—5 % Kohlenoxyd tödten Hunde und Katzen in 3—5 Min.; 0,5 % können Kaninchen tödten, wenn sie in dieser Atmosphäre verweilen, in Luft mit 98 % Kohlenoxyd werden Frösche nach einigen Stunden paralytisch, wirbellose Thiere, wie Krebse, Schaben, Blutegel, leben Tage lang in Kohlenoxyd ohne sichtbare Folgen (Pokrowsky).

An sich selbst beobachtete Klebs nach Inhalation von Kohlenoxyd ein brennendes Gefühl an der Haut der Backen, ohne intensive Röthung und Temperaturerhöhung, sehr bald leichten Schwindel und Flimmern vor den Augen, Kopfschmerz, besonders in der Schläfengegend, mit stärkerem Pulsiren der Temporales, längere Zeit anhaltend, bisweilen leichte Uebelkeit.

Sehr wesentlich gefördert ist durch die neuesten Arbeiten unser Wissen über das Wesen der Kohlenoxydvergiftung, obschon noch mannigfache Controversen bestehen bleiben. So leugnet z. B. Klebs das Auftreten von Krämpfen, welche alle übrigen Beobachter gesehen haben und von deren Vorhandensein ich mich selbst überzeugte; auch gibt Klebs selbst eine Veränderung der Muskelthätigkeit kurz vor dem Eintritt der Erschlaffung zu, wobei es sich aber nicht um eigentlichen Tetanus, sondern um beträchtliche Verlängerung der einmaligen Contraction handele. Derselbe will das durch Kohlenoxyd bewirkte Coma von dem durch Kohlensäure bewirkten durch Mangel an Dyspnoe unterschieden wissen, gibt aber selbst an, dass grössere Mengen Kohlenoxyd active Exspiration bedingen, die bald wieder ruhigerem Athem Platz machen. Klebs hat endlich auch eine Erscheinung der Kohlenoxydvergiftung, welche übrigens schon sehr lange, u. A. sogar schon Friedrich Hoffmann bekannt war, einseitig als Wesen der Kohlenoxydvergiftung auf den Schild gehoben: die Atonie und Dilatation der Gefässe, insbesondere der Arterien, die in einzelnen Fällen, z. B. an den Meningen, auffallend geschlängelt erscheinen können. Auf diese Atonie der Gefässwandungen bezieht Klebs die abnorme Blutvertheilung und sieht in dieser sogar die Ursache der Gehirnerscheinungen, während doch, wie Friedberg in seiner Monographie der Kohlendunstvergiftung richtig hervorhebt, auch das in seiner Zusammensetzung so tief alterirte Blut nothwendig auf das Gehirn und dessen Functionen beeinträchtigend einwirken muss. Die abnorme Blutvertheilung ist zum Theil gewiss auch auf die Störungen in der Circulation, die Verlangsamung des Herzschlages und den verminderten Blutdruck zu beziehen, und für eine Einwirkung des alterirten Blutes und dadurch bedingte Ernährungsstörungen sprechen auch die später unten zu erwähnenden Veränderungen der Muskelsubstanz. Der von Klebs zur Begründung seiner Anschauung vom Entstehen der Narkose durch den auf die Substanz der Grosshirnrinde durch die dilatirten Gefässe ausgeübten Druck angeführte Umstand, dass der soporöse Zustand ganz plötzlich eintrete, ist nicht stichhaltig, da ja sicher auch die Dilatation der Gefässe zu ihrem Zustandekommen einer bestimmten Zeit bedarf. Klebs gibt an, dass direct in den Kreislauf gebrachtes, mit Kohlenoxyd gesättigtes Blut die Hirnerscheinungen nicht hervorbringe; nach Traube bewirkt solches Dyspnoe (jedoch schwächt sich bei Wiederholung der Injection die Wirkung sehr ab), indessen ist solches Blut, welches neben dem Kohlenoxydhämoglobin noch zur Verbindung mit Sauerstoff fähiges Hämoglobin enthält, ganz etwas anderes als völlig mit Kohlenoxyd imprägnirtes Blut.

Pokrowsky hält ebenfalls einseitig mit Cl. Bernard das Wesen der Kohlenoxydvergiftung einzig bedingt durch den Mangel von Sauerstoff im Blute in Folge des Verlustes seiner Fähigkeit, Sauerstoff zu binden. Als Ausdruck des Aufhörens der chemischen Processe im Blute betrachtet er auch das Sinken der Temperatur, welches als ein constantes Phänomen der Vergiftung mit Kohlenoxyd erscheint, welches Cl. Bernard auf die Störung des Kreislaufes beziehen will. Dieses Sinken der Temperatur tritt so äusserst rasch (schon ½ Minute nach dem Einathmen von 0,1—0,2) ein, dass die letztere Ansicht kaum zulässig erscheint. Von Klebs wird gegen den Connex des soporösen Zustandes mit dem Sauerstoffmangel der Umstand angeführt, dass der Eintritt desselben unabhängig sei von dem niedrigsten Temperaturgrade, dagegen concedirt derselbe den Sauerstoffmangel als Ursache der Nachkrankheiten (nervöse Störungen), soweit solche nicht auf locale Erkrankungen zu beziehen sind.

Kohlenoxyd lässt nach Pokrowsky den Vagus sowol als Gefühls- und Bewegungsnerven einerseits und die Muskeln andererseits hinsichtlich ihrer Reizbarkeit intact; die Nervencentra des Rückenmarks werden paralysirt, das Rückenmark als Leiter bleibt verschont, dasselbe gilt auch für die sympathischen Centra. Pokrowsky scheint sogar die vermehrte Reizung des Sympathicus in den ersten Momenten der Paralyse des Rückenmarks zulässig, wegen der Fortdauer des Herzschlages, der bei Fröschen noch 24 Stdn. persistiren kann, und der peristaltischen Bewegung nach der Paralyse, sowie wegen des Verhaltens der Augen (Hervorstarren mit von vorn nach hinten gehender Axendrehung, allmälige Mydriasis, Verengerung der Retinal- und Chorioidealgefässe). In Bezug auf das Verhalten der Pupille gibt Pokrowsky noch an, dass post mortem die Pupille mehrere Stunden dilatirt bleibt, wenn das Auge geöffnet bleibt und nicht frühzeitiger Rigor mortis eintritt. In Bezug auf diese Verhältnisse urgirt Klebs dagegen Aufheben der Peristaltik und Anhäufung des Urins in der ausgedehnten Harnblase; die Protrusion der Augäpfel, leicht reponirbar und nicht spastisch, wie beim Exophthalmos durch Ergotin, zeigt sich bei einzelnen Thierspecies (Hunden, Fledermäusen) nicht und Mydriasis tritt nicht bei vorher durch Calabarbohne myotischer Pupille ein, während die erweiterte Pupille bei Kohlenoxydvergiftung durch Calabarbohne verengt wird.

Hämorrhagien in den Lungen, welche Pokrowsky stets bei seinen Versuchsthieren ermittelte, erklärt er daraus, dass der Thorax in Folge der tiefen, aus Lähmung der Medulla oblongata resultirenden Inspirationen sich immer mehr und mehr erweitert, dadurch der Zufluss des Blutes zum rechten Herzen und die Ansammlung des Venenblutes erleichtert wird und die dabei entstandene Erhöhung des Respirationsdruckes einerseits, die Vergrösserung der Widerstände im Blutkreislaufe der Lungenarterie in Folge der Ausdehnung der Lungensubstanz andererseits ausserordentlich den Seitendruck im Bett der Art. pulm. vermehren. Aus allen diesen resultirt auch die geringere Füllung des linken Herzens und der Arterien. Die Verminderung ihres Seitendruckes und des Herzschlages lässt sich aber auch durch Lähmung des herzbewegenden cerebrospinalen Centrums erklären, da die verminderte Herzthätigkeit auch bei Fröschen mit blossgelegtem Herzen, wo der Einfluss der Respiration auf den Blutkreislauf beseitigt ist, eintritt. Ein directer Einfluss auf das Herz ist nicht zu statuiren, da Froschherzen im Gemenge von Kohlenoxyd und atmosphärischer Luft ebenso lange pulsiren als in letzterer (Klebs).

Nach Pokrowsky kommt die Restitution nach Kohlenoxydvergiftung (entgegen Cl. Bernard) nicht durch Elimination des vergiftenden Gases, sondern durch Zerstörung desselben zu Stande. Dass Kohlenoxyd nicht ausgeathmet werde, ergaben drei sorgfältig angestellte Analysen der exspirirten Luft von Thieren, welche mit Kohlenoxyd vergiftet waren oder denen das Gas unter die Haut gebracht war. Die Ansicht, dass sich das Kohlenoxyd im Blute in Kohlensäure umwandelt und dass die Blutkörperchen wieder functionsfähig werden, hält Pokrowsky gegen Cl. Bernard aufrecht. Chenot's Theorie, dass die Verbrennung äusserst rapide in den Lungen vor sich gehe, dabei ein grosses Quantum Wärme entwickele, Lungenbläschen anbrenne u. s. w., wird als absurd verworfen und experimentell bewiesen, dass reines Kohlenoxyd, durch Rohre direct in die Lungen gebracht, nicht blitzschnell tödtet. Nie fand Pokrowsky gelöstes Pigment im Blute oder Bluterguss (ausgenommen in den Lungen) und die relative Menge des Hämoglobins im Blute, durch Colorimetrie verglichen, erwies sich vor und nach der Intoxication stets gleich. Für die Umwandlung in Kohlensäure führt P. an die Restitution der Blutfarbe im Organismus, die Verdunkelung des Blutes vor Eintritt der Fäulniss, zugleich mit dem Verschwinden der Kohlenoxydreaction, endlich die Bestimmung der Kohlensäure, welche in den ersten Momenten bei starker Vergiftung vermindert, später absolut und relativ vermehrt, bei schwacher Vergiftung auch gleich anfangs vermehrt ist. Die Wirkung auf die Kohlensäurevermehrung dauert 20—30—40 Min., was so ziemlich der Zeit der Wiederherstellung des Thieres entspricht.

Höchst interessant und beachtenswerth ist das von Hoppe-Seyler (Centralbl. f. d. med. Wissensch. 52 u. 53. 1864. Ztschr. f. analyt. Chem. III. 439. 1864) festgestellte Verhalten des mit Kohlenoxyd behandelten Blutes im Spectralapparat. Es bildet das Kohlenoxyd mit dem Hämoglobin eine dem Oxyhämoglobin ähnliche, aber viel festere chemische Verbindung, und indem man Blut mit Kohlenoxyd behandelt, treten stets zwei Absorptionszeichen auf, von welchen der neben der Frauenhofer'schen Linie D stehende ein wenig weiter von dieser entfernt steht als derjenige der mit Luft geschüttelten Blutlösung. Setzt man Schwefelammonium hinzu, so verschwinden diese Streifen nicht im Verlaufe mehrerer Tage, während im arterialisirten, aber nicht kohlenoxydhaltigen Blute nach einigen Minuten der Absorptionsstreif des O freien Hämoglobins in der Mitte zwischen den Linien D und E auftritt. Es ist auf diese Weise möglich, durch den Spectralapparat Kohlenoxyd im Blute nachzuweisen, dasselbe bedarf zu diesem Zwecke einer starken Verdünnung. Das mit Kohlenoxyd behandelte defibrinirte Blut verliert an der Luft allmählig seinen Gehalt an diesem Gase; doch vergehen bei mittlerer Temperatur mehrere Tage, bevor der Kohlenoxydgehalt bemerkbar abnimmt.

Das Verhalten des Kohlenoxyds gegen Aetznatronflüssigkeit, wie es von Hoppe-Seyler angegeben wurde, fand Eulenberg (a. a. O.) in Bezug auf die Farbe bestätigt; auch ist nach Eulenberg ein Unterschied in der Consistenz vorhanden, indem das normale Blut dabei in eine pulpöse, schleimige, Kohlenoxydblut in eine schleimigflüssige Masse verwandelt wird.

Alle Chlorverbindungen erzeugen nach Eulenberg im Kohlenoxydblute hellere Farben. Chlorcalcium färbt reines Blut schmutzigbraun, Kohlenoxydblut, selbst 4 Tage altes, carminroth; Chlorammonium erstres dunkelkirschroth, letzteres hellroth; Quecksilberchlorid erstres schmutzigroth, letztres pfirsichroth; Chlornatrium, Chlorbarium, Chlorblei und Chlorzinn erstres dunkel-, letztes hellroth. Am prägnantesten ist der Unterschied, welchen eine Mischung von Chlorcalcium und Liquor Natri caustici in beiden Blutarten bewirkt, indem das normale Blut dadurch hellbraun bis braunroth, Kohlenoxydblut schön carminroth wird.

2. Kohlensäure, Acidum carbonicum (S. 646).

[Zusatz zu §§. 431—434. S. 646—652.]

Nach Eulenberg's Versuchen (dessen Monographie) kommt es nur bei langsamer Zuleitung von Kohlensäure zur Ausbildung bestimmter Stadien, deren erstes sich als Beklemmung des Athmens und ängstliche Unruhe darstellt; bei Tauben zeigt sich dies schon nach 8%, bei Kaninchen gewöhnlich nach 10%. Bei letzteren tritt bei 16% Muskelrelaxation (Niederlassen auf die Vorderbeine), bei 20—24% schwankender Gang, Betäubung, oft vollkommene Bauchlage mit ausgespreizten Vorderbeinen auf. Das zweite Stadium ist das Stadium der Krämpfe; bei plötzlich in eine Kohlensäure-Atmosphäre gebrachten Thieren zeigen sich Convulsionen nach kurzer Zeit, bei langsamer Enwirkung bleiben sie meist aus und zeigen sich höchstens in starkem Zittern oder Rückwärtsziehen des Kopfes. Bisweilen tritt Tetanus ein. Das dritte Stadium ist das asphyktische. Frösche werden nur in reiner Kohlensäure asphyktisch, erholen sich aber an der Luft rasch; bei Mäusen tritt die Asphyxie bei 18—20%, bei Kaninchen nach 50—60% ein. Erholung kann bei Kaninchen stattfinden nach 10 Min. langem Aufenthalte in einer Atmosphäre, welche 50—55% Kohlensäure enthält. Der Tod in reiner Kohlensäure erfolgt zwar rasch, aber nicht in der Weise, dass man Spasmus glottidis annehmen kann. Nach Vergiftung mit Kohlensäure ist die Blutfarbe dem Syrupus cerasorum ähnlich. Im Taubenblut erscheinen die Blutkügelchen ungleich, schief und in die Länge gezogen; in den Contouren der Blutkörperchen eines Frosches und eines Kaninchens fand Eulenberg Ablagerung aneinandergereihter schwarzer Pünktchen.

Zur Casuistik der Kohlensäurevergiftung nennen wir hier die Erkrankung von Arbeitern in einer Theersiederei, durch Dünste, welche sich in einem lange Zeit leeren Kessel entwickelt hatten, von Newell (Lancet, 15 March 1866) berichtet, da, wie Richardson (Brit. rev. Apr. 1866) hervorhebt, die Symptomatologie auf Kohlensäureintoxication schliessen lässt.

3. Sumpfgas, Methylwasserstoff (S. 652).

[Zusatz zu §. 435. S. 652.]

Aus Versuchen an Kaninchen und sich schliesst Eulenberg (dessen Monographie), dass das Sumpfgas nicht positiv giftig sei; er athmete ½—1 Lit. ohne Wirkung. Etwaige Zufälle bei Bergleuten, wie Ameisenkriechen u. s. w., werden auf die dem Kohlenwasserstoffe beigemengte Kohlensäure zurückgeführt.

4. Elayl, ölbildendes Gas, Aethylen (S. 652).

[Zusatz zu §. 436. S. 652.]

Eulenberg empfand nach Einathmung von Elayl in mehreren vollen Zügen eine geringe Eingenommenheit des Kopfes; nach 60—70 Czoll gar nichts. Bei Kaninchen stellte sich ein Mal rasch an der Luft verschwindende (nach Eulenberg durch beigemengten Aetherdunst bewirkte) Trunkenheit ein, zwei Mal geringe Anästhesie und ein Mal gar nichts; woraus Eulenberg schliessen will, dass das Elayl nicht positiv schädlich sei. L. Hermann (Reichert's Arch. 521. 1865) empfand bei Einathmung von Elayl mit Sauerstoff entschieden rauschartige Wirkung; die Darstellungsweise des Gases ist nicht angegeben.

5. Gemenge von Kohlenoxyd, Kohlensäure, Sumpfgas und Elayl (S. 652).

a. Kohlendunst, Vapor carbonis (S. 652).

[Zusatz zu §§. 437—440. S. 652—656.]

Acht chemische Analysen des Kohlendunstes ergaben Eulenberg als Mittel Kohlenoxyd 2,54 % und Kohlensäure 24,68 % (Schwankungen 1,20 und 5,40 % des erstern, und 11,37 und 37,20 % der Kohlensäure). Im Steinkohlendunste wurde von Eulenberg nicht Schwefelwasserstoff, wohl aber schweflige Säure nachgewiesen; er lässt indessen die Möglichkeit des Vorhandenseins des ersteren in Fällen, wo wenig schweflige Säure vorhanden ist, zu, jedoch nur in Quantitäten, welche auf die toxische Wirkung des Gasgemenges nicht influiren. Die neuerdings von Fröhde aufgestellte Behauptung, es entwickle sich beim Glimmen von Kohlen Cyangas und daraus erkläre sich vielleicht die giftige Wirkung des Kohlendunstes, wird wol wenig Gläubige unter denjenigen finden, welche die Wirkung des reinen Kohlenoxyds kennen!

Zur Casuistik der Kohlenoxydvergiftung sind aus neuerer Zeit von Interesse eine Anzahl von Fällen, welche sich in der neuesten Monographie über Kohlendunstvergiftung finden (H. Friedberg, Die Vergiftung durch Kohlendunst. Berlin 1866); einige derselben befinden sich auch in der Arbeit von Klebs. Besonders hervorzuheben sind die Fälle von Marten (Vjschr. f. ger. Med. XXV. 197. 224. 1864), wegen der Aetiologie (brennender Untergrund von Kohlenschlacken und Weiterverbreitung der Gase durch einen Leitcanal) und 3 Fälle im Wiedener Krankenhausberichte (S. 143. 1862), bei denen es zweifelhaft ist, ob Leuchtgas oder Kohlendunst die Vergiftung bedingte; ferner wegen verschiedener auf die Symptomatologie bezüglicher Abweichungen die Publicationen von Leudet (Arch. gén. Mai, 1864), Huber (Allg. militärärztl. Ztg. 17. 1864) und Eimer (Aerztl. Mittheilg. aus Baden. 18. 1864). In gerichtsärztlicher Beziehung ist nicht ohne Interesse der berüchtigte Glogauer Ofenklappenprocess, bei dem es sich wahrscheinlich nicht um eine Kohlendunstvergiftung handelt; vgl. die Gutachten von Maschka und Treitz in der Prag. Vjschr. H. 2. 1864.

Die Angabe auf S. 696, dass Carminati das Kohlenoxyd auch bei Resorption durch die Haut giftig wirkend gefunden habe, beruht auf irriger Interpretation (Friedberg); Eulenberg stellte experimentell das Gegentheil fest.

b. Pulverdunst.

Die in §. 527 (S. 751) erwähnte Minenkrankheit oder Pionierkrankheit, zuerst von Josephson (Preuss. militärärztl. Ztg. 1. 1861) und Rawitz (ibid. 11. 1862) beschrieben und bisher als Form der Schwefelwasserstoffintoxication aufgefasst, muss nach neueren Untersuchungen von Eulenberg (Die Lehre von den schädlichen und giftigen Gasen p. 29. sqq.) und insbesondere von Th. Scheidemann (Vjschr. f. ger. Med. N. F. V. 181. 1866) zu den Vergiftungen durch die in Frage stehenden Gasgemenge gestellt werden. Nach Eulenburg fehlt Schwefelwasserstoff im Pulverdampfe und Kohlenoxyd und Kohlensäure finden sich in abweichenden Verhältnissen, je nachdem das Pulver (Sprengpulver, Schiesspulver) an Kohle reicher oder ärmer ist. So nimmt er denn auch zwei Formen an, von welchen die eine durch Kohlenoxyd, die andere durch Kohlensäure vorwaltend bedingt sein soll. Scheidemann, der die Affection bei Graudenz selbst häufig beobachtete, gibt als Differenzen der Symptomatologie von der Schwefelwasserstoffintoxication den bei der Minenkrankheit charakteristischen Stirnkopfschmerz, welchen Josephson mit Unrecht bei zwei Formen vermisst, das Fehlen von Magen- und Darmreizung, das frühzeitige Auftreten von Convulsionen, auch in den leichtesten Formen, den grossen und vollen Puls, die gesunkene Temperatur und raschere Wiederherstellung an und bezieht sich als auf ein entscheidendes Moment, welches gegen Schwefelwasserstoffwirkung spricht, auf das Vorkommen derselben Affection bei Sprengung mit Schiessbaumwolle. Nach Scheidemann ist die Schiessbaumwolle sogar gefährlicher, da sie mehr Kohlenoxyd liefert als das Schiesspulver. Karolyi fand in den gasförmigen Producten der Schiessbaumwollverbrennung 28,55—28,95 % Kohlenoxyd, 19,11—20,82 % Kohlensäure, 7,24—11,17 Grubengas, 3,16—8,83 % Stickoxydul, 8,58—12,67 % Stickstoff. Jagdpulver von 78,99 % Salpeter, 9,84 Schwefel und 11,17 Kohle lieferte ein Verbrennungsgas von 41,12 % Stickstoff, 52,67 Kohlensäure, 3,88 Kohlenoxyd, 1,21 Wasserstoff und 0,60 Schwefelwasserstoff; österreichisches Geschützpulver von 73,78 Salpeter, 12,80 Schwefel und 13,39 Kohle dagegen ein solches von 37,58 N., 42,74 C^2O^4, 10,19 Kohlenoxyd, 5,93 H und 0,86 SH^3, sowie 2,70 Grubengas. Noch mehr Kohlenoxyd würden das österreichische Sprengpulver (21,4 Kohle), das französische Minenpulver (18 Kohle) und das neuere preussische Kriegspulver (16 Kohle) liefern. Nach Poleck in

Sprengung producirten Pulvergase mit atmosphärischer Luft (23—95 %); die Neisse bestehen die Minengase aus einem variabeln Gemenge der durch die Gase der Gallerie enthalten an absolut schädlichen Gasen 0,9—4,5 % Kohlensäure, 0,4—5 % Kohlenoxyd und 0—0,0059 % Schwefelwasserstoff. Von Interesse ist es, dass nach Scheidemann auch eine Gewöhnung an die Gase stattfindet.

c. Leuchtgas, Gas luciferum (S. 656).

[Zusatz zu §§. 440—442. S. 656 u. 657.]

Zur Casuistik der Leuchtgasvergiftung sind zu nennen: Bonneau (Gaz. des hôp. 135. 1861, 2 Fälle, entstanden durch ein durch Ueberfahren lädirtes Gasrohr, und auffallend durch einen mehrere Tage anhaltenden Geruch der Secrete nach Schwefelwasserstoff), Hartmann (Württemb. Corr.-Bl. XV. 2. 1864). W. Bloxam (Med. chir. transact. 29. 1862).

Nach Versuchen von Aldis (Med. chir. trans. XLV. 99. 1863) gibt es verschiedene Arten von Leuchtgas, die in Bezug auf ihre toxische Wirksamkeit differiren: am giftigsten wirkte (auf Ratten) das sog. faule Gas, welches ausser den gewöhnlichen Componenten des Leuchtgases noch Ammoniak und Schwefelwasserstoff enthält; das Cannelkohlengas tödtete schneller als gewöhnliches Leuchtgas; nach Aldis wahrscheinlich wegen seines grösseren Gehaltes an Kohlenwasserstoffen.

Symptomatologie u. s. w. der Vergiftung mit Kohlendunst und Leuchtgas (S. 658).

[Zusatz zu §§. 444—448. S. 658—672.]

Mit Recht betont Friedberg, gestützt auf mehrere neue Beobachtungen, zu denen die obenerwähnten Erkrankungen aus dem Wiedener Spital noch hinzukommen, dass die Bronchien- und Lungenaffectionen im Verlaufe der Kohlendunstvergiftung nicht, wie Klebs es thut, als zufällige Complicationen, sondern als Erscheinungen der Vergiftung zu betrachten sind. Nicht ohne Interesse für die Symptomatologie sind Leudet's Mittheilungen über trophische Störungen durch Kohlendunstvergiftung (Hautaffectionen, herpetische oder Blasenausschläge, endlich das Auftreten von trockenem Brande), welche er als Localerkrankung der Nerven deutet, wofür auch in Huber's Fällen eine längere Zeit anhaltende Anaesthesia circumscripta spricht. Auch partielle Chorea wird von Leudet angeführt, nach welchem solche Nervenerscheinungen sehr zeitig auftreten und sich successive an einzelnen Körperstellen äussern können; die trophischen Störungen sollen rasch verschwinden, während Leudet denen der Sensibilität und Motilität eine längere Dauer vindicirt. Klebs will partielle Lähmungen auf die von ihm beobachteten Muskeldegenerationen zurückführen, sie können aber auch Folge von Erweichungsheerden im Gehirn sein, wie solche nach Friedberg ebenfalls als Folge der Kohlendunstvergiftung vorkommen.

Als richtig müssen wir ferner die Angabe von Friedberg bezeichnen, dass der Tod in einzelnen Fällen mitbedingt sein kann durch Eintreten von im bewusstlosen Zustande erbrochenen Massen in die Trachea, wie solches von Huber vorgefunden wurde.

Die pathologische Anatomie der Kohlendunstvergiftung ist durch Klebs nicht unbeträchtlich erweitert. Derselbe betont zunächst den auffallenden Blutreichthum aller Theile (feine capillare Röthung im Gehirn, besonders der grauen Substanz, auffällige Röthung in den Lungen, dichteste Injection in Nieren und Leber) und die starke Füllung, Erweiterung und selbst Schlängelung der Arterien und Venen; besonders aber verschiedene parenchymatöse Veränderungen.

Die Musculatur zeigt in rasch verlaufenen Fällen von Kohlendunstvergiftung hellkirschrothe Färbung, bei längerer Einwirkung nimmt sie einen mehr grauen matten Ton an, der das natürliche Roth verdeckt; am frühesten betroffen werden Psoas und Iliacus, dann die Adductoren des Oberschenkels, hierauf Bauch- und Brustmuskeln, am spätesten die Halsmuskeln; es handelt sich dabei um fettige Degeneration, besonders in ihren Anfängen der körnigen Degeneration, und im Gefolge derselben um interstitielle entzündliche Processe. Weniger constant ist nach Klebs die entsprechende Degeneration des Herzmuskels. Ganz gleichartig sind Leber, Milz und Nieren verändert, jedoch nie in so colossaler Weise wie bei Phosphorvergiftung (vgl. daselbst). Aehnliche nekrobiotische Processe können auch in den Tonsillen, im Gehirn u. s. w. vorkommen (Friedberg).

Leider sind diese höchst interessanten Befunde kaum je für die gerichtsärztliche Praxis zu verwerthen und wird man sich hier nach wie vor an die im Handbuche gegebenen Data zu halten haben; wenn auch einzelne Symptome, z. B. die helle Blutfarbe sich manchmal nicht oder nur in Bezug auf das in kleineren Gefässen enthaltene Blut constatiren lässt (Klebs), die rothen Flecken an den Extremitäten fehlen können (Eimer), so werden doch immer mehrere andere vorhanden sein, die für die Diagnose einen Anhaltepunkt ergeben; fehlen aber diese insgesammt, wie das in dem bekannten Glogauer Falle sich so verhielt, so wird ein negatives Urtheil wohl gerechtfertigt sein. Man wird aber jetzt durch das spectralanalytische Verfahren (s. oben) leichter zu einem bestimmten Resultate gelangen.

Als eigenthümlicher Befund bei Kohlendunstvergiftung ist die von G. v. Samson-Himmelstern beobachtete Gasentwicklung im Herzen, wobei die chemische Untersuchung nicht etwa Kohlenoxyd, sondern Stickstoff mit sehr wenig Sauerstoff nachwies, zu nennen (Rigaer Beitr. V. 1. 1862. Schmidt's Jahrb. CXIX. 83. 1863).

Von der Voraussetzung ausgehend, dass die Gefässdilatation das Wesen der Kohlenoxydvergiftung darstelle, hält Klebs solche Mittel, welche Gefässcontraction bedingen, für heilsam, insbesondere das Ergotin (Bonjean's Extract). Durch Kohlenoxyd asphyxirte Fledermäuse erholten sich bei innerer Application von 1 Ccm. Lösung sehr bald, und die stark erweiterten Arterien verengerten sich bis zur Norm. Klebs constatirte die antagonistische Wirkung auch nach vorausgegangener Curarevergiftung, wobei das Ergotin Steigerung des Blutdruckes bedingte.

Ueber die zuerst von Kühne vorgeschlagene Transfusion vgl. S. 12 des Supplements.

Aldis fand, dass Thiere nach Vergiftung mit Leuchtgas sich am raschesten in atmosphärischer Luft (35—55 Sec.), darnach in Sauerstoffgas (85 Sec.) und am spätesten in Ammoniakgas (105 Sec.) erholten.

Zur Verhütung der Pionierkrankheit hat Josephson den Kalmüser empfohlen, dessen Wirksamkeit Scheidemann nicht bestätigen konnte. Zweckmässiger sind gewiss nach den Versuchen des letzteren Respiratoren mit Kupferchlorür, wobei, weil es sich um eine ätzende und Salzsäuredämpfe abdunsten lassende Flüssigkeit handelt, auf einen zweckmässigen Apparat, wie ihn Scheidemann (a. a. O. p. 242) abbildet, zu sehen ist.

Als ein eigenthümliches Prophylacticum der Kohlenoxydvergiftung ist von Carstanjen (vgl. Prag. Vjschr. 3. 1866) ein Wecker angegeben, der im Wesentlichen darauf beruht, dass das entströmende Gas auf eine Flüssigkeit einwirkt (Palladium oder Kupferchlorür?), die mit einer Glocke in Verbindung steht, welche durch die kleinsten, auf die Flüssigkeit wirkenden Mengen in Bewegung versetzt werden soll. Wir zweifeln nicht, dass die Beseitigung der Ofenklappen wesentlicheren Nutzen leistet als dieser Weckapparat.

6. Carboneum sulfuratum, Schwefelkohlenstoff (S. 672).

[Zusatz zu §. 449. S. 672.]

Die von Delpech als Folge der Dämpfe des Schwefelkohlenstoffs beobachtete chronische Vergiftung der Arbeiter in Kautschukfabriken hat Eulenberg (dessen Monographie p. 395) als eine nur zum Theil dem Schwefelkohlenstoff, auf welchen Gedächtnissschwäche, Vergesslichkeit, Muskelschwäche und Zittern nach seiner Ansicht zurückzuführen sind, zum Theil aber dem dem Kohlenstoffsulfid beigemengten Schwefelwasserstoff, welcher Uebelkeit, Erbrechen, Kolikschmerzen und Krämpfe hervorrufen solle, zur Last fallende bezeichnet. Aus seinen den Schwefelkohlenstoff betreffenden Versuchen schliesst Eulenberg, dass dieser zuerst Irritation der Schleimhäute, dann Unruhe und eine Art Trunkenheit, auch Reizung des Spinalsystems und davon abhängiges Zittern der Bauch- und Brustmuskeln, bisweilen convulsivisches Zucken der Extremitäten, endlich einen asphyktischen, an frischer Luft bald vorübergehenden Zustand bedingt. In einer Cölner Fabrik von vulkanisirtem Kautschuk sah Eulenberg nur Schwindel, so lange die Ventilation nicht genügte. Das Blut wird durch Schwefelkohlenstoff zwar dunkler gefärbt, röthet sich aber an der Luft in kurzer Zeit wieder intensiv; werden mit Schwefelkohlenstoff vergiftete Thiere in dieser Atmosphäre belassen, so erfolgt der Tod von der Lunge aus ohne alle Convulsionen. Ausser dem Schwefelwasserstoff können aber bei der chronischen Vergiftung der Arbeiter in Kautschukfabriken auch noch die Ausdünstungen von Petroleum- und Mineral-Essenzen in Betracht kommen, welche sehr leicht eine beständige Eingenommenheit des Kopfes, Trunkenheit und vollständige Manie erzeugen. Dagegen kommt für das Krankheitsbild nicht in Betracht der Chlorschwefel, welchen Delpech für toxisch unwirksam erklärt, dessen Dämpfe aber nach Eulenberg's Versuchen durch die sich entwickelnde Chlorwasserstoffsäure sehr irritirend wirken, wozu sich ausserdem noch die Einwirkung schwefliger Säure gesellt, so dass es fast auffallend erscheint, dass bei den betreffenden Arbeitern nicht häufiger Brustaffectionen wahrgenommen werden.

Eulenberg fand eine Angabe von Bergeron und Levy (Gaz. des hôp. 443. 1864), welche bei einem mit Schwefelkohlenstoff vergifteten Kautschukarbeiter eine beträchtliche Anästhesie der Cornea constatirten, und bei ihren in Folge davon an Thieren unternommenen Versuchen gefunden haben wollten, dass bei der fraglichen Intoxication Anästhesie der Cornea früher erscheint als Hautanästhesie eintritt und bei Erholung später als letztere schwindet, bei seinen Versuchen nicht bestätigt.

7. Chloroform (S. 675).

[Zusatz zu §§. 451—457. S. 675—684.]

Die in F. Sabarth's neuester Monographie des Chloroforms (Das Chloroform u. s. w. Würzburg 1866) gemachte casuistische Zusammenstellung der Todesfälle durch Chloroformnarkose, welche bis 1863 publicirt wurden, umfasst 119 Fälle, von welchen übrigens nur 49 genau beobachtet und beschrieben wurden, von welchen 36 an Asphyxie, 11 an Syncope und 1 an Spinalapoplexie zu Grunde gingen. In einem von B. v. Langenbeck beobachteten Falle (Allg. med. Centralz. 6. 1864), wo der Tod nach der Inhalation von kaum 1 Drachme eintrat, fanden sich beide Lungen mit den Rippenpleuren vollständig verwachsen, ausserdem ein frischer apoplektischer Heerd in der Varolsbrücke. —

Fälle von Vergiftung durch getrunkenes Chloroform liegen vor von Lamm in Stockholm (Hygiea, XXIV. 45. 1862), Macker (L'Union med. 127. 1865) und von Dowling (Austral. med. journ. Apr. 1864, Cannst. Jahresber. V. 114. 1864), sämmtlich Selbstvergiftungen. — Weitere Vergiftungen sind complexe, so eine von W. Bathurst Woodman (Med. Times, Oct. 10. 1863) berichtete, durch Chloroform und Olivenöl entstandene (Verwechslung mit einer innerlich zu nehmenden Mixtur) und einer Intoxication mit Chloroformic Anodyne, einer Mischung von Chloroform mit einer starken Opiumlösung und einigen Tropfen Acid. hydrocyan., wovon etwa ¾ Unzen schwere, 36 Std. anhaltende, aber nicht lethale Vergiftung bei einem 12jähr. Kinde bedingten, letztere von G. Harley (Lancet, Juli 4. 1863) mitgetheilt.

Ein eigenthümliches Pupillenphänomen bei Chloroformnarkose hebt C. Westphal (Virch. Arch. XXVII. 3 u. 4. 1864) hervor: beim Eintritt der Narkose verrengt sich die Pupille stark, bei Reizung der Haut mit Nadeln oder beim Einschreien ins Ohr zeigt sich, wenn diese Reize sonstige Reflexe nicht mehr auslösen, momentane Pupillenerweiterung auf beiden Augen; beim Aufhören der Narkose tritt anfangs Mydriasis ein, die bald dem normalen Verhalten Platz macht.

Von Joh. Dogiel (Reichert's Archiv. 231. 445. 1866) wird nach Thierversuchen die Wirkung auf die Pupille und das Herz physiologisch erläutert; im Stadium der Erregung des Gehirns tritt durch gleichzeitige starke Erregung des Oculomotorius Pupillenverengung ein, bei vorgeschrittener Narkose des Centrums wird der Nerv nicht mehr erregt, wo dann die Wirkung des Sympathicus auf den Dilatator sich mehr geltend macht. Bei der Erregung der Centra wird auch der Vagus erregt und resultirt deshalb im ersten Stadium Verlangsamung des Herzschlages.

In Bezug auf die Behandlung der Chloroformasphyxie verweisen wir auf das im allgemeinen Theil über die Transfusion Gesagte.

8. Methylalkohol, Holzgeist (S. 710) und andere Methylverbindungen.

Nach den Versuchen von F. A. Cros (Action de l'Alcool amylique. Thèse Strasb. 1863) ist der Methylalkohol als halb so schwach wirkend wie der Aethylalkohol und 30 mal schwächer als der Amylalkohol anzusehen. Er schmeckt empyreumatisch, aber lange nicht so scharf wie die beiden genannten Alkohole und bedingt zu mehreren Grammen höchstens etwas Aufstossen und Wärmegefühl im Epigastrium. Bei Thieren ist die Periode der Excitation von derjenigen der Depression stets deutlich zu unterscheiden.

Methylchlorür wirkt nach Ludimar Hermann (Reichert's Arch. H. 5. 1864) inhalirt entschieden rauschartig wie Stickoxydul u. s. w.

9. Amylalkohol (Fuselöl) und sonstige Amylverbindungen.

[Zusätze zu §. 465. S. 688 u. §. 466. S. 691.]

Salpetrigsäure-Amyläther (Amylnitrit). Schon Guthrie fand 1859 bei dem Studium der chemischen Eigenschaften des Amylnitrit, dass die Inhalation desselben die Herzbewegung beschleunige und Blutandrang zum Halse bewirke. Richardson gibt in einem Vortrage in der Brit. Assoc. at New-Castle (Med. Times, Sept. 28. 1863) an, dass mit der durch dasselbe hervorgerufenen Steigerung der Herzthätigkeit lebhafte Röthung der Haut und des Gesichts einhergehe und dass länger fortgesetztes Einathmen beschleunigte Respiration und

Dyspnoe bedingen. Grössere Gaben wirken auf Thiere tödtlich. Ein Anästheticum ist Amylnitrit nicht; Inhalation bis zum Eintritte von Bewusstlosigkeit ist lebensgefährlich. Es macht das Blut dunkel, congestionirt die Lungen und auch im schwachen Grade das Gehirn, verursacht aber weder Krämpfe noch Uebelkeit. Niedere Thiere, z. B. Frösche, lassen sich durch Amylnitrit in einen bis 9 Tage anhaltenden, dann vollkommener Wiederherstellung Platz machenden Zustand von Leblosigkeit versetzen.

Amylwasserstoff. Diese Substanz wird von Richardson (Med. Times, Sept. 30. 1865) als ein Anästheticum bezeichnet, das dem Somnambulismus ähnliche Zustände erzeuge.

Amylacetat und Amyljodür. Beide sollen nach Richardson Analgesie und eigenthümliche viele Stunden anhaltende Starre bedingen, ausserdem profuse Secretion bewirken und wie Amylwasserstoff die willkührliche Bewegung von den Nervencentren aus vernichten.

Amylalkohol (Fuselöl). Ueber die Wirkung dieses Stoffes verdanken wir F. A. Cros (Action de l'Alcool amylique sur l'organisme, Thèse. Strasb. 1863) eine grössere Reihe von Versuchen an Tauben, Kaninchen und Menschen, die zu folgenden Resultaten führten: Der Amylalkohol wird von der Haut, der Schleimhaut des Magens und der Respirationsorgane, von serösen Häuten und vom Unterhautzellgewebe aus resorbirt und ist im Blut, Gehirn, Leber, Urin und der exhalirten Luft nachweisbar. Verbrennungsproducte, wie Valeraldehyd, Valeriansäure, konnten im Organismus nicht constatirt werden. — Die Wirkung des Amylalkohols schwankt sehr nach der Empfänglichkeit des Einzelnen und ist von der Gewohnheit abhängig. Dämpfe desselben werden von Einzelnen sehr gut vertragen, von Wenigen angenehm gefunden; bei den Meisten rufen sie Husten, Uebelkeit, Schwere des Kopfes und Cephalalgie, bei sehr Empfindlichen Brustbeklemmung hervor. Nach länger fortgesetztem Einathmen hält die Wirkung noch einige Stunden an und kann ein ähnlicher Schlaf wie beim Alcoholismus eintreten. Der Geschmack des Amylalkohols ist scharf und brennend; ein einziger Tropfen auf die Zunge gebracht, ruft gewöhnlich Uebelkeit und starke Vermehrung der Speichelsecretion hervor. Vom Magen aus entwickelt sich die Wirkung bald. 10—15 Centigramme führen beim Menschen in einigen Minuten Stirn- und Schläfenkopfschmerz von kurzer Dauer herbei. Nach 4 Gmm. stellt sich ausserdem allgemeine Abgeschlagenheit ein, ferner Schwere der Augenlider, Aufstossen, Meteorismus, Diarrhoe. Bei Dosen von 8—16 Gmm. gesellen sich zu diesen Symptomen beschleunigte, tiefe Respiration, grosse Angst, wiederholtes Erbrechen und längere Zeit anhaltende Mattigkeit. 30 Cgm. rufen bei einer Taube nach 3 Min. Schlaf wie bei Trunkenheit hervor, der 2—3 Stdn. anhält. Bei Kaninchen mittlerer Grösse bringt ½ Dcgm. nach einigen Augenblicken Wanken und wiederholtes Hinfallen, Contraction der Pupillen, später Erweiterung derselben und einen der Trunkenheit ähnlichen Zustand von 2—3 Stdn. Dauer hervor. Wird die Dosis bis 1½ Gmm. gesteigert, so treten hinzu tiefer Schlaf, Anästhesie, stertoröses Athmen. 5 Gmm. bewirkten 8stündige vollständige Erschöpfung, 8 Gmm. in 12 Min. bei einem sonst noch nicht zu Experimenten mit Amylalkohol benutzten Thiere; bei schon an diesen gewöhnten Thieren genügt diese Gabe nicht. Wird Amylalkohol mit viel Wasser diluirt angewendet, so beobachtet man nach einigen Minuten Excitation (Beschleunigung von Respiration und Herzschlag, erhöhte Temperatur, grössere Agilität), bald nachher Depression (tiefen Schlaf, Verminderung oder völliges Erlöschen der Sensibilität, verlangsamte Respiration).

Ausser der allgemeinen Wirkung kommt dem Amylalkohol eine locale auf die Intestinalschleimhaut zu; beim Menschen beobachtet man deutliche Irritation der Pharynxschleimhaut (Röthe, Brennen und Trockenheit im Halse), bei Thieren intensive Entzündung des Magens, bisweilen mit Extravasation und namentlich an denjenigen Stellen sichtbar, welche mit dem Amylalkohol in Contact waren, sowie rothe Flecken im oberen Theil des Dünndarms. — Länger fortgesetzte Anwendung ergab bei Kaninchen, denen alle 2 T. ½ Dcgm. applicirt wurde, Abmagerung bei Verminderung der Körperkraft und normal bleibendem Appetit, stertoröse Respiration von den ersten Tagen an; bei der Section Randemphysem der Lungen, Pneumonie, Hypertrophie der Leber und fettige Degeneration des Epithels einiger Harncanälchen. — Injection von ½ Dcgm. in die Vena jugularis bewirkte sofortigen Tod, man fand keine Coagula im Herzen und in den Venen, dagegen starke Lungencongestion. — Von serösen Häuten aus geschieht die Resorption langsamer und die ersten Symptome treten nach Injection von 4 Gmm. erst nach 8—10 Min. ein; sehr heftig ist die örtliche Wirkung. Tod nach 7—8 Stdn. — Rasch und kräftig ist die Action vom Unterhautbindegewebe aus; 4 Gmm. tödten ein Kaninchen in 10 Min. Die locale entzündliche Wirkung ist nicht zu verkennen. — Auch von der unverletzten Haut aus wirkt der Amylalkohol; 3 Gmm. mit eben so viel Oel in die Achselhöhle gebracht, bedingen in 20 Min. Kopfschmerz, rein auf die Haut gebracht, bewirkt er kleienartige Abschuppung. Zum Nachweise des Amylalkohols in Körpertheilen bedient man sich der Destillation der betreffenden Massen mit Essigsäure und ein wenig Schwefelsäure, wodurch der charakteristische Birnengeruch des Essigsäure-Amyläthers noch beim Vorhandensein von ¼ Milligramm in 50 Gmm. Wasser hervortritt, ein Verfahren, wodurch z. B. der Nachweis des Amylalkohols im Strassburger Bier gelang.

10. Alkohol, Aethylalkohol (S. 690).

[Zusatz zu §§. 466—479. S. 690—711.]

In Bezug auf den Absynthismus heben wir hervor, dass nach E. Decaisne (Comptes r. LIX. 529. 1864) der Absynth rascher als gewöhnlicher Branntwein chronische und acute Intoxication bedingt, eine ausgesprochenere Wirkung auf das Nervensystem als Narcotico-acre äussert, und selbst bei mässigem Genusse in unverfälschter Waare nach einiger Zeit Störungen der Ortonomie, besonders der Verdauung bewirkt. Renard (Mem. de méd. milit. 3e ser. XII. 50. 1864) will bei Absynthtrinkern auffallend dünne und pellucide Schädelknochen gefunden haben. Gegen die Ansicht Motet's, dass eine besondere Form des Alkoholismus als Absynthismus zu unterscheiden sei, zieht in einer besonderen kleinen Schrift (De la liqueur d'Absynthe et de ses effets. Paris 1863) Ferd. Moreau zu Felde, indem die denselben zugeschriebenen besonderen Symptome auch bei Missbrauch anderer Spirituosa hervortreten und zum Theil auf Verfälschung des Absynths mit Kupfer beruhen (Kolik). Auffallend ist die Angabe, dass das Verdünnen mit Wasser leichter zu Excitation und Berauschung führe, als der Genuss des unverdünnten Absynths.

Einen Giftmord durch absichtliches Einschütten von ⅛ Seidel 30grädigen Spiritus, an 2 Kindern verübt, haben wir durch Maschka (Prag. Wchschr. 46. 1864) kennen gelernt, eine, jedoch nicht lethal verlaufene, Selbstvergiftung eines erwachsenen Mädchens durch 2 Seidel Punschessenz durch Pribram (ebendaselbst).

M. Perrin (Compt. rend. LIX. 257. 1864. Gaz. hebd. 34. 36. 38. 1864) bestätigt die Angaben Vierordt's hinsichtlich der Kohlensäureausscheidung durch alkoholische Getränke. Dieselbe zeigte sich constant nach Roth-

und Weisswein, Bier bedeutend verringert, noch mehr nach Grog. Die Schwankungen der Kohlensäureausscheidungen in den einzelnen Stunden waren sehr gross (von 14—51% in einer Stunde), der Alkohol schien seinen grössten Einfluss etwa nach 3 Stdn. auszuüben, 2 Stdn. später war derselbe aufgehoben. Die Quantität des Harns war stets vermehrt, ebenso die Harnstoffmenge. Die Körpertemperatur scheint nach Perrin etwas abzunehmen, was im Gegensatze zu dem subjectiven Wärmegefühle nach Alkoholgenuss steht.

Elimination. — Edm. Baudot (L'Union medic. 135. 140. 141. 143. 1863) greift die von Perrin, Duroy und Lallemand aufgestellte Theorie, dass der Alkohol als solcher eliminirt und nicht im Blute oxydirt werde, unter Hinweis auf den Umstand, dass jene Experimentatoren stets nur einen sehr geringen Theil Alkohol im Urin nachweisen konnten, und auf eine Reihe eigener Experimente an. Ihm zufolge wird Alkohol, in mässiger Quantität und unter der Form von Wein, Kirsch, Rum oder Branntwein ingerirt, nicht durch den Urin eliminirt, und nur in gewissen Fällen findet man Spuren, ausnahmsweise grössere, aber stets im Verhältniss zu einverleibten Mengen unendlich kleine Quanta von Harn. In einer Replik (L'Union med. 154. 1863) hält Perrin an seinen früheren Ansichten fest, indem er stets wägbare Mengen Alkohol im Urin gefunden zu haben angibt, und die Resultate Baudot's von dem Gebrauche ungenügender Prüfungsmethoden (Destillation, Alkoholometrie) ableitet; gegen welchen Vorwurf sich Baudot in einer Duplik (L'Union med. 3. 1864) verwahrt.

Hugo Schulinus (Arch. für Heilk. H. 2. p. 97. 1866) hat ebenfalls die Arbeiten von Perrin, Lallemand und Duroy weiter verfolgt, indem er grösseren Thieren (Pferden, Füllen, Hunden) berauschende Quantitäten von Weingeist, welcher 45 Gewichtsprocente Alkohol enthielt, in den Magen injicirte, diese im Rausche tödtete, nachdem er zuvor aus der Vena jugularis Blut entzogen und letzteres, sowie die beiden Lungen, Leber, Nieren, Gehirn, Muskelpartien vom Hinterschenkel, Magen mit Inhalt, und in einigen Fällen auch den Dünndarm mit Inhalt auf ihren Alkoholgehalt prüfte. Das Product der 1½ Std. über den Moment, wo Chromsäurelösung durch einige Tropfen des Destillats keine Spur von grüner Färbung mehr annahm, hinaus fortgesetzten, meist 6—7 Std., oft 20 Std. dauernden Destillation der Organe, hatte einen stark eigenthümlichen Geruch und reagirte neutral; nach mehrmaligem Rectificiren fingen sie an alkalisch zu reagiren (in Folge von kohlensaurem Ammoniak), weshalb vor der letzten Destillation verdünnte SO^3 zugesetzt wurde. Der Alkoholgehalt wurde aus dem specifischen Gewichte der Destillate berechnet, nachdem Schulinus sich vorher überzeugt hatte, dass die eigenthümlichen Riechstoffe, welche in denselben vorhanden waren, auf das specifische Gewicht keinen Einfluss äusserten und dass die Destillation mit verdünnter SO^3 Destillate, welche aus Organen nicht mit Alkohol vergifteter Thiere erhalten waren, geruchlos und von dem specifischen Gewichte des Wassers darstellte. Das Vorhandensein von kohlensaurem Ammoniak ist zwar nach den Versuchen von Schulinus des grösseren specifischen Gewichts wegen im Stande, einen Theil des Alkohols dem Nachweise zu entziehen; es alterirt aber in keiner Weise die Verhältnisse der Alkoholmengen in den einzelnen Organen, weshalb Schulinus auch seine ersten Versuche, in denen das kohlensaure Ammoniak, dessen Vorhandensein ihm damals noch nicht bekannt war, unberücksichtigt blieb, als Basis seiner Sätze benutzte. Schulinus überzeugte sich auch durch directe Experimente, dass der Verlust an Alkohol bei seiner Methode des Nachweises ein sehr unbedeutender war. Aus Versuchen an Thieren schliesst er nun, dass die Vertheilung des Weingeistes im thierischen

Organismus eine gleichmässige ist, und entgegen den Angaben von Lallemand u. s. w. Gehirn und Leber nicht verhältnissmässig mehr Weingeist aufnehmen. Vielmehr sind die Differenzen zwischen dem relativen Weingeistgehalt der einzelnen Organe unbedeutend, und in vielen Fällen resorbiren Lungen, Nieren, selbst Muskeln, mehr als Leber und Gehirn. Was das Vorhandensein von Alkohol im Blute anlangt, so fand Schulinus, dass die gefundenen Zahlen zu niedrig anzusehen seien, da Alkohol kurze Zeit nach der Detraction zum Theil verloren geht (nicht aber erst bei Zusatz nach 18—20 Std.), und dasselbe ohne Zweifel in dem gelassenen Blute alkoholisirter Thiere geschieht. Es ist dieser Verlust an Weingeist so gross, dass die gefundenen Zahlen zu dem Schlusse berechtigen, dass das Blut stets verhältnissmässig mehr Weingeist enthält als die Organe, welche keine besondere Attraction für denselben besitzen, sondern nur von dem durch die Gefässwandungen transsudirenden Alkohol durchtränkt werden. Ferner fand Schulinus, dass niemals die ganze Menge des Alkohols sich nachweisen lässt, vielmehr ergeben die Berechnungen, dass schon 2—3¼ Std. nach der Injection in den Magen bereits ¼ der gesammten resorbirten Menge verschwunden ist. Im Harne fand er stets zu geringe Mengen, um die Nieren mit Lallemand u. s. w. als Hauptelimination betrachten zu können, und hierauf, sowie auf die Versuche von Baudot, die den durch Lungen und Haut ausgeschiedenen Alkohol als sehr gering an Quantität erscheinen lassen, gestützt schliesst Schulinus, dass der Alkohol zum grössten Theile im Oganismus zersetzt werde.

Chronischer Alkoholismus. In Bezug auf die Behandlung des chronischen Alkoholismus und des Delirium tremens insbesondere hat man in neuester Zeit von England aus wiederum sehr dem expectativen Verfahren das Wort geredet und die Opiumbehandlung als eine lebensgefährliche proscribirt. Wir verweisen in dieser Beziehung auf Arbeiten von Ranking (Madras quarterly journ. Oct. 1861) und Thomas Laycock (Edinb. med. journ. Oct. 1862), der von 40 Kranken nur einen verlor. Von Hardwick, der das Delirium tremens vom Eintreten einer Gastritis abhängig macht, werden Alkalien empfohlen (Med. Times, Aug. 8. 1863), von Anderen, wie Piorry und O. Rapin (Journ. de méd. de Bordeaux, Oct. 1863) Ammoniak oder, wie von Pirrie, diaphoretische und diuretische Mittel neben ruhiger Lage und Eisblasen auf den Kopf (Edinb. med. journ. Dcbr. 1862); von Vielen die Digitalis, z. B. von Conradi (Norsk. magaz. XVIII. 2. 166. 1864), Reid (Edinb. med. journ. Aug. 1864); Glover (Lancet, Dcb. 26. 1863) plädirt für die Tinctura ferri sesquichlorati. Von der Thatsache, dass die Lebensgefahr im Delirium tremens vorzugsweise in der Neigung zu Collapsus beruhe, ausgehend, hat L. Meyer (Berl. klin. Wchschr. 44. 1865) ein diätetisch roborirendes Verfahren (bei geringen Graden Bouillon u. s. w., bei schlimmeren Wein in sehr diluirter Form) neben symptomatischer Behandlung und Vermeidung aller Zwangsmittel im Hamburger allgemeinen Krankenhause mit Erfolg angewendet, so dass die Sterblichkeit, welche in früheren Jahren bei Behandlung mit Tartarus stibiatus und Opium 27% betrug (73 Todesfälle von 268 Behandelten), auf 8% (39 Todesfälle von 504 Beh.), bei nicht complicirten Fällen von 16% (29 Todesf. von 174 Beh.), auf 2% (8 Todesf.: 324 Beh.), bei complicirten von 47% (44 Todesf.: 94 Beh.), auf 17% (31 Todesf.: 180 Beh.) sank. Sowohl in Bezug auf das Vorkommen des Deliriums als hinsichtlich der Mortalität in einzelnen Jahren ergeben sich grosse Schwankungen, und steht letztere nicht immer im gleichen Verhältnisse mit den Complicationen.

Statistisch sind folgende Zahlen interessant: Im nördlichen Frankreich kommen auf 100 Geisteskranke etwa 20 durch Trunk, im südlichen (Gironde, Rhonemündung) nur 1—2; von 1826—1835 waren in Charenton unter 1557 Fällen von Seelenstörung 134 (8 %), von 1857—1864 unter 1146 Fällen (277 (24 %) durch Trunk veranlasst. Von 39 Geisteskrankheiten ex abuso spirit. (1862) hatten 8, von 44 desgl. (1863) 9 das Delirium tremens; die grösste Anzahl letzterer wurde im April, Mai und Juni beobachtet. (J. Lagarosse's Thèse sur la folie alcoolique aigue. Paris 1864).

11. Giftige Cyanverbindungen, Venena cyanica (S. 710).

[Zusatz zu §§. 480—486. S. 710—723.]

a. Cyan und Chlorcyan.

Ueber einige gasförmige Cyanverbindungen gibt A. Eulenberg (dessen Monographie p. 466) Aufschluss. Chlorcyan machte zu 0,3 Vol. Proc. asphyktisch und tödtete nach heftigen Convulsionen in 2 Min. Schliessen der Augen deutete irritirende Wirkung an. Das anfänglich dunkle braunrothe Blut röthete sich an der Luft sehr und blieb noch 24 Stunden so hell wie Kohlenoxydblut; die Blutkörperchen waren unverändert, im Blute Cyan chemisch nachweisbar. Ganz dieselben Erscheinungen, doch längere Dauer der Convulsionen sah Eulenberg durch 0,73 Vol. Proc. Cyan; im Blute konnte Cyan nicht chemisch nachgewiesen werden, obschon bei der Section der Geruch nach Cyan noch deutlich war.

b. Cyanwasserstoffsäure, Blausäure.

Zur Casuistik der Blausäurevergiftung führen wir an: A. Niemann (Henke's Ztschr. XLI. 2. 316. 1861), Fall absichtlicher Selbstvergiftung, wo das Gift im Magen und im Blute nachgewiesen wurde Lawrence Gill (Lancet, II. 17. Nov. 1861), und G. Corfe (Med. Times. 3 March 1866) ebenfalls Selbstintoxicationen; es gehören hieher auch die Vergiftungen durch Bittermandelöl.

c. Cyanmetalle.

Ein neuerdings von Moos in Heidelberg beobachteter günstig verlaufener Fall von Selbstvergiftung durch 2 Gr. Cyanquecksilber (Virch. Arch. XXXI. 1. 117. 1864) liefert auf's Neue einen Beleg dafür, dass dieses Gift — wenigstens in kleinen Dosen, wo nicht durch Zersetzung grössere Mengen Blausäure frei werden — nach Art der scharfen Quecksilbersalze, nicht der Blausäure giftig wirke, indem als Symptomatologie protrahirte Gastroenteritis mit Hämatemese und sanguinolenter Diarrhoe, wobei das Erbrechen oft mehrere Tage intermittirte, Anurie und später Albuminurie, ferner Salivation, endlich Epistaxis auftraten. — Cyankalium und Blausäure werden von Mastdarm und Magen nach Savory (Lancet, Mai 1866) mit gleicher Intensität resorbirt. — Die S. 713 gemachte Angabe, dass Casper die Blutkörperchen alterirt gefunden habe, ist irrthümlich; Casper führt die Blutkörperchen als intact an und bezeichnet nur die Blutfarbe als charakteristisch, nämlich als ganz ähnlich der bei Kohlenoxydvergiftung beobachteten.

Rob. Otto (Dtsch. Klin. 43. 1864) warnt, gestützt auf die Beobachtung einer Cyankaliumvergiftung, bei welcher die chemische Analyse Blausäure nachwies, ohne dass ein Bittermandelgeruch bemerklich wurde, vor der Annahme, dass mit dem Verschwundensein des Blausäuregeruchs die chemische Ermittlung keine Chance mehr habe.

12. Sulfocyanverbindungen (S. 723).

[Zusatz zu §. 487. S. 723.]

Nach Eulenberg tödtet Sulfocyanwasserstoff in Dampfform nicht so rasch, aber unter denselben Erscheinungen wie Chlorcyan und verändert die Blutfarbe in gleicher Weise; im Blute finden sich höchst geringe Mengen Cyan.

Sulfocyankalium und Sulfocyannatrium. — Bei der Wirkung dieser Stoffe scheint nach Versuchen von Podcopaew (Virch. Arch. XXXIII. 1. 505. 1865) der Gehalt von Kalium (vgl. unsre Zusätze zu diesem Metalle) massgebend. Bei Fröschen vergiftet Rhodankaliumlösung (119) von der Hinterpfote aus genau wie Chlorkalium; Rhodannatrium bedingt dagegen nach 5—10 Minuten allgemeinen Tetanus; Muskelspannung und Hyperästhesie nehmen nach einer Stunde ab. Rhodankalium, in die Vene bei Hunden injicirt, bedingt sofort Herzstillstand; Rhodannatrium (2 Grm. in 15 Cc.) steigert die Pulsfrequenz, die Versuchsthiere bleiben krank, schwankend, wie betäubt, mit verklebten Augen, trüber Cornea, am 2. Tage treten Zuckungen, am 4. Genesung ein.

Sulfocyanquecksilber. — Diese Substanz dient zur Darstellung der unter dem Namen Pharaoschlangen, Serpents de Pharaon, bekannten Spielzeuge, bei deren Anzünden sich Quecksilberdämpfe entwickeln können, welche für die Gesundheit nachtheilig sein können. Auch gab das Verschlucken eines solchen Serpent statt eines Bonbons Gelegenheit zur Vergiftung eines Kindes (Michel Peter in: L'Union med. 110. 1865), die unter gastritischen Symptomen mit Kälte und öfteren Frostschauern günstig verlief; die Behandlung bestand in Brechmitteln und Kalkwasser, durch welches letztere Peter eine Oxydulverbindung des Quecksilbers zu bilden versuchte.

13. Nitroglycerin.

[Zusatz zu §. 489. S. 724.]

Ueber das Nitroglycerin liegen aus neuester Zeit Versuche von Rud. Demme (Schw. Ztschr. f. Heilk. Bd. I. S. 186. 1864), J. F. H. Albers (D. Klin. No. 42. 1864), Jvar Onsum (Norsk. Magaz. H. I. p. 36. 1865) und H. Eulenberg (Berlin. klin. Wchschr. 24. 1865) vor. Demme prüfte das Nitroglycerin an sich selbst und an Kranken im Inselspital zu Bern, und nahm an sich nach 2—3 Tropfen einer Lösung von 1 Theil Nitroglycerin in 9 Theilen Alkohol Kratzen im Halse und auf der Zunge und Vermehrung der Speichelabsonderung, in wenigen Secunden Pulsbeschleunigung (um 10—12 Schläge), in einigen Minuten drückenden Kopfschmerz in der Stirngegend, Schwindel und Stummsein nach 5—10 Minuten wahr; nach 5—6 Tropfen rascheres Eintreten dieser Symptome und Ziehen und fibrilläres Zucken in den Masseteren, fibrilläres Zucken einzelner Muskelgruppen der Extremitäten. Verdauung und Diurese blieben normal. Albers gelangte nach seinen physiologischen und therapeutischen Versuchen zu folgenden Sätzen: das Nitroglycerin gehört zu den rasch wirkenden Giften, seine volle Wirkung entfaltet sich schon in 3—4 Minuten. Seine Wirkung am Frosche hält die Mitte zwischen der des Strychnin und Coffein. Bei warmblutigen Thieren hat es die Wirkung der Blausäure. Es afficirt vorzugsweise Gehirn und Rückenmark, weniger die vom Sympathicus versorgten Theile. Erstere erscheinen nach der vollen Wirkung des Giftes blutarm. Auch die Herzkammern sind etwas blutärmer und die Herzbewegung erlischt früher als nach natürlichem Tode. Nitroglycerin reizt mehr die Bewegung als die Empfindung; dass es wie das Strychnin andauernde Steigerung der Empfindlichkeit bewirkt, ist bis jetzt nicht bekannt. Onsum sah bei seinen übrigens mit nicht ganz reinem Nitroglycerin angestellten Versuchen bei Fröschen nach 5—6 Tropfen den heftigsten Tetanus, bei Kaninchen nach 20—30 Tropfen Betäubung, Narkose, Schwächung des Sehvermögens, nur zuweilen leichte Convulsionen und Tod unter tiefem Sopor nach 5—7 Std., und bei sich selbst nach 1 Tropfen schon nach 5 Minuten Schwindel und Schwäche des Sehvermögens, Kopfschmerz in der Stirngegend, brennendes Gefühl im Schlunde und Cardialgie, eine Stunde darauf durch zufälliges Verschlucken einer kleinen Quantität heftigen, klopfenden Kopfschmerz, Empfindlichkeit gegen Licht, Zittern im ganzen Körper, anfangs erhöhte Temperatur, später Kältegefühl, wahrnahm; bei Onsum endete die Intoxication mit einem 11 Std. ununterbrochen anhaltenden Schlafe. Eulenberg schliesst dagegen aus Thierversuchen, wonach 3 Tropfen in alcohol. Lösung innerlich bei Kaninchen die Fresslust aufhoben und etwas beschleunigtes Athmen bewirkten, 15—30 Tropfen subcutan keinerlei Störungen hervorbrachten, sowie aus Versuchen am eigenen Körper die Unwirksamkeit des Stoffes. Die Erscheinungen an dem ersten Kaninchen und leichte Kopfschmerzen, welche eine Versuchsperson nach 5 Tropfen bekam, hält Eulenberg irrigerweise bedingt durch in alkoholischer Nitroglycerinlösung erzeugtes salpetrigsaures Aethyloxyd. Da Eulenberg das nämliche Präparat anwendete, welches Albers zu seinen, das Nitroglycerin als Gift hinstellenden Versuchen benutzte, ist bei der leichten Zersetzbarkeit des Nitroglycerins in Glycerinsäure, Oxalsäure u. s. w. wol anzunehmen, dass Eulenberg mit zersetzten Präparaten gearbeitet hat, auch wirken 3 Tropfen Glooiin überhaupt nicht toxisch auf Kaninchen.

14. Nitrobenzin, Anilin und Anilinderivate (S. 724 u. 725).

[Zusätze zu §§. 490 u. 493. S. 723—724.]

Die ausgedehnte technische Verwendung des Anilins und der Anilinderivate (Fuchsin u. s. w.), daneben auch des zur Darstellung des Anilins dienenden Nitrobenzins, hat sowol zur Kenntniss einer Reihe chronischer und acuter Vergiftungsfälle beim Menschen als zu eingehenden toxikologischen Studien über einzelne dieser Stoffe geführt, deren detaillirte Mittheilung uns um so mehr obliegt, als die toxikologische Bedeutung der Substanzen im Zunehmen begriffen ist.

Seitdem B. Schuchardt (Virch. Arch. Bd. XX. H. 5. u. 6. 1861) durch umfassende Versuche die Giftigkeit des Anilins dargethan, ist dieselbe von den verschiedensten Seiten sowol durch Experimente an Thieren als durch zufällige Beobachtung von Intoxicationen bei Menschen bestätigt. Die ausgedehntesten Thierversuche stellten Ollivier und Bergeron (Brown-Séquard's Journ. de Physiol. 1863, Jul. p. 669) an. Nach ihnen genügen 3—4 Gramm Anilin, um einen mittelgrossen Hund in 2 Std. zu tödten. Zuerst tritt Speichelfluss ein, in 10 Min. wird das Thier ruhig und wie gelähmt, dann fängt es an zu zittern und dieses Zittern hält bis zum Tode an. Bald darauf treten convulsivische Erschütterungen ein, welche durch Leitung eines directen Stromes von mittlerer Stärke durch die Muskeln aufgehoben werden. Später schwankt das Thier und fällt auf die Seite, fortwährend zitternd; die Convulsionen nehmen an Zahl und Intensität ab; die Haut wird heiss, Herzschläge klein, irregulär, äusserst frequent; Respiration kurz, mühsam, Pupillen etwas erweitert, Augen thränend. Etwa 2 Std. nach der Vergiftung werden anfangs die Hinterbeine, später die vorderen kalt; die Herzschläge kaum zählbar. Die Sensibilität bleibt intact bis zum Tode, dem meist Glottiskrampf vorausgeht. Blutige Extravate in den Pleuren, Congestion der Lungen, Ueberfüllung des Herzens mit Blut finden sich in der Leiche. Das Blut ist sehr verändert; theerartig, braun, nicht coagulabel, sich selbst überlassen dichte Flocken in röthlichem Serum absetzend; mit Sauerstoff in Contact gebracht, färbt es sich nicht roth. Es riecht charakteristisch nach Anilin, welches man darin, wie im Gehirn, in den Muskeln und den Lungen chemisch nachweisen kann. Die Blutkörperchen erscheinen granulirt und haben theilweise ihr Hämatin verloren. Bringt man Anilin direct auf blossgelegte Muskeln, so wird deren Contractilität äusserst rasch vernichtet. Es wirkt somit wie Sulfocyankalium, und wie bei diesem findet man in dem getödteten Muskel die Querstreifung völlig geschwunden; die Muskelfasern erscheinen wie fettig degenerirt. Der Nerv bleibt intact und die Vergiftung der Muskeln geschieht durch Vermittelung des Blutes. Ebenso rasch wie auf die übrigen quergestreiften Muskeln wirkt das Anilin auf das Herz. Das Anilin tödtet durch Asphyxie, indem es das Blut unfähig macht, O aufzunehmen, nicht durch mechanisches Aufheben der Respiration. Auch Anilindämpfe können den Tod von Thieren herbeiführen. Mit diesen Untersuchungen stehen diejenigen von Prof. Sonnenkalb (Anilin und Anilinfarben in toxikologischer und medicinalpolizeilicher Beziehung. Leipzig, Otto Wigand. 1864) angestellten Untersuchungen insofern in Widerspruch, als er, wie Schuchardt, auch Anästhesie als zur Symptomenreihe der Anilinvergiftungen gehörig bezeichnet. Im Wesentlichen sind Sonnenkalb's Resultate mit den von Schuchardt angegebenen übereinstimmend: dass das Anilin zu den starken Giften gehört, und zwar zur Classe derjenigen, welche ihre Wirkung in den Centralorganen des Nervensystems, namentlich im Rückenmarke entfalten (Muskelzuckungen, klonische Krämpfe, Verminderung der Sensibilität, Lähmung, Beschleunigung der Respiration und der Herzthätigkeit); ferner, dass es Reizungszustände an denjenigen Theilen veranlasst, mit denen es in Berührung kommt (Schleimabsonderung in der Mundhöhle), und dass die Ausscheidung nicht durch den Urin, sondern durch die Athmungswerkzeuge vor sich geht. Die letztere Angabe scheint übrigens nach den neueren Untersuchungen von E. Bergmann in Dorpat (Prager Vierteljhrschr. H. IV. p. 108. 1865) nicht völlig richtig zu sein, indem es ihm gelang Anilin im Urin nachzuweisen. Als tödtliche Dosis gibt Bergmann für Kaninchen 1—1½ Gmm., für Hunde 5 Gmm. an. Mit Recht verwirft er auch die Angabe von Ollivier und Bergeron, es verhindere das Anilin die Blutgerinnung, unter Hinweis auf das mehrfache Vorkommen von Blutcoageln im Herzen und den grossen Gefässen.

Dass übrigens unsere deutschen Beobachter in Hinsicht auf die Beeinträchtigung der Sensibilität durch Anilin im Rechte sind, beweist die von Morell Mackenzie (Med. Times. March 8. 1862) mitgetheilte Vergiftung eines 16jährigen Burschen durch Anilindämpfe. Dieser wurde im Zustande completer Anästhesie in einem Anilinfasse gefunden, das er auszuwaschen im Begriffe stand. Als wesentliche Intoxicationsphänomene zeigten sich Kälte und Blässe der Körperoberfläche, bläulich-rothe Färbung der Lippen, Nasenschleimhaut, Gesicht und Nägel; langsamer, kaum fühlbarer Puls, schwacher Herzschlag; Kopfschmerz und Schwindel, nachdem er wieder zu sich gekommen war. Der Athem roch stark nach Anilin. Durch Excitantien erfolgte Genesung; grosse Schwäche persistirte noch einige Tage. Gleichzeitig gedenkt Mackenzie nach Fletcher einer Intoxication durch verschlucktes Anilin, die als rauschähnlicher Zustand ohne Convulsionen verlief. Knagges (Med. Times. June 7. 1862) erzählt einen Fall, wo durch das Zerbrechen eines mit Anilin gefüllten Fasses ein Arbeiter mit Anilin überschüttet wurde, und ohne etwas davon in den Mund zu bekommen, während des Abwischens desselben von seinen Kleidern in der Weise erkrankte, dass anfangs Mattigkeit und Schwindel, später livide Hautfärbung und Dyspnoe sich einstellten, ohne dass Trübung des Bewusstseins und Convulsionen bemerkt wurden; auch hier war der Puls klein und unregelmässig, die Haut kalt und eine Behandlung mit Brandy führte zur Genesung. Auffällig war, dass Sinapismen in mehreren Stunden keine Hautröthung bewirkten. Ein

Fall von Daendliker (Jahresber. des Cant. Zürich 1862. p. 118) betrifft einen Chemiker, der sich mit Anilinfarbenbereitung beschäftigte, die Vergiftung war bewirkt durch das Zerspringen einer etwa ein Pfund haltenden Flasche. Patient war in bewusstlosem Zustande auf seinem Bette gefunden worden, auch bei ihm war Cyanose, aber keine Convulsion vorhanden. Etwas auffällig ist in diesem Falle das Zurückbleiben lästigen Druckgefühles im Kopfe, das erst nach wenigen Wochen durch Zinkacetat beseitigt wurde. Die eigenthümliche blaue Färbung der Haut hat übrigens auch Turnbull (Bouchard. Annal. de Thérap. 1863), der das schwefelsaure Anilin therapeutisch gegen Chorea mit Nutzen versucht haben will, bei seinen Patienten beobachtet und auf Rechnung einer Oxydation des Anilins im Organismus gebracht. — Sonnenkalb sah in einer Leipziger Anilinfabrik, so lange das Anilinroth in offenen Kesseln aus dem Anilin dargestellt wurde, Erkrankungszufälle, bestehend in todtenähnlicher bläulicher Färbung des Gesichtes, blaugrau gefärbten Lippen, blasser Beschaffenheit des Zahnfleisches, Kältegefühl, Kopfschmerz und Schwindel, lähmungsartiger Schwäche in den Unterschenkeln, besonders in den Kniegelenken.

An diese acuten Vergiftungen mit Anilin reihen sich Beobachtungen von chronischen in Fabriken, welche sich mit der Darstellung von Anilinfarben beschäftigen. Es werden aus dem Anilin bekanntlich eine grosse Menge von Farbstoffen dargestellt: 1) violette, wie Anilein, Indisin, Anilinviolett, Violin, Harmalin, Phenaman, 2) rothe, welche die verschiedensten Abstufungen von dem sattesten Carmin bis zum zartesten Rosa zeigen und als Fuchsin, Solferino, Azalein, Anilinroth, Rosein, Malvenfarbe, Magenta im Handel vorkommen, 3) blauer Farbstoff (Anilinblau, Pariserblau), 4) brauner Farbstoff, aus welchem die verschiedenartigen Havannafarben dargestellt werden, und 5) ein grüner Farbstoff. Von diesen Farbstoffen sind bisher Fuchsin und Anilinblau in 2 Sorten von Sonnenkalb und Charvet toxikologisch geprüft worden und als völlig ungiftig befunden. Es scheint daher, da die betreffenden chronischen Intoxicationen zum Theil in Fabriken vorkommen, wo nur Fuchsin bereitet wurde, letzteres völlig unschuldig zu sein und nur in den Stoffen, aus welchen dasselbe bereitet wird, die Ursache der Erkrankung zu suchen sein. Es sind dies das Anilin selbst und hauptsächlich arsenige und Arsensäuren, in einzelnen Fällen vielleicht auch Quecksilbersalze. Auf eines oder das andere möchten die Ekzeme zurückzuführen sein, welche das Tragen mit Fuchsin gefärbter Unterjacken nach Friedrich hervorrufen soll, wenn sie nicht ganz zufällig sind. Auf die Arsensäure führt Th. Clemens (Deutsche Klinik. 17. 1866) eine Phlegmone der Hand mit nachfolgender, durch dreimonatliche elektrische Behandlung beseitigter Gefühls- und Bewegungslähmung derselben zurück, als deren Ausgangspunkt sich eine kleine Hautwunde am Finger herausstellte, welche beim Nähen in längeren Contact mit Seidenfäden kam, die mit nicht arsenfreiem Fuchsin gefärbt waren, wobei als besondere, die Diagnose auf Arsenintoxication begründende Erscheinung die eigenthümliche, im Verlaufe der Affection anhaltende Trockenheit der Handfläche hervorgehoben wird.

Wahrscheinlich auf freies Anilin als Beimengung zu Rosanilin, wenn auch solches chemisch nicht nachgewiesen werden konnte, ist eine von Bergmann in Dorpat (a. a. O.) beschriebene Vergiftung eines Färbermeisters mittelst eines guten Schluckes Magenta-Roth zu beziehen, welche in 3 Tagen günstig verlief und sich besonders durch die cyanotischen Erscheinungen, wie man sie bei Anilin- und Nitrobenzinvergiftungen beobachtet, die kühle Hauttemperatur bei einem Pulse von 120—140 Schlägen, Kopfschmerz und Schlafsucht, vorübergehende Zuckungen in den Extremitäten und mühsame Respiration charakterisirte. Für die Diagnose war nicht ohne Interesse die dunkelviolette Färbung der Lippen, Mundhöhle und Zunge, ferner des Erbrochenen und der Fäces, so wie das deutliche Auftreten eines rothen Farbstoffes im Urin. Das genommene Magenta-Roth war eine concentrirte Lösung in Alkohol mit Zusatz von etwas Eisenvitriol, die verschluckte Quantität, zu 30 Gmm. berechnet, entsprach nach chemischer Untersuchung des Restes 2½ Gmm. des trockenen Farbstoffes, in welchem keine Spur arseniger Säure vorhanden war. Dieser Farbstoff, welcher mehr violett und in Wasser viel weniger löslich war als Rosanilin, wirkte auch bei Thieren toxisch und zwar in ganz ähnlicher Weise wie Anilin, während aus Dresden bezogenes Rosanilin und dessen Verbindungen mit Salz- und Essigsäure, selbst bei directer Injection in das Blut ungiftig wirkten. Es ist daher, wenn man nicht annehmen will, dass es giftige und ungiftige Anilinfarben gebe, die in Frage stehende acute Vergiftung wol zu den Anilinvergiftungen zu zählen.

Die ausgedehntesten Erfahrungen über chronische Intoxication bei Arbeitern in Anilinfarbenfabriken sammelte Henri Charvet (Ann. d'hyg. publ. Oct. 1863. p. 281) in einer Fuchsinfabrik zu Pierre-Bonite (Rhône). Dieselben charakterisirten sich durch folgende Störungen: 1) Störungen von Seiten der Haut. In sehr vielen und namentlich den leichteren Fällen traten im Anfange papulöse, vesiculöse, pustulöse Hautausschläge, selbst Furunkeln auf, und zwar Eruptionen sehr verschiedener Art an der nämlichen Körperstelle. Sie heilten schnell, wenn der Kranke der schädlichen Atmosphäre entzogen wurde. Fast immer gingen sie anderen Zufällen voraus und waren bei den im Hôtel Dieu zu Lyon behandelten Kranken meist verschwunden oder im Abheilen. Sie riefen keine Allgemeinerscheinungen hervor, da sie sich meist auf Hände und Füsse beschränkten und wenig schmerzten. Immer schwanden sie selbst ohne Behandlung in einigen Tagen oder Wochen, meist waren sie mit mehr oder minder beträchtlichem Oedem verbunden, das sich auf die befallenen Parthien beschränkte und nach beseitigtem Ausschlag häufig noch einige Zeit persistirte. 2) Störungen der Verdauungsorgane, meist in Durst, Verstopfung, anfangs etwas Diarrhoe, leichter Dyspepsie mit etwas Gastralgie, Ructus, Nausea, selbst Vomitus, bisweilen in heftiger Kolik bestehend. 3) Störungen der Innervation, bei weitem die auffallendsten Krankheitserscheinungen. Als Motilitätsstörung ist hervorzuheben mehr oder weniger bedeutende Muskelschwäche, welche immer von den äussersten Spitzen der Gliedmassen begann und stets gleichzeitig untere und obere ergriff, die Füsse und Hände vorwaltend afficirend und sich auf Vorderarm und Unterschenkel, nie weiter höher hinauf ausbreitend. Die Parese betraf die ganze Musculatur der Füsse, Hände u. s. w., welche übrigens ihre elektrische Reizbarkeit behielt. Sehr selten wurde fibrilläre Zuckung beobachtet. Das Volum der Muskeln nahm bei länger bestehender Lähmung ab; mit ihrer Energie erlangten dieselben aber gleichzeitig stets ihren normalen Umfang wieder. Viel complicirter waren die Störungen der Sensibilität. Gewöhnlich wurde die Paralyse von Anästhesie begleitet, die ebenfalls stets unvollkommen war, von den Spitzen der Extremitäten ausging und an diesen ihre grösste Intensität erreichte. Bei einigen Patienten war sie mit Hyperästhesie verbunden. Nicht selten klagten Patienten über lästige Formication, Brennen, Constrictionsgefühl, häufig über Schmerzen, welche sich Nachts nicht verschlimmerten und auf bestimmte Punkte der Extremitäten nicht zurückführbar waren. Einige Male beobachtete Charvet Ohrensausen, Amblyopie, bisweilen im Anfange der Erkrankung mässigen Kopfschmerz. Ausser den Störungen der Haut, des Tractus und der Innervation, welche coexistiren, aber auch für sich auftreten und verlaufen konnten, sah Charvet in zwei Fällen

Conjunctivitis, sowie bei mehreren Patienten Blepharitis subacuta; ausserdem etwas Husten, sonst keine erheblichen Respirationsstörungen. (Nach den Beobachtungen des Fabrikarztes Dr. Dupuy sind übrigens die Arbeiter in der betreffenden Fabrik chronischen Entzündungen der Athemwege sehr ausgesetzt und wenn sie an Bronchitis erkranken, löst sich die Entzündung nicht von selbst, sondern wird chronisch und recidivirt oft. Viele Arbeiter leiden an habituellem Husten, und diejenigen, welche in Contact mit dicken Dämpfen von Anilin oder Nitrobenzin arbeiten, bedecken des Hustenreizes wegen Mund und Nase.) Circulationsstörungen fehlen meist; im Beginne der Affection ist der Puls eine Zeit lang frequent. Harnwege und Urin sind stets normal. Die Dauer der Krankheit ist, wenn sie sich auf Hautausschläge beschränkt, 1—2—3 Wochen; die nervösen Symptome dauern meist 2—3 Monate und häufig besteht noch länger ein Schwächezustand. Von Charvet wurden 11 Fälle beobachtet, die sämmtlich günstig verliefen, unter symptomatischer Behandlung.

Den von Charvet mitgetheilten Erfahrungen Dupuy's und zum Theil Charvet's eignen entsprechen solche von Kreuser in Stuttgart, Stadeler in Marburg und Rörig in Wildungen. Sie beobachteten bei Arbeitern in Anilinfabriken intensive Bronchitis, durch starken trockenen Keuchhusten charakterisirt, gleichzeitig Geschwüre an Beinen und Scrotum, von runder Form, scharf abgegrenzt, oft mit callösen Rändern, mit dicken schwärzlichen Krusten bedeckt, während die Umgebung geschwollen und schmerzhaft war. Gehörige Ventilation beseitigte fernere Erkrankungen.

Ein Fall von E. Friedrich (Dtsch. Klinik. 47. 1863) ist in manchen Beziehungen abweichend. Er betrifft einen Gehülfen in einer Drogueriehandlung, welcher nach dem 2 Monate lang fortgesetzten Einathmen von Anilinfarbenstaub bei dem Verpacken derselben erkrankte. Die betreffenden Farben werden als Bleu de Lyon, Bleu de Lumière, Fuchsin No. 1. und 2. und Violet Fuchsin bezeichnet und die Verstäubung bei Verpackung derselben erforderte häufig Schutz des Mundes mittelst Handtuches. Bei dem Patienten, welcher früher an Scorbut mit nachfolgendem Morb. Bright. gelitten hatte, begann die Krankheit mit allgemeiner Abgeschlagenheit, Lungenkatarrh, Ohnmachten, Schmerz im Hinterkopf und allgemeinen Erscheinungen. Dann folgten sich der Reihe nach Schmerzen in der Nierengegend, Anschwellung der Schleimhaut im Munde, des Zahnfleisches und der Zunge, sowie Stumpfsein der Zähne (nicht eigentlicher Ptyalismus), endlich Pupillenerweiterung und klonische Krämpfe der Extremitäten und der Gesichtsmuskeln. Erst nach Verlauf mehrerer Wochen endete das Leiden unter kritischen Erscheinungen (Harnsediment, plötzliches Sinken des Pulses) und in der Reconvalescenz ging das Kopfhaar verloren.

Dies sind die Thatsachen in Bezug auf die Erkrankung der Arbeiter in den Anilinfabriken, an deren Erklärung sich besonders Charvet, Friedrich und Sonnenkalb versucht hatten. Charvet betont mit Recht, dass es sich um eine chronische Vergiftung handelt, deren Entstehung nur auf Stoffe, welche sich im Organismus anhäufen und nicht rasch eliminirt werden, bezogen werden darf. Von den zur Bereitung des Fuchsins dienenden Stoffen ist das Benzin, das trotz seiner vielfachen technischen Anwendung nie ähnliche Erkrankungen hervorrief, von vorne herein verdachtfrei.

Nach Charvet's Versuchen rufen Dämpfe von Nitrobenzin (10 Gramm) bei einem Hunde in 1½ Std. incomplete Anästhesie, etwas Schlaf und Dyspnoe hervor. 5 Gramm innerlich bewirken alsbald Spasmus glottidis und Dyspnoe und unvollkommene Lähmung der Hinterbeine; nach ½ Std. schwanden in Folge starken Erbrechens alle Erscheinungen. Diese nebst Anästhesie der Hinterbeine traten in höherem Grade nach 10 Gramm auf, doch vermochte selbst die weitere Gabe von 8 Gramm das Thier nicht zu tödten. In dem nach der Vergiftung getödteten Thiere zeigten Herz, Magen, Urin und alle Körperhöhlen den charakteristischen Geruch nach Nitrobenzin; Entzündung fand sich nirgends. Das schnelle Auftreten desselben im Urin beweist seine rasche Elimination und Ungeeignetsein zu chronischer Vergiftung. Vom Anilin gilt dasselbe. Niemals konnte Charvet durch wiederholte kleine Dosen, subcutan applicirt, chronische Vergiftung herbeiführen. Eine blaue Färbung der Lippen und Zunge sah Charvet niemals auftreten. Das Fuchsin ist ungiftig und wird rasch durch den Urin, der einige Stunden lang eine rothe Färbung annimmt, eliminirt. Hieraus erhellt, dass nur die Arsenverbindungen die Ursache der Erkrankungen in Pierre-Bonite sind, um so mehr als sich dieselben niemals zeigten, so lange Quecksilberpräparate zur Darstellung des Anilinroths in der Fabrik verwendet wurden. Dass das Krankheitsbild dem Arsenicismus chronicus gleicht, steht fest. Nur die Katarrhe der Anilinarbeiter können Folge von Anilindampf sein; hierzu tragen aber auch vielleicht die Nitrobenzindämpfe bei, welche bei Charvet selbst Husten und Prickeln im Halse hervorriefen. Hier kommen indess auch nach unserer Ansicht die Dämpfe der Untersalpetersäure in Betracht, welche sich bei Darstellung des Nitrobenzins aus Benzin mittelst Salpetersäure reichlich entwickeln.

Friedrich hält in dem von ihm beschriebenen Falle die Nierenschmerzen für Reste des alten Morbus Brightii und fasst Stomatitis und Gingivitis als Symptome eines Mercurialismus in Folge von Verstäuben der zur Bereitung der Anilinfarben benutzten und nicht entfernten Quecksilbersalze auf (obschon allerdings nicht sicher erwiesen war, dass Mercursalze den Farben beigemengt waren); die klonischen Krämpfe betrachtet er, auf Schuchardt's Versuche hinweisend, als Symptome einer Anilinvergiftung. Hiergegen ist jedoch zu erinnern, dass in den betreffenden Farben das Anilin als solches nicht mehr vorhanden ist und dass in den beim Menschen vorgekommenen Anilinvergiftungen niemals Krämpfe beobachtet sind; wir möchten deshalb mit Sonnenkalb diese eben so wie die Gingivitis und Stomatitis nebst dem Defluvium capillorum auf metallische Vergiftung beziehen.

Mehrere der im Vorstehenden genannten Experimentatoren haben neben dem Anilin auch das Nitrobenzin berücksichtigt, dessen Giftigkeit durch Thierversuche von Casper und Bacchetti längst festgestellt, auch für den Menschen durch englische Beobachtung lethaler Vergiftungen erwiesen ist. Mackenzie berührt einen Fall, wo ein junger Mensch, der durch einen Heber etwas Nitrobenzin in den Mund eingezogen, in 12 Std. starb, nachdem sich einige Zeit nach der Vergiftung Somnolenz und stets zunehmender Stupor entwickelt hatte; Convulsionen und Erbrechen fehlten. Sonnenkalb erwähnt nach Streeter (Med. Times. Dcbr. 16. 1854) die Vergiftung eines Kindes durch nach Nitrobenzin riechenden Sago. Letheby (Brit. and for. med. chir. rev. Octbr. 1863) spricht von zwei Todesfällen, deren einer mit dem Mackenzie's identisch ist. Letheby hat hieran verschiedene Thierversuche mit Nitrobenzin und Anilin geknüpft, deren Resultate er folgendermassen formulirt: Anilin und Nitrobenzin in reinem Zustande wirken als energisch narkotische Gifte. Sie üben sehr geringe locale irritirende Wirkung auf Magen und Darm aus. Bisweilen wirken sie sehr rasch und tödten rapid, doch kann das Nitrobenzin auch längere Zeit im Organismus verweilen, ehe es wirkt. Anilinsalze sind nicht so giftig wie das reine Anilin. Erfolgt der Tod frühzeitig, so kann man Anilin und Nitrobenzin im Organismus nachweisen, tritt er später ein, so ist dies in Folge chemischer Alteration oder Elimination nicht mehr möglich. Die beiden Gifte scheinen sich im

Körper durch Oxydation und Reduction zu verändern, indem sich das Nitrobenzin in Anilin verwandelt (?) und indem das Anilin und die Anilinsalze in die als Malvenfarbe oder Magentafarbe bezeichnete Substanz übergehen. Diese Sätze sind indess keineswegs unbestritten und namentlich ist die Verwandlung von Nitrobenzin in Anilin sowol von Bergmann (a. a. O.) als von Paul Guttmann (Reichert's Arch. H. II. p. 196. 1866) nicht bestätigt worden. Nach Ollivier und Bergeron (Journ. de la Physiol. 455. 1863) findet sich das Nitrobenzin im Blute, sogar in Tröpfchen, wieder, daneben aber auch Anilin, aber wenig, und besonders in Leber und Milz, nach Verabreichung grösserer Mengen auch in den Nieren und in den Lungen, wobei die Verfasser sich davon überzeugten, dass ihr Nitrobenzin anilinfrei war; im Urin und im Athem wurden beide Körper gefunden, im ersteren auch noch Pikrinsäure. Als tödtliche Gabe fanden Ollivier und Bergeron 2 — 6 Grm. für Meerschweinchen, 10 Grm. für einen Hund, der sonst 2 — 3 Grm. täglich verträgt. Die Vergiftungserscheinungen bezeichnen sie als denen der Anilinvergiftung ähnlich, nur treten statt der Convulsionen Schauder auf, Blut, Muskeln, Herz, Nerven werden nicht afficirt. Auch überzeugten sich die Verfasser von der giftigen Wirkung der Nitrobenzindämpfe. Nach Bergmann schwankt die Dosis lethalis zwischen 4½—7 Grm. Nitrobenzin. Dasselbe wirkt betäubend, erzeugt Schwindel und Somnolenz und führt in grossen Dosen zu einem comatösen Zustande. Die Pupillen sind erweitert, die Beweglichkeit herabgesetzt, ebenso Puls, Respiration und Temperatur gesunken. Krämpfe treten nicht auf. Die ersten Erscheinungen zeigen sich sehr spät, es sei denn, dass sehr grosse Dosen applicirt wurden; der Sopor entwickelt und steigert sich allmählig, dauert Tage lang und geht unmittelbar in den Tod über. Oertliche Reizungserscheinungen fehlen ganz. Der späte Eintritt der Wirkungen erklärt sich nach Bergmann aus der langsamen Resorption des Nitrobenzins, indem nach Gaben von weniger als 2½ Grm. noch 3 Tage später am Magen Tropfen desselben vorhanden sind. Letzterer Umstand wird übrigens von Guttmann entschieden bestritten, nach dessen Untersuchung schon 25 Min. nach der subcutanen Injection von Nitrobenzin das Carotisblut das Gift nachweislich enthält und die Parese und Narkose schon in 1—2 Std. bei Warmblütern sich zeigen. Eine bemerkliche Abnahme der Respiration und Herzaction hat Guttmann nicht constatirt und stimmt im Uebrigen mit Bergmann überein. Bei Fröschen bewirkt das Gift zuerst Mattigkeit, dann Stillstand der Respiration und schliesslich vollständige Lähmung, welche die elektrische Prüfung der Nerven und Muskeln als auf einer Einwirkung des Giftes auf die Nervencentra erweist. Im Lähmungsstadium cessirt die Reflexbewegung ganz, Herzthätigkeit und Kreislauf bleiben intact. Die Wirkung des Giftes zeigt sich sehr langsam, und bis zu vollständiger Lähmung vergehen sowol bei subcutaner als bei innerer Application 1 — 2 Std.; sehr intensiv wirkt verdampfendes Nitrobenzin, wo ein einziger Tropfen genügt Frösche in 3—4 Std. zu tödten. Völlige Erholung der Frösche tritt niemals ein.

Von besonderem Interesse sind dann noch zwei Vergiftungen durch Nitrobenzin aus neuester Zeit, welche Dr. Schenk in Graudenz und Dr. Müller in Varel (Vierteljhrschr. f. ger. Medicin. H. II. p. 324. 1866) mittheilen. In beiden Fällen war das Nitrobenzin innerlich genommen, das eine Mal von einem schwangeren Mädchen, das sich mit Bittermandelöl vergiften wollte und statt dessen Mirbanessenz erhielt, das andere Mal aus Naschhaftigkeit. In Schenk's Falle war der Ausgang, obschon 2 Drachm. genommen waren, günstig und ohne Einfluss auf die Gravidität, in Müller's Falle führte ein Theelöffel voll Nitrobenzin den Tod in 27 Std. herbei. Beide Male zeigte sich die auffallende Lividität der Haut, ähnlich wie sie bei Anilinvergiftung beobachtet wird, erhöhte Pulsfrequenz, erschwerte Respiration, völlige Bewusstlosigkeit, Trismus, Pupillenerweiterung, jedoch in verschiedenem Grade und starker Geruch des Athems nach bitteren Mandeln, ausserdem tonische Krämpfe der Flexoren. Erbrechen zeigte sich nur in Schenk's Falle und trug wol zum günstigen Ausgange bei. Das in beiden Fällen entleerte Aderlassblut gerann langsam und roch nicht nach bitteren Mandeln.

15. Acidum picronitricum, Pikrinsäure (S. 726).

[Zusatz zu §. 495. S. 726.]

Dr. W. Erb (die Pikrinsäure, ihre physiologischen und therapeutischen Wirkungen. Würzburg, Stahel. 1865) fand, dass pikrinsaure Alkalien, in grösseren Dosen verabreicht, ausser dem künstlichen Ikterus die Zerstörung eines grossen Theils der rothen Blutkörperchen und consecutive Vermehrung der farblosen (künstliche Leukocythose) bewirkten. Kleinere Dosen werden von Thieren selbst längere Zeit gut vertragen und setzen nur anfangs das Körpergewicht herab; Temperatursteigerung findet nicht statt. Grössere Dosen (bei Kaninchen 3—4 Gr. pro die) verursachen nach längerem Gebrauche den Tod unter den Erscheinungen der Inanition; sehr grosse Gaben rufen einen von der Destruction des Blutes wahrscheinlich bedingten Collapsus hervor, der rasch mit Tod endigt; post mortem finden sich Hämorrhagien der Nieren und geringe Affection der Magendarmschleimhaut. Die Pikrinsäure imbibirt fast alle Organe und wird grösstentheils durch den Harn wieder ausgeschieden. Kräftige, nicht fiebernde Erwachsene vertragen die pikrinsauren Alkalien in der Dosis von 9—15 Gr. selbst längere Zeit sehr gut; bei Kindern und schwachen, fiebernden Personen ist der Gebrauch nur mit Vorsicht statthaft.

16. Acidum oxalicum, Oxalsäure (S. 727).

[Zusatz zu §§. 496—502. S. 727—734.]

Zur Casuistik der Vergiftung mit Oxalsäure heben wir hervor: Rich. Ellis (Lancet, II. 10. Sept. 1864), in dessen Fall (Selbstmord) die Wiederherstellung nach 1 Unze Oxalsäure bei angemessener Behandlung erfolgte, und Bathurst Woodman (Med. Times. Oct. 3. 1864), eine Genesung nach ½ Unze betreffend, welcher Fall sich durch das länger als 1 Woche fortgesetzte massenhafte Auftreten von oxalsaurem Kalk im Urin auszeichnet. Eine eigenthümliche sehr schmerzhafte Erkrankung der Hände durch Oxalsäure bei einem Menschen, der Metall mit Oxalsäure geputzt hatte, wobei die Hände geschwollen, blauroth, der Gangrän nahe, die Nägel bläulich waren, und der Kranke fieberte, beschreibt Wilks (Guy's Hosp. Rep. 297. 1861).

J. Onsum (Virch. Arch. XXVIII. 233. 1863) glaubt, die Oxalsäurewirkung in eine Obturation der Lungenarterien setzen zu müssen, bedingt durch Bildung von Kalkoxalat im Blute, welches er in krystallinischer Form neben Faserstoffgerinnseln in der Lungenarterie von Thieren gefunden haben will. M. Cyon (Reichert's Arch. 2. 196. 1866) zeigte dagegen, dass es sich um ein Herzgift handle, und dass die Wirkung der Oxalsäure bedeutend abgeschwächt wird, wenn man den Kalkgehalt des Blutes durch Einspritzung von Kalksalzen zuvor erhöht.

Oxalsäure und Weinsäure bedingen nach Munk und Leyden (Berl. klin. Wchschr. 50. u. 51. 1864) fettige Degenerationen, worauf natürlich die toxische Wirkung grosser Dosen nicht zurückzuführen ist.

17. Acidum butyricum, Buttersäure.

Buttersäure, zu 5—10 Tr. in Wasser gelöst und Kaninchen in das Blut injicirt, bewirkt nach O. Weber (Dtsch. Klinik. 50. 1864) sehr heftige Krämpfe, Kothabgang, beschleunigte Respiration, Mydriasis, Temperaturabnahme und Tod; dabei wird nur sehr mässige Darmaffection beobachtet.

18. Gemenge giftiger Substanzen, entstanden durch trockene Destillation organischer Substanzen (S. 740).

[Zusatz zu §§. 510—515.]

a. Kreosot.

Lähmungserscheinungen, zuerst der hinteren Extremitäten, und in einem lethalen Falle auch Convulsionen, bei Katzen nach äusserlicher Application von Kreosot aufgetreten, erwähnt Falke (Schmidt's Jahrbücher, CXXVII. 110. 1865).

b. Petroleum.

Bei den Versuchen von H. Eulenberg (dessen Monographie p. 517) blieben Kaninchen, stundenlang dem gereinigten und ungereinigten Petroleum (Gemenge von Butylwasserstoff, Amylwasserstoff u. a. dem Sumpfgas homologen Kohlenwasserstoffen) exponirt, gesund. Dagegen wirkt das rohe Petroleum aus Canada, ausgezeichnet durch den Reichthum an geschwefelten Kohlenwasserstoffen, und dessen erstes Destillat, das unreine Canadol, giftig; ebenso Canadische Petroleum-Essenz, welche letztere schon in 15 Min. Tetanus und Tod bewirkt. Bei der Rectification von Petroleum beschäftigte Arbeiter sah Eulenberg oft asphyktisch nach vorausgegangenem Schwindel, Ohrensausen, Convulsionen werden; die Lippen sind bläulich, die Gesichtsfarbe bleich; nach Erholung an frischer Luft klagen sie über Geruch und Geschmack nach der Essenz. Es harmonirt damit auch die Beschreibung eines Falles von Intoxication bei zwei Arbeitern in einem Petroleumbehälter zu Wien, welchen R. Weinberger (Wien. Med. Halle. IV. 40. 1863) beschrieben hat und wovon die eine durch eine nach glücklicher Beseitigung des asphyktischen Zustandes sich entwickelnde Pneumonie ausgezeichnet ist, doch ist dabei nicht angegeben, um welche Art Petroleum es sich handelte.

Mehrere Fälle von Vergiftung durch verschlucktes Petroleum liegen aus neuerer Zeit vor. So erzählt Eulenberg von einem Arbeiter, der nach einem Weinglas heftiges Erbrechen und leichten Schwindel bekam; in einem Falle von Th. Clemens (Dtsch. Klinik. 1. 1865) fehlte Erbrechen ganz und zeigten sich nur Eingenommensein des Kopfes, Herzklopfen, Schwindel und Angst bei kleinem, beschleunigtem Pulse. Grosse Angst, Gefühl von Constriction gegen das Zwerchfell hin bei trockner, kühler Haut, contrahirten Pupillen, beschleunigter Respiration und hartem, auf 60 Schläge gesunkenem Pulse waren die Erscheinungen bei einem von Mayer in Antwerpen beobachteten (Journ. de la soc. méd. d'Anvers. Fevr. 1865), mit 15 Centiliter vergifteten Manne. Der Petroleumgeruch der Ructus und des Erbrochenen (Mayer, Clemens), so wie des Urins (Clemens; Veilchengeruch nach Mayer, der im letzten Falle zwei Tage anhielt), der Geschmack nach Kienholz, welcher in Clemens' Falle zwei Tage persistirte, können die Diagnose des, wie es scheint, nicht sehr gefährlichen Leidens sichern. Ueber einen auf Anstiften eines Arztes zu Brescia vorgekommenen Giftmordsversuch mit Petroleum vgl. Journ. de Chim med. Novbr. 1866.

c. Kerosolen (Keroform).

Dies durch Destillation von Steinkohlen erhaltene Product Amerikanischer Fabriken, eine farblose, flüchtige Flüssigkeit von 0,634 spec. Gew. und schwachem chloroformähnlichen Geruche, sehr brennbar, im unreinen Zustande noch etwas sog. Kerosolenöl enthaltend, wirkt nach Cutter (Amer. med. Times. N. S. III. 6. Aug. 10. 1861, Schmidt's Jahrb. CXIV. 292. 1862) auf die Haut reizend, jedoch weniger als Chloroform und bedingt inhalirt zu ½ Unze halbstündige Anästhesie bei blassem Gesicht und wenig veränderter Respiration und Circulation. — Bei Arbeitern in Kerosolenfabriken kommt nach B. H. Allen (vgl. Ann. d'hyg. 2. sér. XIX. 217. 1863) eine Bazin's Acne varioliforme nahestehende eigenthümliche Hautkrankheit vor, in Form von schubweise auftretenden Papeln, die in 1—2 Tagen in phlyzazische Pusteln sich umwandeln, nach deren Verheilung eine Narbe wie bei Variola, jedoch minder deutlich, zurückbleibt; die zuerst auf Hand und Vorderarm beschränkte Affection ergreift später auch die bedeckten Körpertheile und lässt nur Gesicht und Schädel intact; ihre Dauer beträgt mehrere Monate.

Zweite Abtheilung.

Vergiftung mit unorganischen Stoffen.

A. Vergiftung durch Metalloide, Ametalle.

1. Wasserstoff, Hydrogenium (S. 745).

[Zusatz zu §. 520. S. 745.]

Dass der Wasserstoff nicht zu den positiv schädlichen Gasen gehört, bestätigt H. Eulenberg (D. Lehre v. d. gift. u. schädl. Gasen, p. 15), gestützt auf Versuche an Kaninchen, bei welchen, wie dies früher auch Regnault und Reiset beobachteten, sich anfangs die Zahl der Inspirationen steigerte, und an sich selbst, wo die Einathmung von wenigstens 2 Liter reinen Wasserstoffs ohne Wirkung blieb. Eulenberg's Angabe, dass die Farbe des Blutes durch eingeleiteten Wasserstoff nicht verändert werde, ist auf kurz fortgesetztes Einleiten zu beziehen, indem bei genügender Berührung mit arteriellem Blute dasselbe sich dunkler färbt (L. Hermann).

2. Sauerstoff, Oxygenium (S. 746).

[Zusatz zu §. 521. S. 746.]

Den Einfluss ozonisirter Luft auf Thiere (Frösche, Mäuse, Sperlinge und Kaninchen) studirte W. W. Ireland (Edinb. med. journ. Febr. 1863), indem er letztere in einem Gemenge von atmosphärischer Luft und Ozon, aus übermangansaurem Kali erhalten, eine bis mehrere Stunden verweilen liess. Ueberall zeigte sich beschleunigte Respiration und starke Excitation, später Erschöpfung, bisweilen Convulsionen, niemals comatöser Zustand. In einer reinen Atmosphäre erholten sich die Thiere schnell, selbst nach mehrstündigem Aufenthalte in ozonisirter Luft, einige starben mehrere Stunden nach dem Versuche. Das Blut war coagulabel und weder in ihm noch in anderen Körpertheilen Ozon nachweisbar.

3. Schwefelwasserstoff, Hydrogenium sulfuratum (S. 747).

[Zusatz zu §§. 523—532. S. 747—756.]

Ausser dem gewöhnlichen Schwefelwasserstoff existirt noch eine als Doppelschwefelwasserstoff oder Wasserstoffsupersulfid zu bezeichnende tropfbarflüssige, gelbe, ölartige, widerlich riechende, Nasen und Augen heftig angreifende Verbindung S^2H, welche sich bei Vermischung von mehrfach Schwefelcalcium mit Salzsäure, und auch bei Behandlung der aus dem Petroleum von Boghead, Braunkohle u. s. w. gewonnenen Rohöle mit Natronlauge und später mit Schwefelsäure bilden soll. Dieser bisher nicht geprüfte Stoff tödtet nach Eulenberg (a. a. O. p. 160) zu 20 Tropfen verdunstet ein starkes Kaninchen nach heftigen Contractionen, starker Mydriasis und Asphyxie. Die Hornhaut sieht wie angefressen aus; die Lungen sind hellroth und das Herz strotzt von flockigem, rothbraunem, an der Luft gerinnendem und sich intensiv röthendem Blute; die Blutkörperchen sind intact. Es scheint somit S^2H, in Dunstform übergehend, nicht vermöge Spaltung in S und SH, durch letzteres zu wirken.

Die auf den gewöhnlichen Schwefelwasserstoff bezüglichen neueren Arbeiten betreffen meist Versuche an Thieren, um über verschiedene theoretische Streitfragen in's Klare zu kommen. Nur in Eulenberg's Monographie der schädlichen Gase, wo sich auch eine gute Darlegung der Bildung der Schwindgrubengase u. s. w. findet, ist durch die Mittheilung des Sectionsberichtes von drei in solchen verunglückten Abtrittsfegern zu Cöln ein Beitrag zur Wirkung des Gases auf Menschen geliefert; es ist in diesem Sectionsberichte bemerkenswerth die stark ausgeprägte Leichenstarre (entgegen den Angaben von Fouquet) bei geringem Fäulnissgrade, die blassgrüne Färbung des Gesichtes, die Cyanose der Lippen, Ohren und Nägel, die graugrünliche Färbung der Corticalsubstanz des Gehirns, das dintenschwarze Blut, und (entgegen den Angaben von Casper) starke Blutanhäufung im rechten Herzen und in den grossen Gefässen. Von besonderem Interesse ist eine der asphyktischen Form angehörige Intoxication, wo nach der Wiederbelebung erschwertes Athmen, Druck im Kopfe und Mattigkeit zurückblieben und der Tod am dritten Tage in Folge einer Ruptur im Sinus quartus erfolgte. Leichte Schwefelwasserstoffintoxication, durch Aufstossen wie von faulen Eiern, Uebelsein, Erbrechen und Kopfschmerz charakterisirt, soll nach Eulenberg durch Färben mit Ultramarin hervorgerufen werden.

Falck und Amelung (D. Klin. 39. 40. 41. 1864. 17. 18. 21. 25. 27. 29. 31. 33. 1865) haben grössere Versuchsreihen mit Schwefelwasserstoff an den verschiedensten Thierclassen (Fischen, Fröschen, Tauben, Kaninchen und Hunden) angestellt. Hiernach sterben Fische in Wasser, dem auf 1000 Ccm. 5 Ccm. gesättigtes Schwefelwasserstoffwasser zugesetzt sind, unter Athembeschwerden und Paralyse, bei grösseren Mengen des letztern (25—50 Ccm.) nach vorausgegangenem Tetanus; das Herz ist nach dem Tode mit Blut überfüllt. Nach Einspritzung von Schwefelwasserstoffwasser in den After findet Elimination des Gases durch die Kiemen schon nach 35 Sec. und bis zum Tode statt. Frösche starben in einer Schwefelwasserstoffatmosphäre nach vorausgegangener Excitation und Paralyse asphyktisch, wahrscheinlich durch Einwirkung auf das verlängerte Mark, nicht allein in Folge von Alteration des grünlichschwarz erscheinenden Blutes; das Herz wird sowol bei diesen Versuchen als nach Injection unter die Schenkelhaut gelähmt, durch letztere nicht vollständig. Froschherzen sterben im Schwefelwasserstoffwasser rascher als in gewöhnlichem Wasser. Bei Tauben bewirkt zu ⅘ gesättigtes Schwefelwasserstoffwasser, zu 10 Ccm. in den Kropf gebracht, den Tod, nicht aber halbgesättigtes; ganz gesättigt tödtet es schon zu 3 Ccm.; Exhalation des Gases durch die Lungen beginnt nach 15—50 Secunden und hält bisweilen 7—10 Min. an; als Symptome zeigen sich Respirationsstörungen und Adynamie, post mortem dunkle Hyperämie an Leber, Herz, Lungen und Nieren, minder constant an Darm und Hirn. Die Giftigkeit wächst proportional der Sättigung des Wassers. Kaninchen sterben erst durch 6 Ccm. gesättigtes Schweffelwasserstoffwasser, per os oder per anum applicirt; Exhalation fand stets nach Einführung von mehr als 1¼ Ccm. statt, etwa nach 1 Min. beginnend, und wenn die Thiere genasen, 6—8 Min. anhaltend. In einem Falle fand auch Ausscheidung des Gases durch den Urin statt. Die Symptome waren Athemstörungen und Convulsionen, oft Tetanus und Mydriasis, Zunahme der Respirationen bei kleineren, plötzliche Abnahme bei grossen Gaben. Hunde starben in Schwefelwasserstoffbädern proportional der einwirkenden Menge des Gases, der Dauer der Einwirkung und der Grösse der exponirten Oberfläche, stets vor 10 Min. nach Unruhe und Dyspnoe und zeigten post mortem Erstickungsphänomene, Exhalation durch die Lungen fand bei Einwirkung von Gas in stärkerer Spannung statt. Kleinere und meist auch grössere Quanta gesättigtes Schwefelwasserstoffwasser steigerten die Respirationsfrequenz, Tetanus und spastische Emissio urinae fand nach 50 Ccm. in einem Falle statt. Junge Hunde exhaliren SH schon nach mindestens 1¼ Ccm., erwachsene nach 32—50 (Application in das Rectum) und nach 20—40 Ccm. (per os), bei Application in den Magen nach 53—60 Sec., in das Rectum nach 1¼ bis 3¼ Min. Direct in die Venen gespritzt bewirkt schon ¼ Ccm. bei jungen Hunden stärkere Athemfrequenz, 1 Ccm. Asthma, 1¼ Ccm. Tetanus mit nachfolgender allgemeiner Erschlaffung und Sistiren des Athems, 3 Ccm. sofort Athemhäsitation und allgemeine Paralyse; bei grossen Hunden wirken wie letztere 5 Ccm. Gasexhalation folgt nach 4—5 Sec., bald sistirend. In die Arterien injicirt bewirken schon 2¼ Ccm. bei grossen Hunden sofort tiefe und schnaubende Respiration, Tetanus, Apnoe und Ptyalismus, 5 Ccm. ausserdem tiefes Coma. 20 Ccm. coupiren die Respiration in 15 Sec. und tödten durch allgemeine Lähmung, wovon das Herz zuletzt ergriffen wird. Exhalation erfolgt nach 10—15 Sec. und dauert ¼ bis 2 Min. — Ausserdem prüften Falck und Amelung auch Schwefelwasserstoffwasser an Menschen. 100 Gr. Ccm. einer Mischung von gleichen Theilen gesättigtem Schwefelwasserstoffwasser und Brunnenwasser, innerlich genommen, bewirkten Exhalation, dagegen nicht 145 Ccm. per clysma, noch auch gesättigtes Schwefelwasserstoffwasser zu 50 Ccm. in beiden Applicationsweisen. Das genannte Gemenge bewirkt per os Uebelkeit, Erbrechen und Herzbeklemmung, per anum Stuhldrang und Kollern im Leibe.

Demarquay (Comtes rend. LX. p. 724. 1864) hat 14 Experimente an Kaninchen angestellt, denen er Schwefelwasserstoff in das Unterhautbindegewebe des Abdomens oder Rücken, in das Peritoneum oder in das Rectum injicirte. Er fand, dass die Quantität des Gases nicht stets in gleichem Verhältnisse zu der Schnelligkeit des Eintrittes des Todes stehe, so dass 3—4 Mal kleinere Dosen oft den Tod gleich rapide herbeiführen. In allen lethalen Fällen trat das Ende in 1¼—10 Min., am häufigsten nach 3 Min. ein. Die Elimination des Gases durch die Bronchien geschah durchschnittlich schon nach 25 Secunden. Bei rascher Eröffnung der Respirationswege der rapide zu Grunde gegangenen Thiere findet sich die Mucosa des Kehlkopfes, der Luftröhren und der Bronchien in einem Zustande der Turgescenz, bei längerer Dauer des Experimentes eine ausgesprochene Entzündung der Trachea und der Bronchien. Die

Blutkörperchen fand Demarquay nicht verändert; das mit einem Schwefelwasserstoffstrome behandelte Blut ausserhalb des Körpers bräunlich und der Fähigkeit beraubt, sich durch Sauerstoff zu röthen. In einem Falle gelang es ihm, eine chronische, unter Symptomen der Septicämie auftretende Intoxication zu veranlassen.

O. Weber (D. Klinik. No. 50. 1864) experimentirte bei Gelegenheit einer umfassenderen Versuchsreihe mit putriden Stoffen auch mit Schwefelwasserstoff, und fand, dass die Injection von $\frac{1}{2}$ Drachme gesättigtem Schwefelwasserstoffwasser Kaninchen und Katzen sofort unter Opisthotonos und Krämpfen der Augenmuskeln tödtet. Bei der Section ergab sich fleckige Hyperämie in verschiedenen Organen. Stark verdünnte Lösungen, z. B. $\frac{10}{8}$ Tropfen Schwefelwasserstoffwasser mit 2 Drachmen Wasser verdünnt, bewirkten ebenfalls Opisthotonos und später Tod; doch wurden auch grössere Dosen, selbst $\frac{30}{8}$ Tropfen in 2 Drachmen Wasser, von einzelnen Thieren ertragen. Constant waren überall Darmaffectionen von leichter Diarrhoe an bis zu intensiver croupöser Entzündung, welche mit der septischen Darmaffection grosse Aehnlichkeit hatte. Die Injectionswunden sah Weber sich phlegmonös entzünden und ihre Umgebung bisweilen necrosiren; die Temperatur in den ersten Stunden fand er merklich erhöht.

H. Eulenberg's (a. a. O. 260) Versuche mit Schwefelwasserstoff in Gasform bringen im Allgemeinen nur Bestätigungen bekannter Facta, z. B. der Giftigkeit des Gases bei Zuleitung in den Mastdarm und die stattfindende Elimination durch die Lungen. In einer $\frac{1}{14000}$ Vol. Th. Schwefelwasserstoff enthaltenden Atmosphäre starb eine Taube in 4 Min., bei 1000 Vol. Th. Kaninchen und junge Hunde in 1 Min., junge Katzen in 2 Min. Als lethale Dosis für grosse Katzen ergibt sich $\frac{1}{500}$, für grosse Hunde $\frac{1}{400}$ Vol. Th. Durch häufigere Application scheint die Empfänglichkeit abzunehmen. Directe Zuleitung soll nach Eulenberg plötzlich durch Herzlähmung wirken können. Bei der Section fand Eulenberg das Blut stets dunkelroth bis dunkelbraun, an der Luft noch dunkler werdend, was er aus der erst allmählig zu Stande kommenden Einwirkung des Schwefelwasserstoffgases auf das Eisen der Blutkörperchen erklären will, wahrscheinlich aber auf die Wirkung der Sauerstoffverbindungen des Schwefels zu beziehen ist. Durch Aspiration lässt sich Schwefelwasserstoff dem damit imprägnirten Blute nur theilweise wieder entziehen. Die Blutkörperchen will Eulenberg stets auch in ganz frischem Blute zackig und zerrissen gefunden haben. Oft fand Eulenberg Emphysem der Lungen. Mit Schwefelwasserstoff imprägnirtes Blut nimmt mit 50—75 Theilen Wasser verdünnt eine schwarzgrüne Färbung an und zeigt einen hellgrünen Schaum.

Die Einwirkung des Schwefelwasserstoffgases auf den Blutfarbstoff ist besonders von Hoppe-Seyler (Hübner's Ztschr. f. Chem. 514. 1865, Med.-chem. Untersuchungen H. 1. p. 151. 1866) und von S. Kaufmann und J. Rosenthal (Reichert's Arch. H. 6. p. 659. 1865) studirt worden. Sauerstofffreie Hämoglobinlösungen werden durch Schwefelwasserstoff nicht oder doch erst nach mehreren Tagen verändert, ebenso mit Aetzammoniak versetzte Lösungen. Bei der Einwirkung auf Oxyhämoglobin wird zunächst der lose gebundene Sauerstoff (auch in der ammoniakalischen Lösung) getrennt, und zwar in der Wärme früher als in der Kälte. In der neutralen Lösung zeigt sich daneben eine zweite Veränderung, die sich schon sehr deutlich in der noch dunkelrothen Lösung durch das Auftreten eines Absorptionsstreifens im Roth zwischen C und D (61—80 der Scale) in der Gegend von 67—72 zu erkennen gibt. Dieser Streifen ist seiner Stellung nach weder auf Hämatin, wie Kaufmann und Rosenthal irrig angeben, noch auf Methämoglobin zu beziehen, sondern auf einen neuen Körper, wie besonders das Verhalten gegen Ammoniak und Schwefelammonium zeigt. Bei weiterer Einwirkung von Schwefelwasserstoff bildet sich eine in dünneren Schichten olivengrüne, in dicken braunrothe Substanz, unter Abscheidung von Schwefels und Albuminstoffen. Die getrocknete Substanz fand Hoppe-Seyler von demselben Eisengehalte und einem vierfach grösseren Schwefelgehalte wie das Hämoglobin. Hoppe hat aus seinen Versuchen geschlossen, dass SH nur im arteriellen System wirke, dass die Niederschläge von Schwefel durch Verstopfung der Capillaren schädlich werden können und dass bei der Oxydation des Schwefelwasserstoffs auch das Hämoglobin allmählig zerstört werde.

Kaufmann und Rosenthal (a. a. O.) haben an ihre ebengedachten Studien noch weitere Thierversuche geknüpft. Sie fanden bei Fröschen, welche Schwefelwasserstoff ausgesetzt wurden, im Wesentlichen die von Falck ermittelten Erscheinungen, in specie die des Herzens. Muskeln und Nerven sind mechanisch elektrisch reizbar; die Blutkörperchen verändern ihre Form nicht, haben aber deutlich grüne Färbung und der Spectralapparat zeigt den Streifen des sauerstofffreien Hämoglobins. Die energischste Wirkung erhält man, wenn man Frösche in ein Glas setzt, auf dessen Boden etwas Schwefelwasserstoffwasser gegossen wurde; hier sind Eingeweide und Blut ausnehmend verfärbt und das Spectrum des Blutes zeigt keinen Hämatinstreifen mehr; die Muskeln der eingetauchten Parthien verlieren ihre Erregbarkeit. Die Abnahme der Zahl und Stärke der Herzcontractionen tritt schon ein, wenn keine Spur von Missfärbung des Blutes (an der Schwimmhaut zu beobachten) vorhanden ist; an dem stillstehenden Herzen bewirken mechanische Reize keine Zusammenziehung mehr; zu einer vollständigen Lähmung der herzbewegenden Apparate kommt es auch bei der intensivsten Einwirkung des Gases nicht. Froschmuskeln, einem Strom von Schwefelwasserstoff ausgesetzt, werden in 25 Min. todtenstarr, sehen schmutziggrün aus und reagiren stark sauer; die Erregbarkeit sinkt anfangs langsam, dann ganz plötzlich auf Null. Bei Kaninchen bedingt die Inhalation von kleinen Gasmengen (1 Ccm.) nur Erkrankung von einigen Minuten Dauer, etwas grössere Menge den Tod. Verstärkung der Athemzüge, bis zur heftigsten Dyspnoe gesteigert, Seltner- und Schwächerwerden der Herzbewegungen, dann Abschwächung der Respiration, Erweiterung der anfangs verengten Pupille, allgemeine Convulsionen, Aufhören des Athmens, allgemeines Muskelzittern sind die Krankheitserscheinungen; sobald Convulsionen und Mydriasis eingetreten, ist nur durch künstliche Respiration Rettung; nach Eintritt des Muskelzitterns keine. Aehnlich sind die Symptome nach Injection von Schwefelwasserstoffwasser; als absolut lethal scheinen bei Injection in die Bauchhöhle 5 Ccm., in die Venen 3 Ccm. zu betrachten zu sein. Injection von 10 Ccm. in die Vene tödtet Hunde unter gleichen Symptomen. Elimination des Gases durch die Lungen findet stets statt und fällt meist mit dem Eintritte der Convulsionen zusammen und hört bei Aussetzen der Athmung auf; erholt sich das Thier und recidiviren die Convulsionen, wie das meist der Fall ist, so tritt auch wieder Elimination ein. Die Wirkung auf das Herz wurde am blossgelegten Herzen des Kaninchens studirt: kleinere Dosen bewirkten vorübergehende Verlangsamung, bisweilen Stillstand für wenige Secunden, grössere dauernden Stillstand und 5 Ccm. in die Vene gespritzt sofortigen Stillstand in der Diastole; nach Durchschneidung beider Vagi wirken kleine Dosen gar nicht auf das Herz, grössere genau in derselben Weise wie bei erhaltenen Vagis. Hieraus schliessen Kaufmann und Rosenthal, dass Schwefelwasserstoff auf das Herz in doppelter Weise wirke und zwar einmal durch die Vagi (bei kleinen Dosen) und zweitens auf das Herz unmittelbar (vorzugsweise bei grösseren Dosen). Zu denselben

Schlüssen führten Untersuchungen an Hunden mit dem Ludwig'schen Kymographion, wobei auch die Einwirkung auf die Athmung (Dyspnoe, ausgeprägt durch Verstärkung der respiratorischen Schwankungen der Blutdruckscurven, Convulsionen und unregelmässige Steigerung des Blutdrucks, Cessiren der Respiration und continuirliches Steigen des Blutdrucks, Wiederbeginn der Athmung und Knick der Curve; bei Eintritt des Todes nach den ersten dyspnoetischen Schwankungen rapides Absinken des Blutdrucks) sich deutlich zeigte, welche Kaufmann und Rosenthal als anfängliche starke Erregung des Centralorgans der Athembewegung und spätere, bei kleineren Dosen vorübergehende, bei grösseren tödtliche Lähmung bezeichnen. Curare stört die Wirkung von Schwefelwasserstoff auf das Herz nicht. Allmählig eingeathmet, können von Thieren grosse Dosen Schwefelwasserstoff ertragen werden (in einem Falle — Kaninchen — nahezu 40 Cm. Schwefelwasserstoff in 20 Min.), während ½—1 Cm. auf einmal geathmet, zuweilen schon tödten. — Bei der Section findet sich nichts Specifisches; die auffallende Leere des arteriellen und Fülle des venösen Systems erklärt sich aus der Herzlähmung, die kleinen Ekchymosen in die Lungen und das lobuläre Emphysem aus der Dyspnoe; das Blut ist stets sehr dunkel, zeigt aber keine mikroskopische Veränderung der Blutkörperchen. Die Aenderung der Farbe beruht nicht auf Bildung von Schwefeleisen und das Wesen der ganzen Intoxication mit Schwefelwasserstoff muss auf Sauerstoffentziehung (Erstickung) zurückgeführt werden. Die Theorie Cl. Bernard's und Hoppe's, dass Schwefelwasserstaff nur im arteriellen Blute wirke, weisen Kaufmann und Rosenthal zurück, da auch im venösen Blute hinreichend Sauerstoff zur Zersetzung des Schwefelwasserstoffs vorhanden sei; auch konnten sie nie Gefässverstopfung durch präcipitirten Schwefel finden.

Hoppe-Seyler wendet dagegen gegen die Theorie von Kaufmann und Rosenthal, dass das Wesen der Schwefelwasserstoffvergiftung Sauerstoffentziehung sei, den Umstand ein, dass sich nach dem Tode noch hinlänglich Sauerstoff im Blute findet, und dass der Tod auch bei Vergiftung in einer Atmosphäre eintritt, welche das Doppelte des Sauerstoffvolumens enthält, das zur Oxydation des zur Intoxication verwendeten Schwefelwasserstoffes genügt. Bei einem derartigen Versuche war das Blut kaum so dunkel wie Venenblut, röthete sich an der Luft und zeigte im Spectrum das Verhalten normalen Blutes. Zur Entscheidung der Frage, ob Thrombosen wirklich bei der Schwefelwasserstoffvergiftung in Frage kommen, weist Hoppe auf Controlversuche mit Schwefelammonium hin, welches dem Blute Sauerstoff entzieht, aber keine Schwefelabscheidung bewirkt. Solche Versuche, welche im Allgemeinen gegen Hoppe's Ansicht sprechen, liegen übrigens schon aus älterer Zeit (von Fabius), als aus neuester Zeit von O. Weber und Eulenberg vor. O. Weber (D. Klinik 50. 1864) spritzte Schwefelammoniumlösung in verschiedenen Concentrationen in die Venen, und fand, dass eine Drachme einen Hund tödtete, während 20 Tropfen von Hund und Katze vertragen wurden und Kaninchen nach 11 Tropfen zu Grunde gingen. Die Symptome waren bei grösseren Dosen constant Krämpfe, die nur bei kleineren Dosen fehlten, beschleunigte Respiration, Erbrechen, Kothabgang. Nach wiederholter Injection kam es zu einem intensiven, jedoch nicht croupösen Darmkatarrh mit nicht so beträchtlicher Hyperämie wie bei putrider Infection. — H. Eulenberg (dessen Monographie p. 393) sah bei Thieren nach Zuleitung des durch Erhitzen von Schwefelammonium sich entwickelnden Gases dieselben Erscheinungen wie bei Schwefelwasserstoff bei Lebzeiten sowol als post mortem.

4. Schweflige Säure, Acidum sulfurosum (S. 756).

[Zusatz zu §§. 533—535. S. 756—758.]

Eulenberg's Versuche (dessen Monographie, p. 222) an Kaninchen, Fröschen und Katzen treten der Angabe Mulder's und v. Baumhauer's, dass das schwefligsaure Gas erst in 20—30 Min. ohne Erscheinungen augenblicklich drohender Erstickungsgefahr und ohne Convulsionen tödte, insofern entgegen, als bei allen Säugethieren (nicht bei den Fröschen) der Tod viel früher (in 1½, 2, 8 und 11 Min.), und nach voraufgegangenen Convulsionen, (die bei Katzen sich fast nur auf die Muskeln des Thorax und des Bauches beschränkten) und Athemnoth bei unregelmässiger beschleunigter Respiration erfolgte. Als charakteristische Zeichen post mortem fand Eulenberg schmutzig braunrothe Farbe des Blutes, ödematöse Beschaffenheit des Lungenparenchyms und schmutzig braunrothe Färbung der Bronchien und der Trachea; das Blut ist dickflüssig und zum grossen Theil geronnen, selbst wenn die Section sogleich nach erfolgtem Tode gemacht wird.

5. Schwefelsäure, Acidum sulfuricum (S. 758.)

[Zusatz zu §§. 536—542. S. 758—773.]

Zur Casuistik der Schwefelsäureintoxication nennen wir die Fälle von Ad. Niemann (Henke's Ztschr. 316. 1861), eine tödtliche Vergiftung eines Kindes durch Lecken an den Fingern, die es in Schwefelsäure getaucht hatte, eine in 24 Std. tödtlich verlaufene Vergiftung eines Kindes durch Acid. sulf. dilutum und eine in 3 Mon. lethal endende chronische Magendarmentzündung betreffend; einen Fall von Rutherford Haldane (Edinb. med. journ. Febr. 1862), 14 Fälle von Smoler (Wien. Med. Halle, 30. 1863), 5 Fälle aus der Frerichs'schen Klinik von E. Mannkopf (Wien. med. Wchschr. 35—39. 41. 43. 51. 1862. 5. 1863), darunter 4 mit Oleum (einer nicht immer vorschriftsmässig bereiteten Dilution im Verhältnisse von 1 : 5) und einer mit Acidum sulfuricum concentratum, letzterer günstig verlaufen, während 2 der ersteren (durch 1¼ Unzen und ½—¾ Unzen) lethal, die beiden anderen (durch ½—1 Unze) günstig endeten, und einen Fall von Morel-Lavallée (Gaz. des hôp. 143. 1863), durch das Ausbrechen einer dem Oesophagus ähnlichen Röhre ausgezeichnet; sowie endlich von Munk und Leyden (Berl. klin. Wchschr. 50. 51. 1865) zur Bestätigung ihrer Ansicht mitgetheilte drei Fälle, dass Albuminurie ein wesentliches Symptom des Sulfoxysmus sei.

Als neues Symptom des Sulfoxysmus erscheint die Neuralgia intercostalis, welche Mannkopf unter 5 Fällen 3 mal, und zwar 2 mal beiderseitig, 1 mal einseitig, in einem Falle mit Abdominalneuralgie gepaart, beobachtete, mehrere Tage nach der Vergiftung (4, 7 und sogar 22 Tage) auftretend und äusserst hartnäckig. Die zuerst von Munk und Leyden constatirte Albuminurie, welche Smoler unter 14 Fällen nur 1 mal fand, scheint nach Mannkopf relativ häufiger zu sein, indem er sie in seinen Fällen 3 mal beobachtete, und zwar schon in dem ersten nach der Intoxication entleerten Urin, in 2 Fällen am 2. und 3. Tage verschwindend, dagegen einmal vom 9. Tage bis zum Tode, in einem andern vom 22. bis 36 Tage wieder auftretend, in letzterem Falle einmal mit Hämaturie verbunden. — In den neuen Fällen von Munk und Leyden waren Eiweiss und Blut, Fibrincylinder und zahlreiche zellige Elemente im Harn; im dritten Falle zeigten sich directe Zeichen entzündlicher Reizung der Nieren. Als ein singuläres Phänomen notirt Mannkopf Parotitis suppurativa.

Ueber das Verhalten des Blutes gibt Mannkopf an, dass es bei Lebzeiten alkalisch reagire; 2 Tage nach dem Tode fand er es neutral, später nach dem

Fäulnissprocesse sauer. Im Harn fand Mannkopf sehr rasch nach der Vergiftung eine sehr erhebliche Zunahme der Schwefelsäure, an Alkalien und selbst an Kalkerde gebunden, in Folge davon auch Zunahme des spec. Gew., jedoch nicht im Verhältnisse zu der eingeführten grossen Menge Säure, da ja die Resorptionsverhältnisse durch die localen Verätzungen erheblich alterirt sind, sowie ferner, ohne entsprechende Vermehrung des Harnstoffs, schon am 2. Tage Dichtigkeit und Schwefelsäuregehalt des Harns bedeutend sanken und am 3. normale Verhältnisse eintraten.

In Bezug auf den Leichenbefund bei Sulfoxysmus dürfte hervorzuheben sein, dass in einzelnen Fällen die Säure auch durch den Pylorus in den Dünndarm gelangen und dort Gewebsveränderungen bewirken kann (Haldane, Niemann), unter Umständen sogar circumscripte Enteritis in Ileum und Colon (Mannkopf), und dass durchaus nicht selten Pneumonie dem Leiden sich zugesellt, wie dies Smoler in 14 Fällen 6 mal (bei 4 lethalen und 2 Genesungsfällen) beobachtete. Von besonderem Interesse sind die fettigen Degenerationen verschiedener Gewebe des Körpers, die, wie sie bei Phosphor, Kohlenoxyd u. a. Giften beobachtet sind, auch der Schwefelsäure angehören und sich bald an der Leber (Fettleber in einem Falle von Mannkopf), bald in den Nieren, wo Mannkopf u. A. parenchymatöse Entzündung constatirten, bald in den Muskeln (Verfettung der Musculatur des Herzens in einem Falle bei E. Wagner, Die Fettmetamorphose des Herzfleisches, Leipz. 1864, im ersten Bande der Leipziger medicinischen Verhandlungen). Wir gedenken hier der Experimente von Munk und Leyden mit verschiedenen Säuren (Schwefelsäure, Salpetersäure, Arsensäure, Phosphorsäure, Weinsäure, Oxalsäure und Gallensäuren), welche ihnen zeigten, dass dieselben die Fähigkeit besitzen, die Blutkörperchen aufzulösen und dass nach dem Einbringen in den Organismus sich fettige Degenerationen in fast allen Fällen einstellen. Hieraus schliessen Munk und Leyden auf einen Zusammenhang zwischen der Auflösungsfähigkeit der Blutkörperchen und der Fettentartung bei Vergiftungen, die auf eine Nutritionsstörung zurückzuführen sei, worauf sie auch den Collapsus, den kleinen Puls, die Temperaturabnahme, die Abgeschlagenheit und den Sopor (Ernährungsstörung des Gehirns) beziehen. Da aber Stoffe, wie Pikrinsäure, welche starke Alteration der Blutkörperchen und Zerfall bedingen, nicht Fettentartung produciren (Erb), andererseits letztere auch bei Kohlenoxyd auftritt, welches Blutkörperchen nicht auflöst: so ist auf die Auflösung der Blutkörperchen bezüglich des Verfettungsprocesses weniger Gewicht zu legen, wenn wir auch der Ansicht, dass es sich um Nutritionsstörungen handelt, uns anschliessen müssen. Die Deutung der Temperaturabnahme und der Herzschwächung in der angegebenen Weise scheint unzulässig, da eine Wirkung auf die Nervi vagi nach den Versuchen von Bobrik (Königsb. med. Jahrb. IV, 1. 95) unter den unorganischen Säuren der Schwefel- und Salpetersäure zukommt.

Hinsichtlich der Einwirkung verschiedener Verdünnungsstufen der Schwefelsäure auf den Thierkörper und seine Gewebe liegt eine grössere Reihe von Versuchen von Falck und Vietor (D. Klin. 1—32. 1864) vor, wobei eine concentrirte Schwefelsäure von 1,837 Grm. und 10 Verdünnungen mit 10, 20, 30, 40, 50, 60, 70, 80, 90 und 95 Gewichtstheilen Wasser benutzt wurden. Versuche über die Temperaturerhöhung bei der Mischung von Schwefelsäure und Wasser bewiesen, dass beim Einbringen sehr verdünnter Schwefelsäure im Magen keine oder doch nicht eine zur Eiweisscoagulation genügende Wärmemenge frei wird. Schwefelsäureverdünnungen von mehr als 1,125 spec. Gew. bilden rasch in Eiweiss weisse, im Ueberschusse des Fällungsmittels wieder verschwindende Ausscheidungen, verdünntere nur langsam. Im geschlagenen Ochsenblute bewirken alle Dilutionen Schwärzung des Hämatins und Eiweissfällung; der Faserstoff wird bei Verdünnungen mit 5—60 Theilen Wasser in 24 Stunden nicht verändert, mit 40 Th. zu einem klaren etwas gelblichen Fluidum gelöst, mit 20 Th. erst gelb, dann grüngelb, hierauf braun gefärbt und endlich in eine leimartig gequollene, bei auffallendem Lichte grau, bei durchfallendem roth erscheinende Masse verwandelt; die ähnliche durch conc. Säure erhaltene Masse ist bernsteinfarben. Muskelfleisch wird von conc. Säure nicht sehr rasch gelöst, und zwar nach zuvorigem geleeartigen Aufquellen zu trüber rothbrauner Flüssigkeit; Verdünnungen mit 10 und 20 Th. Wasser lösen es schneller, noch rascher solche mit 30 und 40, diese zu einer Eiterjauche ähnlichen Masse, mit 50 und 60 Th. verdünnte färbt das Fleisch erst weiss, zerfällt es dann durch Lösung des Bindegewebes in 24 Std. in einen Haufen fleischfarbener Trümmer und zerstört nach längerem Stehen die Muskelfasern, das Ganze in einen röthlich grauen Brei auflösend. Verdünnungen mit 70 Th. Wasser und mehr färben Fleisch unmittelbar durch Eiweissgerinnung weiss und verändern allmählig, und zwar je rascher, je concentrirter sie sind, das Bindegewebe. Die Häute des Schweinemagens (Serosa, Muscularis und Mucosa) werden von concentrirten Säurestufen bei gewöhnlicher Temperatur aufgelöst, und zwar am raschesten von einer Verdünnung mit 40 Th. Wasser, durch schwächere weiss gefärbt, sonst aber in 24 Stunden nicht verändert. Injectionen von Verdünnungen mit 80, 90 und 95 Th. in die Vena jugularis tödten Hunde von 14—10 Kgm. Schwere, doch bewirken 10 Ccm. der ersteren Dilution nicht sofortiges Absterben. Störungen der Resp., schliesslich Asphyxie, bisweilen Tetanus und Anästhesie bei Lebzeiten, Blutgerinnung in der V. jugularis, Cav. sup., dem Herzen und den Lungengefässen, Embolie in den Gefässen des Unterleibs, Verätzung des Endocards im Herzen, ekchymotische Flecken und stärkere Hämorrhagien auf den Schleimhäuten von Magen und Darm post mortem, sind die Symptome; bei den schwächsten Säurestufen ist Thrombose und Verätzung nicht so ausgedehnt. Injectionen von 10 Ccm. verschieden verdünnter Säure in die Kröpfe von Tauben bewirken stets Dyspnoe, Sinken der Temp., Adynamie und schliesslich Spasmen und Paralyse, die der niedersten Stufen auch Brechen und Diarrhoe. Kaninchen starben nach Injection in den Magen in 33 Min. bis 13 Std., im Magen fanden sich selbst nach Anwendung der schwächsten Säuren kleine submucöse Blutaustritte, durch die Schwefelsäure schwarz gefärbt, und schwarze Contenta, die oberen Parthien des Dünndarms zeigten meist Corrosion oder Injection, die Nieren Hyperämie, Magenperforation fand sich in der Hälfte aller Versuche, Brechbewegungen und Diarrhoe fehlten, dagegen traten überall Respirationsstörungen, Schmerzen, unmittelbar vor dem Tode Anästhesie, die am spätesten die Kopfnerven betraf, auf. Der Zustand der Pupille war inconstant.

Bei perversen Gährungsprocessen, wie solche bisweisen nach Sulfoxysmus hervortreten, bewährte sich auf Frerichs Klinik das Benzin trefflich (Naunyn in: Reichert's Arch. H. 5. p. 637. 1865).

Die S. 770 ausführlich motivirte Schwierigkeit resp. Unmöglichkeit des Nachweises concentrirter Schwefelsäure oder anderer ätzenden Säuren bestätigt A. Buchner unter Mittheilung mehrerer ihm in praxi vorgekommener Fälle (Friedreich's Blätter f. ger. Med. H. 3. S. 187. 1866).

6. Verbindungen von Selen und Tellur (S. 773).

[Zusatz zu §. 543. S. 773.]

Vohl und Eulenberg (dessen Monographie, p. 454) bestätigten an sich selbst die irritirende Einwirkung des Selenwasserstoffs auf Nasen- und Bronchialschleimhaut; äusserst geringe Quantitäten verursachten heftiges Niesen und 14- resp. 2tägigen Schnupfen und Husten, die bei Vohl erst nach Entleerung rothgefärbter, selenhaltiger Partikelchen cessirten. Bei Kaninchen sah Eulenberg Abträufeln röthlich gefärbten Schleimes aus der Nase, Schliessen der Augen, Convulsionen, Dyspnoe und Tod in 26 Min., bei Tauben sofortige Dyspnoe und Tod in 7 Min.; post mortem ist die ganze Respirationsschleimhaut und das Lungenparenchyen intensiv geröthet durch fest ab- und eingelagertes Selen, das Blut geronnen und dunkel, nach Vohl selenhaltig. Antidotarisch empfiehlt Eulenberg Wasserdampf- und Schwefelkohlenstoffinhalation, weil in letzterem Selen sich löst. Tellurwasserstoff ist nach Eulenberg (a. a. O. p. 463) minder giftig, wirkt in 4 Std. nicht nennenswerth auf Kaninchen, und reizt nur die Nasenschleimhaut; der Nasenausfluss ist durch reducirtes Tellur ebenso wie Haare und Schnauze schwarz.

7. Chlor, Chlorum (S. 774).

[Zusatz zu §§. 544—550. S. 774—778.]

H. Eulenberg (dessen Monogr. p. 208) fand, dass 1% Chlorgas zur Tödtung von Kaninchen genügt und bestätigt die Angabe von Hasselt und Mulder, dass der Tod nicht Folge des Verschlusses der Stimmritze ist. Bei längerer Einwirkung von Chlor kommt es zu vollständiger Lungenhepatisation, seltener ist Trachealcroup; das Blut ist dickflüssig, bisweilen durch Eiweissgerinnung feinkörnig, dunkelbraunroth bis schwärzlichroth, klebrig; in den Respirationswegen findet sich feinblasiger Schaum von den feinsten Bronchien bis in den Larynx, die Lunge ist braunroth, schwarzgefleckt, die Hornhaut trübe, weiss. Bei Lebzeiten zeigt sich anfangs Schleimhautreizung, später verlangsamte und erschwerte Respiration und leichte Krämpfe.

8. Chlorwasserstoffsäure, Salzsäure, Acidum hydrochloratum (S. 778).

[Zusatz zu §§. 551 und 552. S. 778—782.]

Casuistisches Material zur Salzsäurevergiftung lieferten: F. Köppen (Arch. d. Pharm. 23. Juli 1861), die durch Verwechslung mit Zuckerwasser bewirkte lethale Intoxication eines Säuglings, wo gelbe Färbung der Speiseröhre auf Acidum nitricum hindeutete, die Analyse aber Salzsäurevergiftung nachwies, und Smoler (Wien. Med. Halle, 31. 1863), eine günstig verlaufene Vergiftung durch nicht sehr concentrirte Salzsäure betreffend.

9. Jod, Jodine, Jodum und Jodkalium, Kalium jodatum (S. 782).

[Zusatz zu §§. 553—560. S. 782—790.]

In Bezug auf die medicinalen Vergiftungen durch Jod scheint besonders Erwähnung zu verdienen die Injection in Ovariencysten, weil dazu grössere Mengen von Injectionsflüssigkeit (Lugol'sche Lösung) gehören, weshalb auch hier Todesfälle nicht selten sind. Velpeau zählt unter 130 Fällen dieser Operation 64 Radicalheilungen, 36 Nichtheilungen und 30 Todesfälle in Folge der Operation, zu welchen Legrand noch 3 und neuerdings Edm. Rose (vgl. dessen unten genauer mitzutheilende Arbeit) einen weiteren Todesfall hinzugefügt.

Pietro Santa (L'Un. med. 148. 1863) referirt über eine gleiche Vergiftung, durch Icterus ausgezeichnet, nach Conesto. Ein lethaler Fall durch Injection von Jodtinctur in einen gespaltenen Hydrorhachissack, ausgezeichnet durch plötzliche Lähmung der Circulation und Respiration, gab Mor. Benedict (Wien. Ztschr. 94. 1862) zu interessanten Untersuchungen über Nervenwirkung des Jodkaliums Anlass. Eine lethale Intoxication durch äussere Application von Jodtinctur, von Gillepie (Med. Times. Nov. 1864) beschrieben, durch Erbrechen, Diarrhoe, Ischurie, grosse Angst bei vollständigem Bewusstsein und Tod in 30 Std. charakterisirt, scheint uns auf eine solche durch Verschlucken bezogen werden zu müssen, umsomehr als die Haut keine Spur des angewandten Jods zeigte. Noch müssen wir einiger Zufälle gedenken, welche Jodräucherungen nach Stan. Martin (Bull. de Thér. LXII. 126. Fevr. 1862) bedingen, nämlich Schwellung und Empfiudlichkeit des Zahnfleisches und Cariöswerden der Zähne, die oft mit Jod ganz geschwängert erscheinen.

Dass die Wirkung des Jodkaliums nicht auf der des Jods, sondern auf derjenigen als Kaliverbindung beruhe, wie Boinet (Gaz. hebd. 44. p. 220. 1864) behauptet, ist eine jedenfalls unrichtige Ansicht, und sind die Differenzen in der Wirkung beider auf die im Handbuche angegebenen Verhältnisse zurückzuführen; wie es auch unzulässig erscheint, mit Boinet den Jodismus einzig von Gastritis abhängig zu machen, die aus directer Einwirkung ungelösten Jods auf die Mucosa resultire. Reines Jodkalium wird übrigens von Melsens (in dessen S. 7 des Supplements cit. Memoire) für völlig unschädlich erklärt, so dass Hunde Monate lang 4 Grm. täglich ertrugen; dagegen betrachtet er Beimischungen von jodsaurem Kali als periculös, da 15 Ccm. gesättigte Lösung des letzteren einen Hund plötzlich tödten können, ¾ Gmm. in 15 Ccm. Wasser gelöst Erbrechen mit blutigen Streifen und 4 derartige Dosen den Tod eines Hundes in 24 Std. bedingen. Es geht dabei das jodsaure Kali nicht als solches, sondern als Jodkalium in Harn, Liq. pericardii, Intestinalflüssigkeit über.

Gestützt auf zwei Beobachtungen von Jodismus nach Injection von Lugol'scher Lösung in Ovariencysten, wovon eine lethal verlief, versucht Edmund Rose (Virchow's Arch. Bd. 35. H. 1. p. 12. 1866) eine kritische Beleuchtung der Symptome und Theorie der Jodvergiftung. Eine Wirkung des Jods auf das Rückenmark concedirt Rose nicht, indem weder in der Leiche noch bei Lebzeiten auf ein Ergriffensein dieses Organs hindeutende Erscheinungen sich zeigten. Als Störungen der Sensibilität manifestirten sich Schmerzen in den ersten Std. als directe Einwirkung des Jods in der Gegend der Cyste, später als Folge von Speicheldrüsenanschwellung bei Bewegung des Halses, endlich Empfindlichkeit der Magengegend in Folge von Erbrechen und namentlich dann, wenn öfters kleine Mengen erbrochen wurden. Intellectuelle und sensorielle Leiden fehlten. (Jodophthalmie und Kopfschmerz hat Rose nur in Fällen gesehen, wo Jod im Gesichte, z. B. gegen Lupus, angewendet wurde, wo das Jod direct entweder als solches oder in Dampfform Injection des conjunctivalen Bindegewebes an Tarsus und Bulbus bedingt und das Auge stark glänzend erscheint, weil die durch den Jodreiz abgesonderten Thränen nie hinreichend abgeleitet werden; in Folge davon kann es dann zu Gesichtstäuschungen, Lidkrampf, Schwindel, Kopfschmerz und Delirium kommen. Ferner bemerkt Rose, dass er in zwei Fällen von gleichzeitigem Gebrauch von Jodpräparaten und von Einstreuungen des Calomels auf die Bindehaut Verschlimmerung von Augenentzündung beobachtete, die wahrscheinlich als Anätzung durch Jodquecksilber, entstanden durch Wechselwirkung des in die Thränenflüssigkeit übergegangenen Jods und des Calomels anzusehen ist.) — Das Erbrechen ist nicht vom Nervensystem abhängig, weil es ohne alle

Hirnsymptome, stets ohne Pulsverminderung verläuft und ganz unähnlich dem cerebralen Erbrechen schmerzhaft, beschwerlich und in kleinen Absätzen erfolgt, auch durch Trinken vermehrt wird. Es hängt dasselbe vielmehr zusammen mit einer specifischen Wirkung des Jods auf den Magen. Dieses Organ vermittelt die Hauptsecretion des Jods, so dass in dem einen von Rose mitgetheilten Falle von den im Sacke retinirten 2½ Dr. reinen Jods über eine Dr. durch Erbrechen entfernt wurde und sich in den ersten Tagen sogar freies Jod im Magen fand. Die Menge des im Magen Ausgeschiedenen übertrifft stets die des Urins, ganz besonders in den ersten Tagen; da nur anfangs beim ersten Sturm der Procentgehalt des Jods im Urin stärker ist als im Erbrochenen, dann das Jod in ersterem ganz schwindet, während es in letzterem bis zum Tode zunimmt, so erscheint der gesammte Jodgehalt im Erbrochenen viel grösser als im Harn. Neben der Wasser- und Jodausscheidung tritt auch ein specifisches Magenleiden ein; schon nach 24 Std. werden ganze Haufen von Labdrüsenklumpen und zwar oft bis zu ihrem Grunde mit dem Erbrochenen entleert, wodurch anhaltende Verdauungsstörung und Appetitmangel eintreten, die grosse Abmagerung und Hinfälligkeit, ja selbst durch Erschöpfung den Tod bedingen können. Als Grund für das Erbrechen, das schon vor der specifischen Erkrankung eintritt, ist wahrscheinlich der Jodgehalt des Mageninhalts anzusehen, der gross genug ist, um eingenommen schon allein Erbrechen zu erregen (die grösste Menge ausgebrochenen Jods entsprach 4 Gran). Der Jodgehalt des Erbrochenen stammt aus dem Magen und nicht etwa von den Parotiden; im Erbrochenen fanden sich nie Mundepithelien oder Speichelkörperchen, und als allererstes Symptom zeigte sich auffallender und anhaltender Durst neben grosser Trockenheit des Mundes und Schlundes, auf welche eine Anschwellung der Parotiden folgte. Das viele Trinken kann nicht als Ursache des Jodbrechens angesehen werden, indem Unterdrücken desselben ohne Einfluss auf den Vomitus blieb. Die wässrigen Stuhlgänge, welche in den letzten Tagen die Wasserausscheidung übernahmen, zeigten nur Spuren von Jod; auf diesen Umstand basirt Rose unter der Voraussetzung, dass ein Uebertreten des Mageninhalts in die Därme sicher stattfindet, die Annahme, dass das Jod im Darme wieder resorbirt wird, und dass im Magen die Jodausscheidung viel beträchtlicher ist, als sie sich im Erbrochenen nachweisen lässt. — Neben der Affection des Magens geht ein eigenthümliches Leiden der Arterien einher. Gleich nach der Injection wird der Puls frequenter, die kleinen Arterien klein, hart, endlich unfühlbar; später wird der Herzschlag unregelmässig und aussetzend. Es erklärt sich das Verhalten des Pulses und Herzschlages aus der Ausgleichung des durch die verstärkte Arterienspannung bedingten Widerstandes, welcher zu einer Ueberanstrengung des Herzens führen muss. Weitere Folge des Arterienkrampfes ist allgemeine Eiseskälte, Blässe der Haut und Cyanose des Gesichtes und der unteren Extremitäten. Am dritten Tage lässt die Spannung in den oberflächlichen Arterien nach, in den inneren dauert sie dagegen noch fort, so dass die Secretionen unterdrückt bleiben; auch die Herzerregung hält noch an. Der Uebergang der Cyanose der Wangen in Röthe hat in Verbindung mit der Pulsfrequenz nach Rose die falsche Vorstellung vom Jodfieber erzeugt, dessen Vorhandensein geleugnet werden muss, weil eine erhöhte Temperatur in allen Fällen vermisst wird. — Das Auftreten von capillären Blutungen und Hyperämien in verschiedenen Körpertheilen sieht Rose als Resultat der andauernden heftigen Herzaction nach Aufhören der Arterienspannung an. Auf der Haut sah er am vierten Tage ein papulöses Exanthem, später ein maculöses, welches 4 Tage anhielt. Ein rothgefärbtes Sputum bei Lebzeiten, sowie Extravasate im Nierenbecken, Infiltration des Zell- und Fettgewebes an der Rückseite der Wirbelkörper u. s. w. beweisen, dass auch im Innern des Körpers ähnliche Vorgänge stattfanden. — Immer ist Verminderung des Urins vorhanden und die Harnmenge sinkt selbst bei ungemein gesteigerter Zufuhr von Wasser. Der Urin wird eigenthümlich braun, der Jodtinctur ähnlich; auch im jodfreien Harn findet sich diese beim Stehen nicht verschwindende Färbung. Da der Urin keine struirten Bestandtheile zeigt, so ist an eine Nierenentzündung nicht zu denken. Der Anfangs starke, später ganz verschwindende Jodgehalt des Harns kehrt nach der Ausgleichung des Arterienstarrkrampfes in mittlerer Stärke zurück und verbindet sich mit einem Eiweissgehalte, der nicht als Folge einer Entzündung der Nieren wegen des mangelnden Fiebers betrachtet werden kann. Auch die Anschwellung der Speicheldrüsen und das Stocken ihrer Secretion sind keine eigentlichen Entzündungserscheinungen. Die Gallensecretion stockt nicht. — Der Tod, dessen plötzliches Eintreten hervorgehoben werden muss, wird von Rose als Folge von Herzlähmung angesehen, die sich aus der Ueberanstrengung desselben erklärt. Nach dem Tode fand er freies Jod auf der Magenoberfläche, in den Nieren, im ganzen Tractus und wahrscheinlich auch in den Lungen, welche Organe auch bei der Section wie mit Jodtinctur bestrichen aussahen; dagegen wurde das Jod in der Cyste, im Peritoneum, im Gehirn, im Rückenmark, in der Galle, in der Luftröhre und im Blutserum nicht aufgefunden.

Rose schliesst hieran noch einige Bemerkungen über Jodeinspritzungen in die Tunica vaginalis propria nach eigenen Erfahrungen. Schon 4 Std. nach der Operation und in einem Falle noch 8 Tage nach derselben constatirte er das Jod im Urin, niemals im freien Zustande. Zweifellose Joderscheinungen traten nicht auf, namentlich nicht Angina und Exanthem, eine leichte fieberhafte Erregung ging bisweilen mit einer prallen Härte der Scheidenhaut in den nächsten Tagen nach der Operation einher, wie es schien unabhängig von der Menge des zurückgebliebenen Jods. Eine Vermehrung des 24stündigen Harnquantums sah Rose niemals.

Das so interessante Resultat von Rose hinsichtlich des Auftretens von Jod und Jodkalium im Magen verbürgen auch die neueren Versuche von Melsens über Resorption und Elimination des Jods. Reicht man Jodüre vom Magen aus, so findet man das Jod in diesem Organe reichlich, dann im Darme immer spärlicher, je weiter man sich vom Magen entfernt, jedoch reichlicher im Cöcum und in den obersten Parthien des Colon. Jod findet sich stets wieder in der Thränenflüssigkeit, oft viel eher als im Urin. Nach rascher Anwendung grosser Gaben von Jodkalium scheidet sich bisweilen Jod in der Gallenblase ab. Bringt man Jodkalium oder Jodeisen direct in das Blut, so kann man im Momente des Todes die Jodverbindung in allen Körpertheilen nachweisen, aber nicht im Urin. Gibt man Jodmetalle per clysma, so kann man in kurzer Zeit überall das Vorhandensein eines Jodürs nachweisen; das Jodkalium erscheint bei gleicher Application als solches im Magen, und tritt dabei das Jod auch im Magen auf, wenn die Continuität des Darmes durch Ligatur gehemmt wird. Bei Application von Jodeisen im Mastdarm, Cav. peritonei oder Pleura wird Jod sehr rasch durch den Urin eliminirt (vgl. übrigens unten die theilweise widersprechenden Angaben Rosenthal's), das Eisen retinirt; bei Ingestion in das Rectum kommt Jod bald im Magen zum Vorschein. — Im Schweisse erscheint Jodkalium nicht (Bergeron und Lemattre in Arch. gén. 173. Avr. 1864). Vielleicht steht dies im Zusammenhange mit einer Zersetzung des Jodkaliums und einer Entfärbung des freigewordenen Jods durch den Schweiss, wobei das Jod in Jodwasserstoff übergeführt wird, wie solches durch Gubler (Bull. de Thér. 15. Mai 1863) festgestellt wurde. Bestreicht man eine Hautstelle mit Jod und umgibt sie mit einem impermeablen Verbande, so sammeln sich unter demselben stark saure farblose Tröpfchen an. Eine ähnliche Zersetzung des Jods findet auch vielleicht schon im Blute (Bellini), sicher im Urin statt, und zwar in letzterem nach der übereinstimmenden Angabe der verschiedensten Forscher (Dechambre, Gubler, Corvisart, Schönbein) durch die Harnsäuse (nur Torreil läugnet dies und setzt die Entfärbung auf Rechnung des harnsäuren Ammoniaks) und die Harnpigmente (Schönbein). Dass dabei das Jod in Jodwasserstoff übergeht, ist daraus zu schliessen, dass Untersalpetersäure enthaltende Salpetersäure das Jod wieder frei macht und dessen Reactionen zulässt. Ueber die auf die Entfärbung von Jodtinctur durch Urin bezüglichen Arbeiten findet sich eine gute Zusammenstellung von H. Huppert in Schmidt's Jahrb. CXX. 1. 1863. CXXVI. 1. 1866.

Versuche am eigenen Körper über Resorption und Elimination des Jodkaliums stellte Mor. Rosenthal in Wien an (Wien. Med. Halle III. 20. 1862. Wien. Wchschr. 5—16. 1863). Hiernach scheint bei innerem Gebrauche des Jodkaliums die Dauer der Elimination durch die gleichzeitig eingeführte Wassermenge bedingt zu sein, so dass dieselbe Dosis Jod bei grosser Wasserzufuhr in 24 Std., bei geringer Wasserzufuhr erst in 40 Std. eliminirt wurde. Rosenthal constatirte hierbei auch das Jod ausser in Thränen und Nasenschleim im Ohrenschmalz; in den Stuhlentleerungen war Jod noch 4—7 Std. nach dem Einnehmen, um welche Zeit durch den Harn die lebhafteste Elimination stattfindet, dagegen nicht mehr 16—24 Std. nach der Medication. Die frühere Angabe von Bernatzik, dass bei innerer Verabreichung von Jodeisen das Jod durch den Urin, das Eisen durch den Stuhl ausgeschieden wurde, nie aber Jod im Stuhl und Eisen im Urin erscheine, berichtigt Rosenthal, indem er nach 1 Drachme Jodeisensyrup schon nach 4 Std. Eisen im Urin fand, das Jod auch im Stuhle constatirte. Jod erscheint nach Einreibungen frischer Jodkaliumsalbe in Harn und Speichel während 24 Std. Auch nach Jodkaliumbädern, wobei die Resorption durch Schleimhäute verhindert war, sah Rosenthal im Urin Jod auftreten und schreibt die entgegengesetzten Resultate fehlerhaften Untersuchungsmethoden, namentlich der unterlassenen Anwendung des (im Handbuche der Toxikologie S. 789 dringend empfohlenen) Schwefelkohlenstoffs als Abscheidungsmittel zu. Die physiologische Wirkung des Jods erzielte Rosenthal auch durch Clystiere in 1—2—2½ Std. und constatirte den Uebergang in Harn, Speichel und Nasenschleim. Auch Waller (Prag. med. Wchschr. 2. 1864) spricht sich entschieden für die Resorption des Jods aus Salben und Bädern aus, ebenso Delore (Journ. de la physiol. VI. Avr. 1863) und Willemin (Arch. génér. Août. Sept. 1863), während Parrisot (Comptes rend. LVII. 327 u. 373) und Melsens das Gegentheil behaupten.

Erwähnt werden mag noch die Angabe von Kletzinsky (Mittheil. aus dem Gebiete der reinen und angewandten Chemie, Wien 1865), dass bei andauerndem Jodkaliumgebrauche regelmässig ⅔ der zugeführten Joddosis im Harn erscheint, die Mehrausscheidung an Kali im Harn im Anfange des Jodgenusses hinter dem Aequivalent der Jodausscheidung zurückbleibt und erst später zur Höhe des letzteren sich erhebt.

Dass Jodkaliumresorption auch durch die Chylusgefässe erfolgt, bewies Colin (Bull. de l'Acad. 18. Sept. 1862). Dass Jod selbst als solches nicht resorbirt werde, und die Jodreaction erst nach Zusatz von Säure auftritt, urgirt neuerdings wieder Bellini, der einen Uebergang in Jodsäure, Jodalkalien und Jodwasserstoff annimmt (vgl. L'Union med. 148. 1863).

Die Wirkung des Jods und Jodkaliums auf die Nerven studirte M. Benedict (a. a. O.) und fand, dass Durchschneidung des Ischiadicus einer Seite bei Fröschen die lähmende Wirkung an dem betreffenden Unterschenkel nicht hervortreten lässt, während sie bei Amputation des Oberschenkels mit alleiniger Erhaltung des Ischiadicus sich einstellt. Bei subcutaner Injection von 3 Tropfen Jodkaliumlösung sah Benedict ein rascheres Absterben der Respiration als des Herzens, welches auch langsamer als die willkührlichen Muskeln abstirbt; die Zahl der Resp. nimmt unmittelbar nach der Injection zu. Nach 5 Tropfen stirbt der Herzmuskel unverhältnissmässig rasch ab, und statt der Steigerung der Respiration folgt momentane Lähmung derselben. Bei Anwendung von Jodtinctur erlöschen Respiration, Circulation und Muskelcontractilität fast gleichzeitig ab, die Respiration langsamer, das Herz schneller als bei Jodkalium, was bei der Kaliumwirkung auf das Herz (vgl. Kalium- und Natriumverbindungen) kaum erklärlich ist. Die Abnahme der Sensibilität ist für beide constant. Werden die Tropfen einzeln in Zwischenräumen injicirt, so treten die Reizungserscheinungen mehr hervor und es bedarf einer grösseren Gesammtdosis, um die Paralyse zu bewirken. Directe Application auf das Rückenmark bewirkt die Lähmungserscheinungen rascher und in geringeren Dosen; sie treten später bei Application auf das periphere Ende als bei solcher auf das centrale ein, woraus Benedict eine directe Wirkung auf das centrale Ende der Medulla spinalis folgert.

Ueber einzelne Erscheinungen des chronischen Jodismus finden sich Angaben in der neueren Literatur von Bolze (Prag. med. Wchschr. 2. 1864), der Husten und blutigen Auswurf, sowie Ptyalismus nach Jodgebrauch eintreten sah, sowie von Xavier Lomet (Considérations sur les effets physiologiques et pathologiques de l'Iodure de Potassium, Strasb. 1863) und Joubin (Essai sur l'Iodure de Potassium, Strasb. 1864) nach den Erfahrungen von Prof. Küss, worunter besonders Oedeme der Augenlider und Extremitäten, namentlich der Vorderarme, und Pupillenerweiterung (bei grossen Gaben) zu nennen sind. Bazin (Leçons théor. etc. sur les affections cutanées) bezeichnet das pustulöse Exanthem, wobei die Pusteln den Ausgangspunkt papulös-tuberculöser Infiltration bilden, als das häufigste Jodexanthem, und als vorzüglichsten Sitz das Gesicht.

Zum sicheren Nachweis von Jod im Harn und anderen thierischen Flüssigkeiten schlägt Scivoletto (vgl. Chem. Centralblatt. 510. 1864) vor, die in die Flüssigkeit getauchten Stärkekleisterpapierstückchen den Dämpfen von Untersalpetersäure auszusetzen; bei wenig Jod die Flüssigkeit einzudampfen, den Rückstand zu verkohlen und den auf ein kleines Volumen gebrachten Rückstand in gleicher Weise zu untersuchen.

10. Brom, Bromum und Bromkalium, Kalium bromatum (S. 790).

[Zusatz zu §§. 561—566. S. 790—792.]

Die bereits im Handbuche hervorgehobene Wirkung des Bromkaliums auf das Gehirn ist in neuerer Zeit namentlich durch Versuche an Kranken, so von Debout (Bull. de Thérap. Août 15. 1864), Gubler (ibid. Juillet 15. 1864), Crichton Browne (Edinb. med. Journ. June 1865) und vielen Andern constatirt; besonders erstreckt sich die Wirkung auf die sensiblen Nerven (Anästhesie, insbesondere der Schleimhäute und Hemmung der Reflexaction). Grosse Dosen können nach unserer Erfahrung, die auch Percy (Amer. med. times. Aug. 1864) bestätigt, Nierenreizung bedingen.

Ein Fall von Bromismus, bedingt durch acht Tage lang fortgesetzte übertriebene Inhalation einer verstäubten Bromkaliumlösung (tägl. zweimal von einer Lösung von ½ Grm. in 250 Grm. Wasser) und charakterisirt durch gelbes Colorit, Abmagerung, Unsicherheit auf den Füssen, Zittern in den Händen, ferner Appetitlosigkeit, Schmerz im behaarten Theile des Kopfes, zunehmende Schwäche, Herzklopfen, Insomnie, nervöse Aufregung, kleinen Puls von über 100 Schlägen, und nach Aussetzen des Mittels in einigen Wochen geheilt, beobachtete Leon Mareq (L'Union méd. 71. 1866).

Das Bromnatrium besitzt dieselbe Wirkung wie das Bromkalium (Gubler). Bromcadmium verursacht nach Belgrave (Journ. of ment. sc. Oct. 1865) zu 1 Gran. reichliches Erbrechen und etwas Purgiren und setzt den Puls herab.

Auf Brom wirken Harnsäure u. s. w. ebenso entfärbend wie auf Jod (Dechambre und Delpech).

11. Fluorkieselwasserstoffsäure, Siliciumfluorid, Silicium fluoratum (S. 792).

[Zusatz zu §. 567. S. 792.]

Siliciumfluorid (Fluorkieselwasserstoffsäure) irritirt nach H. Eulenberg (dessen Monographie pag. 196) Nasen- und Respirationsschleimhaut und der Nasenausfluss ist von ausgeschiedenem Kieselsäurehydrat, von welchem die Maulhaare des Versuchsthieres wie bereift aussehen und das ganze Fell hart und knirschend wird, weiss. 0,70 Vol. Proc. wirken auf Kaninchen nicht lethal.

12. Stickoxydul, Nitrogenium oxydulatum (S. 792).

[Zusatz zu §. 569. S. 792.]

Mit diesem Gase hat Ludimar Hermann (Reichert's Arch. H. 5. p. 521. 1864) neuerdings interessante Versuche angestellt. Das unvermischte Gas bewirkt bei Kaninchen nach wenigen Secunden Zuckungen und äusserst schnell Tod, wenn nicht rasch für Luftzutritt gesorgt wird; Frösche sterben erst nach mehreren Stunden. Gleiche Volumina von NO und O gemischt können Thiere ohne Schaden athmen. Hermann selbst bekam nach Einathmen von reinem NO Benommenheit, starkes Trommeln in den Ohren, Rausch, dann starke Dyspnoe, Bewusstlosigkeit, Aufhören des Pulses und der Respiration mit Lividität der Schleimhaut und Leichenblässe; Zuleiten von frischer Luft beseitigte die Erscheinungen in weniger als 1 Min. Es bewirkt somit reines NO bei Menschen auch Dyspnoe und Asphyxie (entgegen Davy). Der Rausch, welchen mit O gemengtes NO verursacht, schwächt sich mit häufiger Wiederholung der Inhalation ab und tritt nach Entwöhnung wieder intensiv auf; objectiv constatirt man nur geringe Vermehrung der Pulsfrequenz, etwas Pupillenerweiterung und Injection der Conjunctiva; nur bisweilen bleibt etwas Schläfrigkeit zurück. Reines NO hebt die Erregbarkeit von Froschmuskeln und Froschherzen nicht eher auf als N oder H, und die Mischung von NO mit O verhält sich ganz wie atmosphärische Luft. Frisches defibrinirtes Rinderblut mit NO geschüttelt färbt sich nicht heller, nach längerer Zeit dunkler, was sich bei Schütteln mit atmosphärischer Luft verliert; es zeigt sich Volumsabnahme des Gases; die Blutkörperchen bleiben intact. Gasfreies Blut mit NO gesättigt sieht bläulichroth, kirschsaftartig aus und zeigt undeutlichen Dichroismus. Blut absorbirt weniger NO als destillirtes Wasser, Serum und Körperchen nehmen nur so viel auf, wie ihrem Wassergehalt entspricht. Mit O hellroth gemachtes Blut wird durch NO trotz starker Absorption nicht verdunkelt. Von einer Unterhaltung des Athmens durch NO kann nach allem diesen nicht die Rede sein und trotz der neueren Empfehlung des Mittels als Anaestheticum durch Préterre und George Ziegler (On nitrous oxyde, Philadelphia 1866) wird man sich mit dem Gase sehr in Acht nehmen müssen, um so mehr als letzterer von 2 Todesfällen durch dasselbe Mittheilung macht.

13. Stickoxyd, Nitrogenium oxydatum (S. 793).

[Zusatz zu §. 570. S. 793.]

Nach L. Hermann (Reichert's Arch. H. 4. p. 469. 1865) verliert das sauerstofffreie Blut, sobald man durch dasselbe Stickstoffoxyd leitet, augenblicklich seinen Dichroismus und nimmt eine schöne hellcarmoisinrothe Farbe an; tritt Sauerstoff hinzu, so verwandelt es sich in Folge der sofortigen Bildung von Untersalpetersäure in eine grünbraune schmierige Masse. Die Blutkörperchen bleiben unverändert. Das Stickoxyd verbindet sich mit dem Hämoglobin der Blutkörperchen; diese Verbindung übertrifft an Festigkeit die des Sauerstoffs und steht derjenigen des Kohlenoxyds gleich, sie zeigt genau dieselbe Krystallform wie jene des Sauerstoffs oder Kohlenoxyds und ist wie diese nicht dichroitisch, da bei Athmung sofort die irrespirable Untersalpetersäure entsteht.

14. Untersalpetersäure, Acidum subnitricum s. hypoazoticum (S. 794).

[Zusatz zu §. 571. S. 794.]

Nach Eulenberg's Versuchen (dessen Monographie, p. 243) gerinnt frisches Ochsenblut mit Untersalpetersäuredämpfen behandelt zu einer chocoladefarbenen Masse; mit Salpetersäure bleibt es noch eine Zeit lang roth und nimmt dann die nämliche Farbe an. Gleich gefärbt zeigen sich bei Thieren, welche durch Untersalpetersäuregas vergiftet sind, Lunge und Blut, erstere ist ödematös, letzteres theils flüssig, theils zu einer schwarzen Masse geronnen; ferner fand Eulenberg braunrothe Färbung der Trachealschleimhaut und des Gehirns. Bei Lebzeiten zeigen sich besonders Respirationsbeschwerden, die sich bei den Versuchsthieren oft erst nach einigen Min. einstellen, wonach von einem Spasmus glottidis nicht die Rede ist; der Tod erfolgte selbst bei schwachem Zuleiten des Gases nach wenigen (7—20) Min. Versetzt man Blut reichlich mit Untersalpetersäure, so wird es dick und schwarz und die Chocoladefarbe bleibt nur am Boden; erwärmt scheiden sich harte, eigenthümlich süssriechende, dunkelbraune Gerinnsel aus; die mit Wasser ausgekochte Blutmasse ist dunkelbraunroth und reducirt ammoniakalische Silbersalpeterlösung (Bildung einer Nitroverbindung mit irgend einem Blutbestandtheile; Pikrinsäure konnte nicht nachgewiesen werden).

15. Salpetersäure, Acidum nitricum (S. 794).

[Zusatz zu §§. 572 und 593. S. 794—800.]

Einen Beitrag zur Casuistik dieser Intoxication lieferten A. Roth (Wien. Med. Halle II. 36. 1861) durch Mittheilung eines Selbstmordsfalles, der in 40 Tagen lethal verlief, ausgezeichnet durch den Befund im Magen und Oesophagus. — In Bezug auf Fettentartung bei Salpetersäureintoxication vgl. Schwefelsäure. — Es gelang O. Schultzen (Reichert's Arch. H. 4. p. 500. 1864) der Nachweis von Salpetersäure im Urin eines Menschen, der 5 Schluck Königswasser getrunken hatte; auch der am 2. Tage Morgens gelassene Urin enthielt Salpetersäure, welche in späteren Harnproben nicht mehr nachweisbar war.

16. Phosphor, Phosphorus (S. 800).

[Zusatz zu §§. 575—587. S. 800—814.]

Die enorme Zunahme der mit Phosphor verübten Giftmorde in Frankreich gegenüber dem Arsen u. a. Giften wird durch die S. 9 des Supplements angegebenen Zahlen documentirt. Zur neueren Casuistik der Phosphorvergiftung führen wir folgende Autoren an: F. Ogston (Brit. rev. XXVIII. 490. Oct.

1861), welcher eine Selbstvergiftung mit Zündholzköpfchen beschreibt; Jackson (ibid. 491. 1861), der eine Vergiftung mit Phosphorpaste berichtet; Hoering (Würtemb. Corr.-Bl. XXXII 20. 1862), dessen Fall eine Selbstvergiftung mit 107 Zündholzköpfchen, in 1½ Tagen lethal verlaufen, betrifft; Koch (ibid. XXXI. 32. 1861), der die erste Atrophie der Leber nach Phosphorvergiftung (Pasta) beobachtete, die Köhler und Ehrle zu ihren bekannten Studien Anlass gaben; ferner E. Wagner (Arch. f. Heilk. III. 4. 359. 1862), welcher zuerst die Fettentartung anderer Organe (Nierenepithelien, Muskeln u. s. w. in einer menschlichen Leiche nachwies; Fleckles und Rokitansky (Wchbl. d. Ztschr. d. Wien. Aerzte. Nov. 12. 1862), welche eine Beobachtung in derselben Richtung mittheilten; Tüngel (Klin. Mittheilg. a. d. med. Abth. des Krankenhauses zu Hamburg 1861. Hamb. 1863), der nicht weniger als 19 Fälle von Phosphorismus acutus beschreibt, an welche sich ein 20. Fall (Virch. Arch. XXX. 720. 1864) anreiht; Mannkopf (Spitals-Ztg. Beil. z. Wien. med. Wchschr. 26. 27. 1863); d'Hailly (Gaz. des hôp. 76. 1863), von welchem der erste Fall, wo in Frankreich Verfettung verschiedener Gewebe beobachtet wurde, beschrieben ist, dem sich bald zwei andere, von E. Fritz, L. Banvier und J. Verliac beschriebene, (Arch. gén. 23. Juill. 1863) anschliessen und an welchen Lancereaux (L'Union méd. 62. 63. 1863) drei ältere Fälle von acutem Phosphorismus reiht; Metz (Vjhschr. f. ger. Med. XXIII. 2. Jan. 1863); v. Bünau (Vjhsch. f. ger. Med. N. F. I. 1. 1864), L. Meyer (Virch. Arch. XXXIII. 3. 296. 1865), v. Pastau (Virch. Arch. XXXIV. 3. 454. 1865), Krug (Arch. f. Heilk. VI. 6. 566. 1865) und F. E. Kessler (Vjhschr. f. ger. Med. N. F. IV. 2. 271. 1866), welcher ein gerichtsärztliches Gutachten über ein von der Mutter absichtlich durch Zündhölzchen vergiftetes, durch etwa ⅓ Gran Phosphor in 3—4 Std. zu Grunde gegangenes 9 Wochen altes Kind, bei dem die Section brandige Gastritis nachwies, publicirte.

Acute Affectionen durch Phosphordämpfe. — Zu diesen glauben wir einen von Brenner (Petersb. med. Ztschr. VIII. 425. 1865) als Phosphorwasserstoffvergiftung beschriebenen Fall stellen zu müssen, der sich in seiner Symptomatologie sehr eng an den im Handbuche S. 804 erwähnten von M. Huss schliesst, in dem bei einem ausschliesslich mit Darstellung von Hypophosphiten beschäftigten und dabei stets Dämpfen von Phosphorwasserstoff und in Oxydation begriffenen Phosphor ausgesetzten, sonst stets gesunden Pharmaceuten nach 3 Monaten anfangs Retinalhyperästhesie und Diarrhoe, dann in 9 Mon. nach Beseitigung der ersten Symptome, Schwäche und Unsicherheit der Arme und Beine, später Schluckbeschwerden und vollständige Ataxie, die selbst 3 Jahre nach dem Aufgeben der Beschäftigung noch nicht verschwunden war, sich einstellten. — H. Eulenberg (a. a. O. p. 426) constatirte über die Wirkung des Phosphordampfes bei Thieren, dass der Dampf von etwa $\frac{1}{30}$ Gr. Phosphor bei Kaninchen die Respiration etwas erschwerte, nach 24 Std. Hinstürzen des Thieres bedingte, das sich anfallsweise später halbstündlich wiederholte und 8—12 Tage anhielt, in den Intervallen starkes Herzklopfen, nach ca. 8 Wochen Ikterus bedingte.

Intoxicationen durch verschluckten Phosphor. Zur Symptomatologie des Phosphorismus acutus bringen die neueren Arbeiten im Ganzen wenig Neues hinzu. Wenn schon die an die früheren von Lewin und Ehrle sich anschliessenden Zusammenstellungen von Munk und Leyden (Die acute Phosphorvergiftung. Mit besonderer Rücksicht auf Pathologie und Physiologie. Berl. 1865) und von H. Senftleben (Virch. Arch. XXXVI. 4. 520. 1866) nicht ganz ohne Verdienst sind, so würden sie doch viel verdienstlicher sein, wenn sie die Symptomatologie der acuter verlaufenen und der protrahirten Fälle genauer geschieden hätten. Sicher müssen diejenigen Fälle, in denen der Tod sehr rasch, ehe es zu beträchtlichen Organerkrankungen kommt, auch symptomatisch von denjenigen unterschieden werden, bei welchen die fettigen Degenerationen den Symptomencomplex alteriren. Es zeigen übrigens die neuen Beobachtungen, dass der Ikterus als Erscheinung des Phosphorismus acutus viel häufiger vorkommt, als man früher annahm; er fehlt in den leichtesten und den acutest lethalen Fällen, vor dem dritten Tage wird er selten beobachtet, ist übrigens kein absolut ungünstiges Zeichen, da er auch bei Genesungsfällen vorkommt (Tüngel). Albuminurie und das Auftreten von Faserstoffcylindern im Urin ist wiederholt beobachtet (Mannkopf, Tüngel), ausserdem Leucinkugeln (Tüngel). O. Wyss (Schweiz. Ztschr. III. 3. und 4. 221. 1864) fand am Vorabend des am 10. Tage erfolgenden Todes im Urin eines mit P. Vergifteten Leucin und Tyrosin, geringe Mengen Eiweiss, Gallenfarbstoff in Spuren, Gallensäure, daneben keinen Harnstoff, Schwefel- und Phosphorsäure in normaler, alkalische Erden in sehr geringer Menge. Auch die Blutungen auf Oberflächen und in die Gewebe, eine Folge der Blutalteration und vielleicht auch der verminderten Herzaction, sind in neuerer Zeit verschiedentlich zur Beobachtung gelangt.

Auffallend sind dagegen die Fortschritte in Bezug auf den Leichenbefund bei Phosphorvergiftung. Das Wichtigste in dieser Beziehung stellen die fettigen Degenerationen dar, welche ausser der Leber besonders die Epithelien der Niere, die quergestreiften Muskeln, vorzüglich auch das Herzfleisch, aber auch die glatten Muskelfasern des Dünndarms (E. Wagner) und das Lungengewebe (E. Wagner) betreffen können und deren Zusammenhang mit der Phosphorvergiftung nicht allein zahlreiche Sectionsbefunde beim Menschen, sondern auch experimentelle Studien an Thieren (Lewin, Fritz, Banvier und Verliac später auch Munk und Leyden) erwiesen haben. Es handelt sich dabei um die verschiedensten Grade der fettigen Degeneration: bald um Körnchenbildung und Trübung, bald um fettige Infiltration, bald um Zerfall der Zellen. In der Leber, die am häufigsten betroffen ist, ist nach O. Wyss (Virch. Arch. XXXII. 232. 1865) auch das Bindegewebe alterirt und findet eine Zellenwucherung, statt, welche ganz den sog. lymphatischen Neubildungen, wie sie nach Virchow, Friedreich u. A. bei Leukämie. Typhus in der Leber vorkommen, statt.

In Bezug auf die Veränderung des Magens bei Phosphorvergiftung fand Virchow (dessen Arch. XXXI. H. 3. 399. 1864) stets die Magenschleimhaut, jedoch nicht auffallend verdickt, eigenthümlich trüb, undurchsichtig, und als wesentlichen Sitz dieser trüben Schwellung die Drüsen; diese sind vergrössert das Epithel füllt den Drüsenschlauch fast vollständig, die Zellen sind grösser, trüber, mit einer feinkörnigen Masse erfüllt und zerfallen nach fettiger Metamorphose zu körnigem Detritus. Dieser allerdings ohne besondere Hyperämie in cadavere vorkommende und der Phosphorvergiftung nicht allein angehörige entzündliche Zustand, von Virchow als Gastritis glandulosa oder Gastradenitis bezeichnet, erinnert an die bei Phosphorismus regelmässig coexistirende, als Ausdruck parenchymatöser Nephritis aufzufassende trübe Schwellung der Nieren. Dieselbe Veränderung beschreibt auch Tardieu nach einem Sectionsberichte von Cornil und Bergeron (Gaz. des hôp. No. 3. 1865). Sie erinnert sehr an die von uns S. 307 erwähnte Gastropathia phosphorica chronica. Dass übrigens auch tiefere Verätzungen bei acutem Phosphorismus vorkommen können, beweist u. A. der Fall Kessler. — Duodenitis als Folge der Phosphoranätzung, von Munk und Leyden bei ihren Versuchen an Hunden und Kaninchen constant, jedoch in verschieden hohem Grade gefunden, scheint beim

Menschen verhältnissmässig selten vorzukommen; einen Fall von hochgradiger Duodenitis, wie sie in keinem anderen Falle in dieser Ausdehnung gefunden ist, wobei übrigens sich Ikterus nicht fand, habe ich schon früher (Reil's Journ. II. 2. 175. 1859) veröffentlicht. —

Theorie der Phosphorvergiftung. — Die örtliche Wirkung des Phosphors scheint nach den neueren Versuchen besonders auf die Oxydationsstufen bezogen werden zu müssen. W. Dybkowsky (Med.-chem. Unters. H. 1. p. 49. 1866) constatirte bei Thierversuchen, dass diese Oxydation besonders durch den Sauerstoff des verschluckten Speichels bedingt werde und dass Anätzung nach vorgängiger Ligatur des Oesophagus nicht statthabe. Die Virchow'sche Gastritis glandularis wird nach Dybkowsky auch bei Intoxicationen mit verdünnter phosphoriger Säure wahrgenommen; es scheint indessen nach Senftleben, der diese Affection auch nach subcutaner Application von Phosphoröl auftreten sah, dieselbe zu den allgemeinen Symptomen gerechnet werden zu müssen, wie sie sich auch anatomisch den fettigen Degenerationen anreiht. Munk und Leyden nehmen an, dass das sich bildende Oxydationsproduct in statu nascendi mit dem Gewebe in Berührung diesem Wasser entzieht und auf diese Weise corrodirend wirkt, was aber bei dem steten Vorhandensein wässriger Flüssigkeit auf der Oberfläche der Schleimhaut, der bei einer solchen Wasserentziehung zuerst in Frage kommt, kaum plausibel sein möchte (Vohl). Dass der Phosphor selbst den organischen Geweben Sauerstoff entziehe, glauben Munk und Leyden nicht, weil sie fanden; dass Eiweiss und Zuckerlösung nach Austreiben der Luft mehrere Tage hingestellt sich verändert, namentlich keine saure Beschaffenheit annimmt. R. Vohl (Berl. klin. Wchsch. 32—33. Aug. 1865) macht darauf aufmerksam, dass die Bildung einer niedrigeren oder höheren Oxydationsstufe des Phosphors von der Menge des im Magen vorhandenen Sauerstoffs abhänge, bei dessen Ueberschuss Phosphorsäure, sonst phosphorige oder unterphosphorige Säure sich bildet und dass, da Phosphorsäure energischer wirke, als die niedrigeren Sauerstoffverbindungen, auf geringe Gaben Phosphor, welche zu PO^5 oxydirt werden, starke Anätzung, auf grosse dagegen, weil sie niedriger oxydirt werden, nur geringe Corrosion erfolgen könne.

Als eine Folge örtlicher Läsion ist vielleicht auch der Ikterus anzusehen, nämlich auf die von Munk und Leyden bei ihren Thierversuchen fast constant gefundene Duodenitis, die auch bei Menschen sich hie und da angegeben findet oder auf einen catarrhalischen Zustand der Gallengänge. Munk und Leyden betonen zugleich den chymusähnlichen Inhalt des Dünndarms ohne Spur jeder galligen Färbung und das Vorkommen von Gallensäuren im Urin zur Begründung der Annahme, es handele sich um einen Resorptionsikterus.

Für diese gleichzeitig auch von R. Virchow behauptete hepatogene Natur des Ikterus bei Phosphorvergiftung spricht sich auch L. Meyer (Virch. Arch. XXXIII. 3. p. 296. 1865) aus, und zwar unter Mittheilung eines Falles, aus welchem scheinbar das Gegentheil sich ergiebt, indem nach 11 tägiger Dauer des Leidens und mehrtägiger Excretion grauweisser Stühle vom 5. Tage der Krankheit an post mortem der Choledochus an seiner Einmündungsstelle in einer Ausdehnung von 3''' die Schleimhaut gewulstet zeigte und ausserdem mit einem Schleimpfropfe von zäher, halb durchsichtiger, fast eiweissartiger Beschaffenheit geschlossen war, dagegen aber weiter oben bis zur Gallenblase keine Spur ikterischer Färbung oder galligen Inhaltes darbot, vielmehr eine mässige Quantität Schleim enthielt; der Inhalt der Gallenblase bildete eine zusammenhängende zitternde pellucide Masse, und im Ductus cysticus, hepaticus und den weiteren Verzweigungen der letzteren fand sich derselbe fadenziehende Schleim, der auch auf

Leberdurchschnitten sich aus den feinen Gallengängen ausdrücken liess. Nichts destoweniger aber bestand die Leberfunction fort; die Leber war vorzugsweise ikterisch; einzelne Gruppen von Leberzellen und gewöhnlich die mehr in der Mitte des Leberläppchens um die Intralobularvenen gelegenen zeigten stärkere Sättigung mit Gallenpigment. In einem anderen Falle konnte Meyer bei dem nämlichen Befunde im Choledochus noch mit Bestimmtheit in den feinsten Gallenkanälen Galle nachweisen. Meyer schliesst nun, dass zwischen diesen und den noch eben makroskopisch sichtbaren das Hinderniss des weiteren Vordringens der Galle gegeben sei und dass diese im Zusammenhang stehe mit dem in dieser Gegend mit reichlicher Bindegewebswucherung vor sich gehenden entzündlichen Processe. — v. Pastau (Virch. Arch. XXXIV. 3. p. 454. 1865) knüpft dagegen an die Mittheilung eines Falles von acuter Phosphorvergiftung die Ansicht, dass der Ikterus nicht stets oder allein als Resorptionsikterus aufzufassen sei. Bei der betreffenden Verstorbenen waren zwar die für das Vorhandensein eines Katarrhs der Portio intestinalis ductus choledochi und daraus resultirender Unwegsamkeit desselben sprechenden Befunde (ödematöse Schwellung der die Papille der Ausmündungsöffnung umgebenden Mucosa, Schleimpfropf hinter der fast farblosen Portio intestinalis, plötzliche Erweiterung und gallige Färbung des ganzen übrigen Ductus choledochus) vorhanden, die Gallenblase selbst aber und die Gallengänge, soweit sie mit der Scheere verfolgt werden konnten, waren leer. Unter Hinweis auf andere Fälle von Phosphorismus, wo ebenfalls die Gallenblase leer war und nicht gefüllt wie in den Fällen von Munk und Leyden und mit Bezugnahme darauf, dass alle diese Fälle mit Ausnahme eines einzigen protrahirte Intoxicationen darstellten, während alle acut verlaufenen Fälle post mortem die Gallenblase stets gefüllt zeigten, meint v. Pastau, dass der Ikterus bei acutem Phosphorismus je nach den verschiedenen Stadien der Vergiftung ein verschiedener sei, und zwar in den früheren Stadien ein rein mechanischer, in den späteren ein mit Acholie complicirter Resorptionsikterus.

Die Frage, ob der Phosphor als solcher in das Blut übergehen kann, haben Munk und Leyden, sowie Senftleben auf Grund von jedenfalls nicht sorgfältig genug ausgeführten Destillationen von Lebern, Lungen u. s. w. mit Phosphor oder Phosphoröl vergifteter Thiere negirt. Wir haben uns in einer gemeinschaftlich mit W. Marmé ausgeführten Versuchsreihe (Nachrichten d. Gesellsch. d. Wissensch. z. Göttingen, Mai 9. 1866) davon überzeugt, dass eine solche Resorption — wenigstens theilweise aber auch constant — stattfindet, wenn man Oleum phosphoratum, selbst in der geringen Dose von 1 Ccm. concentrirten Phosphoröls in den Magen von Herbivoren (Kaninchen) und Carnivoren (Katzen und Hunden) bringt, wenn die betreffenden Thiere 2—3 Std. nach der Intoxication getödtet werden oder überhaupt rasch der Vergiftung unterliegen. Wir sahen in 16 Versuchen in exquisiter Weise nach Dosen von Phosphoröl, welche 20 Mgm. bis ⅛ Grm. reinen Phosphor entsprachen, Leuchten im Mitscherlich'schen Apparate, nachdem wir die sofort unter angesäuertem Wasser zerkleinerte Leber der Destillation unterworfen hatten. Der Nachweis des Phosphors ist selbst dann noch in der Leber möglich, wenn die Exenteration mehrere (12—20 Std.) nach dem Tode geschieht, und in einzelnen Fällen, jedoch nicht constant, zeigt sich beim Zerschneiden der Leber unter mit Schwefelsäure angesäuertem Wasser ein exquisiter Phosphorgeruch. Es können somit die früheren Angaben von Chevallier und Henri fils (Ann. d'hyg. 2. sér. III. 134. 1855) und von Lewin über Leuchten des Phosphors in der Leber nicht als auf einer Fehlerquelle beruhend, wie das die obengenannten Autoren thun, betrachtet werden. Als eine solche Fehlerquelle bezeichnen Munk und Leyden Verunreinigungen der Leber durch den Mageninhalt bei Gelegenheit der Section und Senftleben macht sogar auf Perforationen des Magens aufmerksam, welche er bei Thieren öfters gefunden haben will, unter Hinweis auch auf die im Handbuche angeführte Magenperforation bei Phosphorismus des Menschen in einem einzigen Falle (Fall Dassier in Gaz. des hôp. 1851). Solche Perforationen existirten in unseren Fällen nicht und vor Verunreinigungen mit Mageninhalt schützten wir uns von vornherein dadurch, dass wir die Leber allein exenterirten und den Magen intact liessen. Auch in den Nieren haben wir den Phosphor durch das Mitscherlich'sche Verfahren nachgewiesen; endlich bei Herbi- und Carnivoren wiederholt im Herzen und dessen Inhalt, bei Thieren, welche nach Darreichung grösserer Mengen Phosphoröls gestorben waren, und selbst wenn die Section erst 20 Std. post mortem stattfand. Für den Phosphor in Substanz haben Marmé und ich übrigens bisher den Uebergang desselben als solchen in Leber und Blut nicht nachweisen können; es liegt aber eine Beobachtung von Tüngel (Virch. Arch. a. a. O.) vor, wo bei einer an Vergiftung mit Zündhölzchen in 9 Std. zu Grunde gegangenen Person der Phosphor in der Leber durch den Mitscherlich'schen Apparat constatirt wurde. Den Uebergang des Phosphors in das Blut bestätigen auch H. v. Bamberger (Würzb. med. Ztschr. VII. 1. 41. 1866) und W. Dybkowsky (a. a. O.). Bamberger erhielt Schwärzung von mit Silberlösung getränktem Papier (Verfahren von Scherer) aus dem bei Lebzeiten entnommenen Blute mit Phosphor vergifteter Kaninchen, das direct unter das Niveau einer concentrirten Lösung schwefelsaurer Magnesia geleitet war, und zwar mit Sicherheit aus dem Blute der Vena portarum und V. cava inf., nicht unzweifelhaft aus dem der Carotis, sehr deutlich jedoch in einem Versuche, wo 10 Mgm. in Oel gelöst in das subcutane Bindegewebe des Abdomens und der Brust injicirt waren. Das Scherer'sche Verfahren gestattet übrigens den Einwand, dass es sich um Phosphorwasserstoff, nicht um Phosphordampf handelt, weshalb das von uns und von Dybkowsky angewandte Mitscherlich'sche Verfahren zur Entscheidung dieser Frage den Vorzug verdient. Es ist somit, trotzdem dass Munk und Leyden behaupten, der Phosphor könne sich im Blute nicht als solcher finden, weil er in keinem Blutbestandtheile löslich sei, derselbe doch in demselben vorhanden, mag er nun in den dazu zweifelsohne sich qualificirenden Fetten gelöst sein oder, was wahrscheinlicher ist, in Dampfform darin sich finden. In dieser Beziehung hat R. Vohl zuerst betont, dass Wasser im Stande sei, Phosphor in Dampfform zu absorbiren, wenn es längere Zeit mit demselben zusammengebracht wird und dass dasselbe dabei keine Spur Phosphorsäure aufnehme, dass Blut, Lymphe, Milch diese Eigenschaften in noch höherem Grade zu besitzen scheinen, und dass eine Diffusion des dampfförmigen Phosphors stattfindet, wodurch die Aufnahme in Blut und Lymphe ermöglicht wird. Was Munk über das Uebergehen von Phosphordampf in's Blut (Berl. klin. Wchschr. 10. 1866) redet, ist eitel Confusion. Bamberger bestätigt die Vohl'schen Angaben, wies aber im Diffusate auch Phosphorsäure nach. Das in Bezug auf die Frage der Resorption des Phosphors nicht unwichtige Phänomen des Phosphorescirens des Athems, welches Lewin aus im Munde stecken gebliebenen Phosphorpartikeln erklärt, das aber auch nach Injection von Phosphoröl in das Cavum peritonei vorkommt, beobachtete auch Dybkowsky, welcher übrigens angibt, dass, wenn man das Phosphoröl vermittelst eines Katheters durch eine Oeffnung in der Speiseröhre in den Magen bringt, nach Ligatur des unteren und Vernichtung des oberen Endes der Speiseröhre an den Wundrändern sich das Phänomen weit seltener zeigt, als man gewöhnlich glaubt.

Dybkowsky lässt neben der Resorption als solchen auch noch eine Resorption als nicht selbstentzündlichen Phosphorwasserstoff, PH^3 zu. Eine solche kann nach ihm unter den im Darme gegebenen Bedingungen entstehen, indem P in Wasser, das durch Zusatz von kohlensaurem Natron alkalisch gemacht ist, und ebenso im normalen Magensafte des Hundes bei 40° C. in 18 Std. PH^3 entwickelt. Dieselbe Bildung kann stattfinden in dem Blute erstickter Thiere und in Kohlenoxydblut. Vergiftet man Thiere mit Kohlenoxyd, nachdem man zuvor Oleum phosphoratum in den Magen gebracht hatte, und lässt dieselben durch Silberlösung athmen, so erhält man in letzterem einen ziemlich starken Niederschlag von Phosphorsilber, welcher bei der Abwesenheit der Phosphorescenz im Athem nur auf exhalirtes PH^3 zu beziehen ist.

Dass übrigens auch diverse Oxydationsstufen des Phosphors resorbirt werden, wird von Niemand bezweifelt, nur halten wir es für absurd, eine Resorption von concentrirter Phosphorsäure, wie sie die unten näher zu erörternde Theorie der Phosphorvergiftung von Munk und Leyden nothwendig macht, zu behaupten, für welche übrigens die Autoren noch die Hypothese alsbald wieder vernarbender offener Geschwüre im Magen und Darm nöthig haben; letztere existiren nicht oder doch nur in sehr seltenen Fällen, worauf ich schon (Gött. gel. Anz. 14. Apr. 1866) aufmerksam machte und was auch Bamberger (a. a. O.) betont.

Es fragt sich nun weiter, ob der resorbirte Phosphor als solcher giftig wirkt oder ob er dies durch seine Verbindungen thut. Gegen die erstere Anschauung haben sich Munk und Leyden und neuerdings auch Dybkowky erklärt; wir glauben indess, dass die von beiden entwickelten Gründe nicht in allen Theilen stichhaltig sind, so dass die Frage noch als offene anzusehen ist. Munk und Leyden urgiren besonders das Verhalten des Phosphors gegen Blut, das, ihrer Angabe zufolge, mit P oder Oleum phosphoratum geschüttelt, heller werde, nicht lackfarben, wie es bei der Intoxication mit Phosphor der Fall sei und dass die Blutkörperchen sich wohl erhalten. Hier ist nun irrig, dass das Blut bei Phosphorismus immer dunkler ist; namentlich bei rapid tödtlichem Verlaufe fanden wir kaum je eine Abweichung von der Norm; ausserdem ist, wie Bamberger richtig hervorhebt, die Blutdissolution nicht blosse Wirkung des Phosphors und seiner Oxydationsproducte, sondern auch von den mannigfachen Alterationen wichtiger Organe abhängig. Dybkowsky, der den von mir gegen Munk und Leyden's Versuch erhobenen Einwand, die Nichtberücksichtigung der Eigenwärme, bei seinen Versuchen beseitigt hat, gibt über Verhalten von Blut zu Phosphor bei der Temperatur des Körpers Folgendes an: Bringt man in eine mit defibrinirtem Hundeblute gefüllte gutgestöpselte Flasche einige Stückchen Phosphor und verwahrt dieselben in einem Wasserbade von 30—40° R. auf, so bildet sich ein ziemlich dichter Nebel von Phosphordampf, wobei das Blut dunkler wird und das Blutserum sich färbt, beim Schütteln an der Luft wird es heller, jedoch nur sehr wenig; die Form der Blutkörperchen erhält sich, ihre Farbe verblasst etwas; auf dem Boden der Flasche bildet sich ein Niederschlag von coagulirten Eiweissstoffen, in welchem das Mikroskop, besonders bei Behandlung mit Jodtinctur, zahlreiche Blutkörperchenstroma constatirt. Das Filtrat des Blutes gibt mit Bleiessig einen gefärbten Niederschlag, die Phosphorstückchen auf dem Boden des Gefässes sind von dem veränderten Blute wie von einem dunkelen Hofe umgeben. Diese theilweise Zerlegung des Hämatins, welche bei gewöhnlicher Zimmertemperatur nicht zu Stande kommt, verdankt einer aus dem Phosphor gebildeten Säure ihre Entstehung, da sie nach Dybkowsky's Versuchen nicht zu Stande kommt, wenn man dem Blute kohlensaures Natron zusetzt oder sauerstofffreies Blut (das Blut erstickter Thiere) oder mit Kohlenoxyd behandeltes Blut mit Phosphor zusammenbringt. Dybkowsky's Angaben beweisen übrigens nur, dass sich im Blute der Phosphor bei Anwesenheit freien Sauerstoffs in einiger Zeit oxydirt, was, so viel wie wir wissen, noch von Niemand irgendwie bestritten ist: neben der Bildung von einer Phosphor-Säure glaubt er aber auch noch, dass sich unter Umständen Phosphorwasserstoff bilde, weil der Athem von mit Phosphor vergifteten Thieren, obschon er nicht phosphorescirt, Silberpapier schwarz färbt, was, da die Säuren des Phosphors nicht flüchtig sind, nur auf Phosphorwasserstoff bezogen werden kann. Es harmoniren übrigens die Angaben über das Verhalten des Phosphors zu nicht arterialisirtem Blute nicht ganz mit denen von Vohl, wonach das unter Abschluss der Luft mit P. zusammengebrachte Blut bei + 36—38° R. sehr bald violettroth resp. braunroth, an der Luft durch Aufnahme von O sich hellroth färbe und dabei Phosphor aufgelöst enthalte. Alles aber zugegeben, dass der Phosphor nach Art einer Säure wirke und oxydirt das Hämoglobin in Hämatin und eine Albuminsubstanz spalte, dass Phosphorwasserstoff auftritt: es beweist das nur, dass die Phosphorverbindungen mit Sauerstoff und Wasserstoff bei der Intoxication mitwirken können, und wahrscheinlich werden: da aber die wenigsten Gifte palpable Blutveränderungen hervorrufen, so beweist der etwaige Mangel solcher beim Phosphor nichts gegen dessen Wirksamkeit. Die Frage bleibt hiernach sowol als nach weiteren Versuchen von Munk und Leyden, die Dybkowsky ohne Weiteres adoptirt, eine offene. M. und L. behaupten, dass die Injectionen von Phosphoröl in den Venen eine andere Wirkung besässen als der in den Magen oder sonstwie eingeführte Phosphor. Untersucht man aber ihre Experimente genauer, so ist in vielen Fällen der Tod sehr rasch erfolgt, in anderen sind allerdings grössere Dosen ertragen, als solche, welche vom Magen aus in der Regel tödtlich wirken. Dieser Umstand ist von mir bereits in den Gött. gel. Anz. (14. Apr. 1865) damit erklärt, dass ein grosser Theil des Phosphors alsbald wieder durch den Athem eliminirt wird, zumal wenn, wie gewöhnlich, das Oleum phosphoratum zum Theil in den Lungencapillaren stecken bleibt, dann aber auch weil bei der Oelinjection eine solche innige Durchdringung des Blutes mit Phosphordampf wie bei der gewöhnlichen Intoxication nicht statthaben kann. Es sollen aber auch die charakteristischen Zeichen der Phosphorvergiftung nach Munk und Leyden fehlen und statt der Verfettungen sich Lungenaffectionen finden. Verfettungen fehlen aber oft bei rasch tödtlichem Verlaufe und in einem Falle haben Munk und Leyden selbst in der Herzmusculatur die Anfänge beobachtet, die Lungenaffectionen, denen bei Lebzeiten Dyspnoe entspricht, kommen auch nach Injection von reinem Oleum Olivarum in Folge von Embolie der Lungencapillaren vor, wie wir dies selbst beobachteten, und erklären sich zum Theil aus localer Anätzung; ausserdem können auch protrahirte Fälle von Phosphorvergiftung mit Pneumonie verlaufen.

Munk und Leyden bezeichnen die Phosphorsäure unter Ausschluss aller übrigen Verbindungen des Phosphors als diejenige, auf welcher das Wesen der Phosphorvergiftung beruhe. Sie stützen dies auf Experimente mit den betreffenden Verbindungen, wobei freilich, wie Vohl zuerst nachwies, die auf den Phosphorwasserstoff bezüglichen irrelevant sind, weil sie sich zu ihren Versuchen des Phosphorcalciums in wenig Oel emulgirt bedienten, wonach jede Wirkung ausblieb, weil bei dieser Applicationsweise das Wasser nur wenig zersetzend auf das Phosphorcalcium wirken kann. Ausserdem hebt Vohl richtig hervor, dass bei dem fraglichen Zersetzungsprocesse nicht allein PH^3, sondern auch P^2H und PO entstehen und somit das Experiment stets ein sehr unreines ist. Die niedrigeren Oxydationsstufen schliessen Munk und Leyden aus, weil sie im Allgemeinen weniger giftig wirken als die Phosphorsäure, weil sie das Blut nicht so intensiv und in der Weise wie bei Phosphorismus acutus alteriren und weil die fettigen Degenerationen nicht in so ausgeprägter Weise hervortreten. Die fettigen Degenerationen aber sind nur ein Symptom, die Blutbeschaffenheit ist nichts weniger als constant und die dunkele Färbung des Blutes, ebenso wie die Fettentartung fehlen gerade bei schnell tödtlichen Vergiftungen durch Phosphor. Abgesehen von der wunderlichen Annahme, dass die Phosphorsäure in concentrirtem Zustande in — nicht existirenden — Geschwüren dem Blute incorporirt werden muss, ohne welche Annahme, wie Munk und Leyden selbst zugeben, es mit ihrer Theorie nichts ist: spricht dawider die Möglichkeit, dass ein Bruchtheil eines Granes Phosphor Tod in kurzer Zeit herbeiführt; denn trotz der gegentheiligen Versicherung von Munk und Leyden ist die von ihnen ermittelte bei directer Injection conc. Phosphorsäure in die Venen lethale Dosis, wie Dybkowsky nachweist, 7—20fach grösser als die normale lethale Dosis des Phosphors in Verbindung mit O Phosphorsäure bilden würde. Auch hebt Dybkowsky richtig hervor, dass die von M. und L. in den Magen gebrachten Dosen von PO^5 derartig ätzend wirken, dass eine Vergleichung mit den Erscheinungen des Phosphorismus nicht statthaft erscheint und dass die Injection concentrirter Phosphorsäure in das Blut, wodurch eine saure Reaction des Blutes bedingt wird und die nach Einspritzung jeder anderen Säure resultirenden Erscheinungen eintreten, zur Erklärung des Vorganges bei der Phosphorvergiftung gar nicht dienen kann. Ganz gleichgültig ist es übrigens, ob die Phosphorsäure die Blutkörperchen auflöst, für die Frage, inwieweit die Fettentartung dadurch bedingt sei, indem ja auch die Kohlenoxydvergiftung solche fettige Degenerationen als Symptom zeigt; und da auch die niedrigeren Oxydationsstufen des Phosphors nicht ganz ohne Beziehung zur Steatose sind, wie Munk und Leyden selbst angeben, freilich mit der Reserve, dass eine Oxydation zu PO^5 stattfindet, so wären dieselben nur berechtigt zu dem Schlusse gewesen, dass das in Frage stehende Symptom seinen Grund in einer Einwirkung der Oxydationsstufen, und zwar vorzugsweise der Phosphorsäure, auf das Hämoglobin habe. Die Oxydation des Phosphors im Blute und zwar bis zur höchsten Stufe hinauf hat übrigens bis jetzt Niemand in Frage gestellt und die grössere Giftigkeit der Phosphorsäure gegenüber PO und PO^2 hat schon Orfila hervorgehoben.

Die von Dybkowsky ausgesprochene Ansicht, dass neben den Oxydationsstufen auch Phosphorwasserstoff im Blute sich noch bilden könne, ist nach dessen neueren Ermittelungen nicht ganz unwahrscheinlich, woraus sich dann die Möglichkeit der Mitwirkung natürlich ergibt. Dybkowsky glaubt, dass bei sehr schneller Umwandlung von P in PH^3 im Darm sowol als im Blute durch directe Entziehung von O in Eolge der grossen Affinität des PH^3 zum O rasch tödtliche Intoxication bedingt werden kann, während bei langsamem Verlaufe die Oxydationsstufen sich im Blute ansammeln und das Hämoglobin zerlegen.

Ob die fettigen Degenerationen als Ursache der mangelhaften Nutrition durch das krankhafte Blut, wofür der Umstand spricht, dass eine Anzahl von Stoffen, welche auf das Hämoglobin verändernd einwirken, solche Entartung bedingen, aufzufassen sind, oder ob es sich um entzündliche parenchymatöseh Processe handelt, wie neuerdings noch Saikowsky (Virch. Arch. XXXIV. 73. 1865) will, und wofür er den Umstand verwerthet, dass dem Auftreten der Verfettung an Leber u. s. w. Hyperämien der Bauchorgane constant voraufgehen, mag als offne Frage betrachtet werden. Sicher ist sie nicht eine einfache Fettinfiltration, wie Leisering (Virch. Arch. XXX. 478. 1864) meint, der das Phänomen der Fettleber nur bei fetten nicht bei magern Hühnern beobachtete und deshalb dem Phosphor nur einen Einfluss auf die Verflüssigung des Fettes beilegen will, sondern eine fettige Degeneration. Von H. v. Bamberger angestellte vergleichende Bestimmungen des Fettgehaltes im Carotisblute gesunder, mit Phosphor vergifteter und hungernder Kaninchen ergaben bei den mit Phosphor vergifteten keine Zunahme noch eine erhebliche Abnahme derselben, so dass die Phosphorsteatose weder durch Ablagerung von dem Blute entzogenem Fette noch durch Neubildung von Fett aus den Albuminaten des Blutes sich erklären lässt.

Behandlung der Phosphorvergiftung. Als Aufgabe der Therapie der Phosphorvergiftung ergibt sich besonders die Verhinderung der Resorption des Phosphors als solcher oder als Phosphorwasserstoff. In dieser Beziehung dürfte sich besonders der Vorschlag von H. v. Bamberger, Kupfervitriol als Antidot zu verwenden, empfehlen. In Lösungen von Cupr. sulf. überziehen sich Phosphorstückchen sehr rasch mit einer Schicht metallischen Kupfers. Dasselbe findet auch durch kohlensaures Kupfer statt, welches Bamberger, und zwar in Dosen von 4—8 Gran, dem Vitriol substituirt wissen will, wenn ersterer wieder erbrochen wird. Nach Versuchen von Marmé und mir passirt gut verkupferter Phosphor den Darmcanal ohne schädliche Folgen, schlecht verkupferter bedingt Phosphorismus und ist deshalb jedenfalls die auch von Bamberger vorgeschlagene weitere Application eines Brechmittels, vielleicht auch eines Purgans indicirt.

Von Bellini (Wien. med. Wochensch. 62. 1866. Lo Sperimentale 1864) werden als Indicationen für die Therapie der Phosphorvergiftung hingestellt: 1. Entfernung des Giftes aus dem Tractus (Emeticum); 2. Verminderung der Verbrennung des Phosphors im Magen (Aether); 3. Verhütung des Contacts zwischen Phosphor und den Wänden des Darmcanals (Mucilaginosa); 4. Neutralisation der Säuren des Phosphors im Tractus und Decomposition des sich daselbst bildenden Phosphorwasserstoffs (Magnesia usta — Aqua chlorata und Hypochloras Magnesia); 5. Bekämpfung der Magendarmentzündung (Blutegel, Kataplasmen, innerl. durch Kalkwasser alkalisch gemachtes Eiweisswasser); 6. Zufuhr von Sauerstoff zum Blute (entweder directes Einathmen von Oxygenium und innerliche Darreichung von Substanzen, die ihren Sauerstoff leicht an den Körper abgeben, wie Kali chloricum, Eisensuperchlorid) oder Erhalten des Kranken in einer Aetheratmosphäre, um den Combinationen des Phosphors Einhalt zu thun (jedoch keine Anästhesirung); 7. Restitution der Alkalinität des Bluts (Alkalien); Entgegenwirken der Wirkung von Hämorrhagien und fettigen Entartungen (Alkalien wider erstere, Pflanzensäuren und kalte Getränke wider letztere); 8. Bekämpfung der Cholämie durch Diuretica und Purganzen; 9. Beruhigung der Schmerzen, des Deliriums, Erbrechens und anderer nervösen Symptome (Opium). Dass wir der Darreichung von alkalischen Getränken, um so mehr als sie die Bildung von PH^3 begünstigen, das Wort nicht reden können, versteht sich von selbst.

Nachweis. Dass man in einzelnen Fällen auch den Phosphor als solchen in der Leber und anderen Organen nachweisen kann, dürfte neben den Versuchen von Marmé und mir mit Ol. phosphoratum auch der oben erwähnte Fall von Tüngel lehren; doch wird dies wohl nur bei grossen Dosen und acut tödtlichem Verlaufe der Intoxication möglich sein.

Zum quantitativen Nachweise der Phosphorsäure im Blute, auf deren Vermehrung Munk und Leyden ihrer oben erwähnten Theorie gemäss hohes Gewicht legen, empfehlen dieselben nach Pincus und Neubauer Titrirung mit essigsaurem Uranoxyd. Von der Neubauer'schen Uranlösung, erhalten durch Auflösung von 20,3 Grm. reinem Uranoxyd in reiner Essigsäure und Verdünnung bis zu einem Liter, fällt 1 Ccm. 0,005 Grm. Phosphorsäure. Zu diesem Zwecke wird, wie Munk und Leyden angeben, die gewogene oder gemessene Quantität Blut eingeäschert, die Asche mit angesäuertem Wasser extrahirt und die Hälfte davon nach Hinzufügung einiger Ccm. einer 10% Lösung von essigsaurem Natron und einiger Tropfen concentrirter Essigsäure unter Erhitzen im Wasserbade so lange von der Titreflüssigkeit hinzugefügt, bis ein Tropfen einer Blutlaugensalzlösung, zu einem Tropfen der Mischung auf eine Porzellanplatte gebracht, eine bleibende röthlich braune Färbung desselben erzeugt. Aus der Menge der verbrauchten Ccm. Uranlösung berechnet sich die Phosphorsäurequantität leicht.

17. Phosphorwasserstoff, Hydrogenium phosphoratum (S. 814).

[Zusatz zu §. 587. S. 814.]

Die Giftigkeit des nicht selbstentzündlichen Phosphorwasserstoffgases, PH^3, ist durch neuere Untersuchungen zur Thatsache erhoben. Nach Munk und Leyden färbt Phosphorwasserstoff Blut heller roth, und verändert die Blutkörperchen nicht; nach Vohl erhält Blut, bei Ausschluss von O mit PH^3 behandelt, eine braun violette Farbe die sich an der Luft in schön hellroth verwandelt. Kaninchen und Katzen sterben nach H. Eulenberg von 0,45% Gas, ertragen 0,26%; als erstes Symptom zeigt sich Athembeklemmung, schwankender Gang, Hinstürzen, schliesslich ein asphyktischer Zustand und Tod ohne voraufgehende Convulsionen, nach kleineren Mengen mangelnde Fresslust und vermehrter Durst; post mortem geringe Hyperämie der Häute in der Schädelhöhle und im Rückgratscanale, blutig infiltrirte Stellen in den Lungen, starke Hyperämie der Nieren und der Leber, welche auf der Oberfläche in den meisten Fällen hellere Flecken zeigte, intacte Schleimhaut des Tractus, violette oder violett rothbraune Farbe des Blutes, das wie mit blassem Hauche überzogen schien und an der Luft sich dunkelkirschroth färbte, eckige, vorwaltend ganz fein gekerbte, sehr helle Blutkörperchen. Im Blute ist PH^3 nicht vorhanden, dagegen phosphorige und unterphosphorige Säure: es tritt eben sehr rasche Oxydation des Gases ein. Kaninchen, welche Dybkowsky PH^3 mit der vielfachen Menge atmosph. Luft athmen liess, wurden unruhig, athmeten nach 3—4 Min. schneller und beschwerlich, wurden matt, streckten sich unbeweglich auf den Boden hin, zeigten Pupillenerweiterung und Blässe der Ohren, fielen dann auf die Seite und bekamen Krämpfe. Schon $\frac{1}{4}$—$\frac{1}{2}$% kann in 8—30 Min. tödten. Das Herz schlägt nach sofortiger Eröffnung des Thorax fort, das arterielle Blut ist dunkler als normal, mit einem Stich ins Violette, wird beim Schütteln hellroth, riecht nicht nach PH^3 und das Serum bleibt durchsichtig, zeigt zackige Blutkörperchen, was aber auch im normalen Blute der Fall sein kann, post mortem finden sich Ekchymosen und hämorrhagische Exsudate in den Lungen, ausserdem die von Eulenberg beobachteten Hyperämien. Im Blute gelang ebenfalls der Nachweis von phosphoriger Säure. Defibrinirtes Hundeblut wird mit PH^3 braunschwarz, selbst schwarz, und zeigt im Spectrum den für O freies Blut charakteristischen Absorptionsstreifen, beim Schütteln mit Luft wird es etwas heller, jedoch nie so hell wie arterielles Blut und zeigt die Absorptionsstreifen des O haltigen Blutes. Venöses Blut absorbirt nur äusserst wenig PH^3, arterielles etwas mehr als $\frac{1}{5}$ seines Volumens und die Absorption ist mit einer Umwandlung in PO^2 verbunden. Lässt man PH^3 durch den Mastdarm in das venöse

System ein, so zeigt sich rasch, schon nach 2[1] Min., Bräunung des vor den Mund gehaltenen, mit Silbersalz imprägnirten Papiers. Bei grösseren Dosen wirkt auch hier das Gas lethal und zwar indem es dem venösen Blute vollständig den O entzieht, so dass dasselbe im Spectrum nur einen Absorptionsstreifen zeigt, ausserdem die Reaction auf PO^2 gibt; auch das arterielle Blut bleibt dabei nicht unverändert.

18. Phosphorige Säure, Acidum phosphorosum (S. 814).

[Zusatz zu §. 588. S. 814.]

Nach Munk und Leyden können kleinere Mengen phosphoriger Säure (4 Ccm.), in den Magen von Kaninchen gebracht, ganz wirkungslos bleiben, grössere (9 Ccm.) erregen heftige Gastroduodenitis, die oft zum Tode führt, in die Jugularis injicirt bedingen 2½ Cc. sehr rasch den Tod, 1½ Cc. in 2 Absätzen werden ertragen. Subcutane Injecton grösserer Dosen bewirkt ziemlich rapide Tod von Fröschen, bei protrahirter Intoxication zeigt sich Lähmung der ganzen in den Bereich der Injectionsstelle fallenden Körpertheile, Verminderung der Energie des Herzens und fettige Degeneration der Leber, welche letztere partial auch bei Kaninchen beobachtet wurde. Frisch bereitete phosphorige Säure macht Froschblutkörperchen blasser und lässt die Kerne schärfer hervortreten, Kaninchenblutkörperchen schrumpfen zusammen. Weder im Blute noch in Leber und Herzen konnten Munk und Leyden phosphorige Säure nach Injection grosser Dosen in den Magen nachweisen. — Unterphosphorige Säure bedingt nach Munk und Leyden zu ¾ Cc. in 3 Absätzen in die Jugularis von Kaninchen injicirt heftige Convulsionen und Tod vom Magen aus bedarf man mehr als 8 Ccm., um den Tod in Folge intensiver Gastroduodenitis in einiger Zeit herbeizuführen. Leberverfettung ist Ausnahme, die Wirkung auf die Blutkörperchen wie bei PO^3.

19. Phosphorsäure, Acidum phosphoricum (S. 815).

[Zusatz zu §. 586. S. 815.]

Phosphorsäure bewirkt nach Munk und Leyden eine Auflösung der Blutkörperchen; das Blut wird dunkel, lackfarben, dünnflüssig, gerinnt schwer bei Zusatz kleiner Mengen, nach Zusatz grösserer Quantitäten wird es durchscheinend und gallertartig. Aus der Auflösung der Blutkörperchen resultiren häufig Extravasate und Suffusionen. Der Blutdruck, über welchen Munk und Leyden mit J. Rosenthal Versuche anstellten, sinkt nach Injection von Phosphorsäure in die Jugularis regelmässig; die Pulsfrequenz sinkt anfangs, steigt dann wieder, nach grösseren Dosen nimmt sie nur ab. Nach durchnittenen Vagi fallen Druck und Pulsfrequenz bei Einspritzung der Phosphorsäure. Am ausgeschnittenen Froschherzen bewirkt Phosphorsäure sofort Zunahme der Contractionen, die jedoch sehr bald wieder an Menge abnehmen und kurz hernach ganz aufhören; sie werden sehr bald immer unvollständiger und machen blossen Vibrationen des Herzfleisches Platz; der Herzmuskel ist meist gleich nach dem Tode nicht mehr erregbar, die Temperatur sinkt. Die Herzmuskelfasern degeneriren in verschiedenen Graden von einfacher körniger Trübung bis zu deutlicher Fettkörnchenbildung. Directe Injection von Phosphorsäure bewirkt enormen Respirationskrampf und unmittelbar darauf Apnoe, kleine Dosen bewirken nach kurzem Inspirationskrampfe Abnahme der Respirationsfrequenz bis zu 4 in der Minute, die sich allmählig wieder hebt. In den Lungen finden sich oft Ekchymosen. Der Digestionstractus wird nach Injection in das Blut nicht alterirt; in den Magen gebracht bewirkt Phosphorsäure Anätzung (Erosionen, Röthung, Schleimhautablösung durch starke blutige Ergüsse), die sich bisweilen in den Dünndarm fortsetzt. Die Nieren sind post mortem meist hyperämisch, namentlich in der Rinde, die Epithelien mehr oder minder fettig degenerirt; in einem Falle zeigte der Harn Blutkörperchen, Epithelien, Cylinder und zellige Elemente, enthielt Gallenfarbstoff und die Kerne in den Interstitien der Niere boten eine geringe Wucherung dar; in anderen Fällen war der Urin nur eiweisshaltig. Die Leber war stets mehr oder weniger fettig degenerirt, sowol nach Injection in das Blut als in den Magen, in letzterem Falle besonders stark und schon nach wenigen Stunden bei gleichzeitiger Gastroduodenitis. Bei der Prüfung auf den Ischiadicus des Frosches zeigte sich Phosphorsäure als sehr schwacher Nervenreiz, im Muskel erregte sie die heftigsten Zuckungen, welche aber bald nachlassen, da die Muskelsubstanz rasch trübe wird und stark aufquillt. Beweglichkeit und Empfindlichkeit werden durch die resorbirte Phosphorsäure wesentlich herabgesetzt, am stärksten in dem Körpertheil, in welchen sie injicirt wird, schliesslich kommt es zu völliger Anästhesie und Coma. Schon 1 Cc. Phosphorsäure vermag bei Injection in die Jugularis, 6 Cc. vom Magen aus den Tod von Kaninchen herbeiführen.

B. Vergiftung mit Metallen und ihren Verbindungen.

1. Arsen und Arsenverbindungen (S. 815).

[Zusatz zu §§. 590—606. S. 815—849.]

a. Arsenwasserstoff, Hydrogenium arsenicosum.

Eine binnen 5 Tagen verlaufene Arsenwasserstoffvergiftung, wo bei Lebzeiten 1 Std. nach der Intoxication heftiger Kopfschmerz, später Schmerz im Epigastrium, Erbrechen, Erschwerung der Bewegungen, spontaner Schmerz in der Lumbargegend, Anurie, aber keine Störung des Bewusstseins, nach dem Tode Hyperämie der Leber und Niere sich fanden, beschreibt Ollivier (Gaz. des hôp. 123. 1863). Eulenberg (dessen Monographie) erwähnt noch eine Beobachtung von chronischer Arsenwasserstoffvergiftung bei einem Chemiker, in Folge deren ein Widerwillen gegen alle Fleischspeisen und starke Fettleibigkeit sich ausbildete, und bespricht eine Vergiftung des Dr. Vohl mit Dämpfen arseniger Säure, wobei zunächst Entzündung und Geschwulst der Lippen, Nasenflügel, Augenlider, Schmerz im Gaumen und Luftröhre, später heftiges Erbrechen, Kolik, Diarrhoe mit Tenesmus, Bluthharnen, noch später Ohnmacht, Zittern, Krämpfe und Angstgefühl, am folgenden Morgen Ptyalismus sich einstellten; der Speichel enthielt Spuren von Arsen, das Erbrochene und die Fäces enthielten arsenige Säure, der Harn Arsensäure; in den Fäces war noch nach 14 Tagen Arsen, im Harn noch nach 21 Tagen Arsensäure nachweisbar; später wurden in Kopfhaaren und Nägeln, in letzteren noch nach 9 Monaten Arsenspuren gefunden; die ganze Menge des ausgeschiedenen Arsens betrug in dieser Zeit 0,13 Grm. — Eulenberg's Thierversuche bestätigen die grosse Giftigkeit des Arsenwasserstoffs, der schon zu 0,25% der Atmosphäre beigemengt Katzen tödtete, auf Frösche minder intensiv einwirkt. Erbrechen, schwankender Gang, Hinfallen, Hämaturie, beschwerliche Respiration, bis zu dem Bilde eines heftigen asthmatischen Anfalles sich steigernd, dann völlige Asphyxie und sehr kurz andauernde convulsivische Bewegungen gehen dem in etwa ½ Std. eintretenden Tode voran. Post mortem findet sich das Blut flüssig und dintenschwarz, und dieser Färbung entspricht das Colorit des Gehirns, der Lunge und der Leber; die Blutkörperchen sind etwas ungleich und gekerbt; das Spectrum ist unverändert. Frisches Ochsenblut wird durch Arsenwasserstoff nicht schwarz, sondern dunkelroth gefärbt; Verdünnung mit drei Theilen Wasser lässt die schwarze Farbe hervortreten, der Schaum des verdünnten Blutes ist grün. Im Blute der vergifteten Thiere ist arsenige Säure, nicht Arseniksäure, nachweisbar.

Dass es sich bei der giftigen Wirkung der Arsentapeten nicht um die Entwicklung von AsH^3, sondern um Verstäubung handelt, zeigt das Auffinden von Arsen und Kupfer (letzteres jedoch nicht constant) im Urin solcher Personen, welche sich in solchen Räumen aufgehalten hatten, durch Kletzinsky (Wiedener Krankenhausber. f. 1859).

b. Arsenige Säure, Acidum arsenicosum.

Zur Casuistik der Vergiftung mit arseniger Säure mögen hier genannt werden: ein in 36 Std. tödtlich verlaufener Fall von Selbstvergiftung mit einer sehr grossen Dosis (48 Gr.) von Niemann (Henke's Ztschr. LXXXI. 316. 1861), dem sich mehrere andere (ibid. LXXXIV. 134. 1862) anschliessen, ein Fall von Selbstvergiftung durch ½ Unze in 12 Std. lethal, wo das Endocardium stark ekchymotisch war, von Wilks (Lanc. 13. March. 1862), ferner die Mittheilungen von Ant. Köffler (Allg. Wien. med. Ztg. VIII. 12. 1863), wonach 138 Personen an Arsenintoxication erkrankten, welche von Mehl genossen hatten, das auf mit einer Lösung von arseniger Säure gereinigten Mühlsteinen gemahlen war, darunter 2 Säuglinge; Keber in Danzig, 11 Vergiftungen betreffend, welche in der Gegend von Danzig in Folge des centnerweisen Verkaufes des Giftes sehr häufig sind und wovon besonders interessant eine chronische Vergiftung (Anästhesie der Hände und Füsse, schwerer Gang) zweier Personen durch öfters absichtlich in den Speisen dargereichte arsenige Säure erscheint, obschon auch andere, insbesondere Exhumationsfälle gerichtlich-medicinische Bedeutung haben (Casper's Vjhrsch. XXIII. 2. 271. XXIV. 1. 131. 1863) und von Smoler, 3 Fälle von Anästhesie und Paralyse nach acutem Arsenicismus, eine acute Cerebrospinalaffection durch AsO^3, in wenigen Stunden lethal endend, betreffend (Oesterr. Ztschr. f. prakt. Heilk. IX. 19. 20. 1863. Wien. med. Halle 32. 1863). Einen dem letzteren Falle von Smoler ähnlichen publicirt auch Heidloff (Berl. klin. Wchschr. 43. 1864), einen Fall von Lähmung der Extremitäten nach grosser Dosis Maschka (Blätter f. Staatsarzneikde. Nr. 9. 1866).

c. Verbindungen der arsenigen Säure und Arsensäure mit Oxyden.

Eine Vergiftung durch Backwerk, zu welchem grüne Arsenfarbe verwandt war, beschreibt Keber (a. a. O.); die eines Säuglings durch grüngefärbtes Papier Howitz (Hosp. Tidende 16. 1863). Auf einen Fall von Vergiftung mit einer Arsenfarbe von Grohé und Mosler müssen wir wegen des Sectionsbefundes weiter unten zurückkommen.

d. Kakodylsäure.

Nach Th. Renz (Deutsches Arch. f. klin. Med. I. 2. 235. 1865) bedingt die medicinale Anwendung der als Medicament vielfach von Jochheim empfohlenen Kakodylsäure einen höchst widerlichen, stechenden Knoblauchgeruch der Exspirationsluft, der bald auch im Schweisse, im Harn und besonders in den Darmgasen sich geltend macht und selbst noch mehrere Tage nach Sistirung des Mittels anhält. Neben diesem auf Veränderung der Kakodyls äure im Organismus hinweisenden Uebelgeruch können sich auch Pulsbeschleunigung, Insomnie, Ructus, Trockenheit im Munde und Schlunde und eine eigenthümliche Gereiztheit einstellen.

Wirkungsweise der Arsenikalien. — Ueber die Toleranz des Organismus, selbst des kindlichen, gegen länger fortgesetzte medicinale Dosen arseniger Säure gaben in neuester Zeit besonders die Monographien der Arsenotherapie von Millet und Isnard (vgl. meine Anzeigen derselben in den Kritischen Blättern Nr. 9 u. 52. 1866) Aufschluss. Craig Maclagan's Angaben über das Arsenikessen in Steiermark (Edinb. med. Journ. 200. 1864) bringen zu dem Bekannten kaum etwas Neues hinzu. E. Kopp (Silliman's Journ. XXX. 200. 1860) erfuhr in Folge von Arbeiten mit Arsen, wobei eine Einverleibung stattfinden musste, eine Gewichtszunahme von 20 Pfd. im Laufe von 2 Monaten, die nach dem Aufhören der Arbeiten wieder verschwand. Schädliche Folgen des Arsenikessens beobachtete Parker (Edinb. med. Journ. 116. Aug. 1864) bei einem Manne, der in den letzten 5 Lebenswochen täglich 2 Gran consumirte, an Magenschmerzen, Diarrhoe mit Tenesmus und Strangurie erkrankte, ohne dass der gute Ernährungszustand und die Kräfte alterirt wurden, und ohne dyspnoetische Erscheinungen und Convulsionen nach zuvorigem Sinken der Herz- und Gefässthätigkeit bis zu vollständiger Pulslosigkeit am Vorabend des Todes starb; post mortem zeigte sich starke cadaveröse Zersetzung und starke Entzündung des Dünndarms und Rectums und wies die Analyse in der Leber Arsen nach. Die von diesem Patienten beobachtete Steigerung des Geschlechtstriebes steht im Gegensatze zu der Behauptung von Charcot (Gaz. des hôp. 86. 1864), wonach medicinale Arsenverwendung Anaphrodisie bei 2 seiner Patienten bedingte, welche schon von Rayer beobachtete Affection übrigens nach Dévergie (Bull. de Thér. Juill. 15. 1864) sehr selten vorkommt. Das Wasser des Flusses Whitbeck in Cumberland scheint nach Davy (Edinb. new philos. Journ. 43. 1863) nur äusserst gering arsenhaltig (in einer Pinte 0,008 Gr. Arsen) zu sein; doch ist es Fischen und Schwimmvögeln, insbesondere Enten gefährlich.

Dass auch Thieren Arsenicalien längere Zeit ohne Schaden incorporirt werden können, beweisen für den arsensauren Kalk und die Arsensäure Versuche von Roussin (Journ. de pharm. et de chim. XLIII. 102. 1864), für das arsenigsaure Natron die unter Meissner's Leitung ausgeführte Arbeit von Conze (Henle's Ztschr. 3. R. XXVIII. 33. 1866), nach welcher Kaninchen selbst an toxische Gaben von 0,015 Gr. täglich gewöhnt werden können. Wie früher Schmidt und Sturzwage (Moleschott's Unters. VI. 283. 1862) bei Thieren Verminderung der Kohlensäureausscheidung, freilich nach toxisch wirkenden Dosen, fanden, so constatirte Conze bei den an Arsengenuss gewöhnten Kaninchen nach einiger Zeit nicht unbedeutendes Sinken der Temperatur, das, so lange die Darreichung des Präparats dauerte, constant blieb. Sehr interessant ist eine zweite Beobachtung Conze's, wonach die Contraction des Herzens und besonders des rechten Vorhofes viel längere Zeit als gewöhnlich (bis 9 Std.) fortdauert, wenn man den Thieren arsenigsaures Natron in die Jugularis injicirt und dieselben rasch tödtet. Es ist dies besonders bei der Injection von 0,010 Grm. auffallend, während bei geringeren und erheblich grösseren Dosen dieselben nicht so lange persistiren und z. B. 0,60 Grm. die Herzcontraction sofort vernichtet. Auch das linke Herz lässt sich durch directe Injection arseniger Säure zu längerer Contraction reizen. Bei ausgeschnittenem Herzen hören mit Entleerung des arsenikhaltigen Blutes die Contractionen auf und beginnen wieder, wenn letzteres nach einiger Zeit wieder eingefüllt wird. Das Absterben von Froschherzen erfolgt nicht langsamer, sondern rascher, wenn arsenige Säure dieselben afficirt. Ferner bestätigte Conze die antiseptische Wirkung der arsenigen Säure (Nichtfaulen fein zertheilten Nerven- und Muskelgewebes, Därmen in 0,6%, 1% und 2% wässriger Lösung arseniger Säure, Erhalten der Blutkörperchen in 0,5% nach 18 Stunden, wo eine gleichzeitig mit Wasser versetzte Blutprobe die meisten Blutkörperchen schon aufgelöst zeigte, in 0,25% Lösung fand ebenfalls keine Auflösung statt und selbst Lösungen von 0,125% und noch diluirtere wirken, wenn auch in schwächerem Grade, conservirend auf Blutkörperchen. Flimmerbewegung und Bewegung der Spermatozoen werden durch arsenige Säure aufgehoben. Die vorstehenden Beobachtungen Conze's stützen die Ansicht von Schmidt und Sturzwage, dass die arsenige Säure die Oxydation hemme, wodurch das damit in Contact gebrachte Säugethierherz dem Amphibienherzen ähnlich werde: grosse Arsengaben wirken vernichtend durch zu starke Beschränkung der Oxydation. Auch die örtliche Wirkung wird von Conze auf totale Hemmung der Oxydation bezogen. Wie übrigens diese zu Stande komme, wird unentschieden gelassen; dass dabei der Sauerstoff selbst, etwa durch Bildung von Arsensäure, direct beeinflusst wird, wie Munk und Leyden das neuerdings wieder behauptet haben, weist C. mit Recht wegen der gleichen conservirenden Wirkung der Arsensäure, sowie wegen der zur Hervorbringung des Effects ausreichenden Minimalquantitäten zurück.

Nach Untersuchungen von Sklarek (Reichert's Arch. H. 4. 481. 1866) wirken arsenige Säure, arsenigsaures Kali und Natron, in kleinen oder grossen Dosen subcutan injicirt, auf das Herz der Frösche in 5—10 Min. in der Weise, dass die Leistungsfähigkeit beschränkt und endlich aufgehoben wird, in Folge wovon eine Ansammlung des Blutes im Herzen beim Stillstande desselben stattfindet; die Muskelsubstanz bleibt contractil und die Zerstörung der Medulla hat keinen Einfluss auf das Zustandekommen. Reizung der Herzganglien findet nicht statt und ebensowenig momentaner Stillstand des Herzens. Auch bei Säugethieren ist der Tod, welchem Dyspnoe vorausgeht, Folge der Lähmung der motorischen Herznerven. Hinsichtlich der Wirkung auf das Nervensystem constatirte Sklarek, dass bei der Vergiftung zunächst die spontane Muskelthätigkeit aufhört, und zwar in Folge centraler Einwirkung, da weder die Muskeln noch die peripherischen Nerven functionsunfähig sind, dass, während das Muskelgefühl intact bleibt, kaustische und chemische Reize nicht empfunden werden, sowol nach vorgängiger Decapitation als ohne dieselben, und zwar nicht in Folge einer Beeinträchtigung der sensibeln Endapparate oder der peripherischen Nerven, sondern desjenigen Theiles des Rückenmarkes, welcher die thermisch chemischen Reize leitet (hintere graue Substanz nach Schiff), ferner dass der Lähmung eine Reizung nicht vorausgeht; dass erstere vor der Beeinträchtigung der Herzfunctionen eintritt, durch kleine Dosen später als durch grosse, und dass diese Erscheinungen bei Säugethieren nicht so prägnant, namentlich aber die Anästhesie viel später als bei Fröschen eintreten.

Dr. Saikowsky aus Moskau (Virch. Arch. XXXIV. H. 1 und 2. p. 73. 1865) hat die wichtige Entdeckung gemacht, dass auch Arsenikalien und Antimonialien dieselben Veränderungen in der Leber, den Nieren, der Herzmusculatur und im Diaphragma hervorrufen, was Saikowsky bei 46 Kaninchen übereinstimmend fand, denen er arsenige Säure, Arsensäure, antimonige Säure und Antimonchlorür beibrachte. Saikowsky erklärt die Arsensäure, als Folge deren Einwirkung auch früher schon Munk und Leyden fettige Degeneration constatirten, für weniger wirksam als die arsenige Säure, indem Kaninchen nach täglicher Fütterung mit 0,02 Grm. der letzteren am dritten oder vierten Tage, mit derselben Dosis der ersteren erst am sechsten oder achten Tage starben. Bei allen war die Leber sehr vergrössert und stark verfettet; entsprechend waren die Veränderungen der Nieren und des Epithels der Harncanälchen, des Herzfleisches, der Diaphragmamuskeln und des Epithels der Magendrüsen. Nach der (länger dauernden) Intoxication mit Arsensäure war die Verfettung am deutlichsten. Der Fettgehalt der Kaninchenleber, in normalen Verhältnissen zu 5—6¾ % ermittelt, stieg auf 8—12½ %, höher als ihn Saikowsky bei der Phosphorleber (4½—9 %) fand. Bei acuter Vergiftung mit 0,1—0,02 Grm. arseniger Säure, welche in 20—28 Std. tödtete, enthielt die Leber auch Fett, aber diffus abgelagert. Kaninchen, mit antimoniger Säure zu ½—1 Grm. pro die gefüttert, zeigten nach 14—19 Tagen ähnliche Fettablagerungen, wobei aber die Leber nie so voluminös, und Nieren selten afficirt waren. Bei Anwendung von dreifach gechlortem Antimon, 0,05—0,1 Grm. pro die, 4—5 Tage lang, ist die Fettmetamorphose intensiver, die Affection ähnlich wie nach Acidum arsenicosum, doch mehr diffus und gleichmässiger verbreitet. Das aus den Lebern der mit Arsen und Antimon vergifteten Thiere gewonnene Fett ist vollkommen farblos. Das Glykogen in der Leber ist dabei vermindert. Oft geht der Fettablagerung ein Verschwinden des Glykogens voraus und dies findet sich bei chronisch vergifteten Thieren selbst da nicht, wo die Fettablagerung sistirt. Bei den Phosphorvergiftungen constatirte Saikowsky vollständiges Verschwinden desselben an jungen, eine Abnahme an älteren Kaninchen. —

In Fällen, wo die Kaninchen längere Zeit (16—18 Tage) nach der Arsenvergiftung am Leben blieben, war Volum und Gewicht der Leber stets geringer als im Acmestadium, vollkommen fettlos; an den der intensivsten Verfettung entsprechenden Stellen gelblichbraune Pigmentablagerung. Auch in diesen Fällen fehlt das Glykogen.

An die Experimentaluntersuchungen Saikowsky's schliesst sich in engster Weise eine höcht interessante Beobachtung von Grohe und Mosler (Virch. Arch. Bd. XXXIV. H. 1 und 2. p. 208. 1865) an einem an Vergiftung mit einer grünen Arsenfarbe unter den Erscheinungen einer toxischen Gastritis und rasch zunehmenden Collapsus nach 13 Std. zu Grunde gegangenen zweijährigen Knaben, dessen Leben weder durch das (bei Intoxication mit Kupferarseniaten ja stets) rasch eintretende spontane Erbrechen noch durch Darreichung von Eisenoxydhydrat gerettet werden konnte. In der Leiche waren die Magendrüsen in dem von Virchow für die Phosphorvergiftung als charakteristisch bezeichneten Zustande; neben der Affection der schlauchförmigen Drüsen fanden sich auch analoge Veränderungen an den Solitärfollikeln des Magens, welche in ungewöhnlich grosser Anzahl bei dem Verstorbenen vorhanden waren. Alle diese Drüsenveränderungen waren nur innerhalb der hyperämischen Parthie der Magenschleimhaut, und auch hier boten nur einzelne Drüsen die höchsten Grade der Adenitis dar. Die Brunner'schen Drüsen stark geschwellt, die Zellen von trüber feinkörniger Beschaffenheit, ohne zerfallen zu sein; die Duodenalschleimhaut gleichmässig hyperämisch. Im Ileum hatten die Peyer'schen Haufen und die Solitärfollikel vollkommen den Charakter wie bei einer frischen markigen typhösen Schwellung, die Schleimhaut im ganzen Dickdarm im Zustande starker Hyperämie und Schwellung, die des Dünndarms mit Ausnahme von Injectionsröthe an einzelnen Stellen, die ihren Sitz ausschliesslich in den Zotten auf der Höhe der Falten hatte, auffallend blass. Milz sehr vergrössert, besonders stark die Malpighi'schen Bläschen. Nieren, Leber und Muskeln des Herzens und des Diaphragma zeigten mikroskopisch die bei der Phosphorvergiftung constatirten Veränderungen, die allerdings in den einzelnen Organen noch nicht überall zu dem vorgeschrittenen Bilde der fettigen Infiltration und des Zerfalles gediehen waren. Muskeln der Extremitäten zeigten die geringsten Veränderungen. Ausserdem constatirte die Section am Herzen im Septum ventriculorum eine ca. 2 Groschenstück grosse unregelmässig begrenzte Stelle, an der das Endocardium und die unmittelbar darunter liegenden Muskellagen sehr stark geröthet und theilweise ekchymosirt sind; Mitralis an den freien Rändern etwas verdickt; die Aortenklappen sehr stark gallartig gequollen, der mikroskopische Befund entsprach einer frischen entzündlichen Schwellung des Klappengewebes. Ein sehr auffallender Befund war ferner acute Atelectase der Lungen, welche fast die ganze Oberfläche beider Lungen betraf, während das übrige Parenchym lufthaltig und frei von jeder Erkrankung blieb; die mikroskopische Untersuchung constatirte keine Abnormitäten am Lungengewebe. Von forensischem Interesse ist noch, dass, während in den 2 Std. nach Einnahme des Giftes erbrochenen Massen noch reichliche Mengen Arsen nachweisbar waren, später im Magen- und Darminhalt der Leiche, in Galle, Leber, Milz und Nieren das Gift nicht mehr aufgefunden wurde.

Das Vorkommen von Fettleber und allgemeiner Anämie bei acutem Arsenicismus constatirte neuestens auch Dr. Greiner (Vjhschr. f. ger. Med. N. F. V. 2. p. 345. 1866).

Die Angabe von Blondlot (L'Union med. 9. 1867), dass der Nachweis des Arsens als Arsenwassersoff, AsH^3, bei Anwendung einer mit Salpetersäure verunreinigten Schwefelsäure im Marsh'schen Apparat fehlschlage, weil sich dann ein festes As^2H bilde, ist nach hier in Göttingen angestellten Versuchen, sowie nach Experimenten von Arth. Gamger (Edinb. med. journ. 408. Nov. 1864) irrig, insofern ein solcher fester Arsenwasserstoff nicht existirt und Spuren von Salpetersäure in Marsh's Apparate so gut wie ohne Einfluss auf die Bildung von Arsenspiegeln sind.

2. Antimon und Antimonverbindungen (S. 849).

[Zusatz zu §§. 606—615. S. 849—860.]

H. Eulenberg (dessen Monographie, p. 424) fand die Angaben von Hannon bestätigt, wonach Antimonwasserstoff auf Kaninchen nicht toxisch wirkt und nur die Zahl der Respirationen und Herzschläge herabsetzt.

Zur Casuistik der Brechweinsteinvergiftung ist der Fall des Dr. Pritchard zu Glasgow (Ermordung seiner Frau und Schwiegermutter durch Tart. stib.) zu nennen, vgl. darüber die Arbeit von Douglas Maclagan, H. D. Littlejohn und Fred. Penny (Edinb. med. journ. 163. Aug. 1865). Im Herbst 1861 kamen hier in Göttingen eine beträchtliche Zahl von Intoxicationen durch auf dem Jahrmarkte gekauften Honigkuchen vor, zu dessen Bereitung irrthümlich Brechweinstein verwendet war.

Ueber die Wirkungen des Brechweinsteins auf das Herz hat Prof. Th. Ackermann (Virch. Arch. Bd. XXV. S. 531. 1863) Untersuchungen angestellt. Nach Einspritzung grösserer Mengen Brechweinstein in die Blutgefässe von Hunden treten Veränderung der Herzaction constant hervor. Nicht ein regelmässiges continuirliches Steigen der Pulsfrequenz, wie nach kleinen Dosen beim Menschen, zeigt sich aber fast immer eine mit der Dauer der Wirkung stärker hervortretende, bis kurz vor dem Tode anhaltende Verminderung, stets Unregelmässigkeit des Pulses. Ferner constant Abnahme des Blutdruckes im Aortensysteme, am deutlichsten wahrnehmbar bei langsamerem Pulse, wo der Druck in der Carotis von einer vor der Injection 108 Mm. betragenden Höhe bis 14 Mm. heruntergehen kann. Die tiefsten Senkungen finden unmittelbar vor dem Tode statt und mit oder schon vor dem letztem Athemzuge erfolgt vollkommener und dauernder Stillstand in der Diastole. Bei starker Pulsverlangsamung findet oft enormes Wachsen der einzelnen Blutwellen (von 3—6 Mm. bis 15, 20—30 Mm.) statt, die jedoch nie die anfängliche absolute Druckhöhe erreichen.

Die Herzbewegung wird vor vollständigem Erlöschen 1—1½ M. lang äusserst frequent (140—160) und schwach. Der Abnahme des arteriellen Blutdrucks entspricht eine Zunahme der Spannung im Venensystem (Cyanose oder mehr lichte Blässe der Zunge, des Gaumens und der wenig behaarten Gesichtstheile) und aus der Verlangsamung des Blutstroms im Allgemeinen resultirt das Sinken der Temperatur, das nach grösseren Dosen auch im Innern des Körpers sich zeigt, am bedeutendsten bei längerer Vergiftungsdauer (in 5 Std. 8 M. um 6,6^0), geringer bei raschem Tode (in ½—1 Std. um 1—2^0) ist und nur hin und wieder von mässigen Steigungen (um 0,1—0,2^0) unterbrochen wird, die in der Regel von einer Steigerung der Frequenz der Athembewegungen begleitet werden. Die Inanition ruft diese Abkühlung des Körpers nicht hervor, vielmehr gibt sich letztere schon vor dem Erbrechen oder vor den Durchfällen deutlich zu erkennen. Alle genannten Erscheinungen, die Cardinalsymptome des Collapsus, stehen in Connex mit dem lähmenden Einflusse des Brechweinsteins auf das Herz. Dieser wird ausser Zweifel gesetzt durch das Factum, dass bei Hunden, die durch Injection von 25—75 Cgm. getödtet wurden, die Reizbarkeit des unmittelbar nach dem Tode blossgelegten Herzens bedeutend verringert und zuweilen selbst vollständig erloschen ist. Ferner beobachtet man constant nach Brechweineinspritzungen bedeutende Abnahme der Muskelkräfte und irreguläres Athmen. Post mortem finden sich Veränderungen, welche z. Th. Wirkung der Herzschwäche, z. Th. davon abhängig sind. Der Abnahme des Arteriendrucks entspricht die Anfüllung des ganzen venösen Gefässsystems, besonders der Hohlvenen und Pfortader, mit dunklem Blute; Leber und Milz sind auch enorm blutreich und enthalten bisweilen Extravasatheerde von Erbsen- bis Kirschkerngrösse, ebenso die Nieren. Die Lungen fand Ackermann meist normal, nie tief alterirt, höchstens an den Rändern etwas Emphysem und kleine subpleurale Ekchymosen, ausnahmsweise einzelne kleine atelectatische Heerde. Unabhängig von der Herzschwäche scheinen die Veränderungen im Tractus: diffuse Röthung der Magenschleimhaut, namentlich an der Cardia, intensiv rosige Färbung einzelner Stellen des Dünndarms, bedeutende Contraction des Dickdarms von Coecum an bis zum Orificium ani, zuweilen bis zur geringen Länge von 4—5 Zoll und gleichzeitig in die Quere, wobei die Schleimhaut zahlreiche vielfach gewundene Quer- und Längsfalten zeigt, die an der Basis und den Seitenflächen anämisch, auf ihren Gipfeln dagegen stark hyperämisch sind und viele kleine Ekchymosen enthalten. Man kann sich bei Lebzeiten des Thiers an der Schleimhaut des Rectums sehr leicht überzeugen, dass diese Contraction eine vitale ist.

Hieran schliessen wir die von G. Pécholier (Montpell. méd. Mai. 1863) angestellten Versuche über die physiologische Wirkung des Brechweinsteins. Nach 12 Experimenten an Kaninchen und 4 an Fröschen gelangte Pécholier zu folgenden Schlüssen: Bei der Wirkung des Brechweinsteins sind drei Perioden zu unterscheiden. In der ersten zeigt sich nach Dosen von 1—40 Cgm. 10—20 Min. lang Vermehrung der Pulsschläge und Respirationen, sowie etwas nervöse, dem Schreck und den Brechanstrengungen zuzuschreibende Aufregung. Diese Periode fehlt bei Anwendung grösserer Gaben (1—2 Gm.). Die zweite Periode dauert 3—4 Std. In dieser zeigen sich mehr oder minder ausgesprochen Puls und Respiration verlangsamt, die Temperatur namentlich in den äusseren Theilen gesunken, dabei Collapsus der Functionen des Nervensystems. Die Pulsverlangsamung betrug im Durchschnitt 20—25 Schläge bei Dosen von 5—10 Cgm., mehr als 100 bei der Gabe von 1 Gmm. und ihr proportional war die Verminderung der Zahl der Respirationen. Das Maximum der Temperaturabnahme war 6^0. In der dritten Periode kehren Puls, Respiration und Temperatur wieder zur Norm zurück und sogar noch darüber hinaus. Sensibilität und Motilität werden für Augenblicke wieder normal, verschwinden aber bald wieder. Diese febrile Reaction, welcher meist Tod folgte, schien Pécholier mit organischen Congestionen, die durch die Section constatirt wurden, in Zusammenhang zu stehen. Die dritte Periode fehlte bei zu schwachen (unter 5 Cgr.) oder zu starken Dosen (1 Gmm.). Im ersten Falle kehrte nach kurzer Störung Alles zur Norm zurück, im zweiten erfolgte der Tod direct nach Zunahme der Prostration. Bei der Abnahme der Nerventhätigkeit sind besonders die sensitiven, weniger die motorischen betheiligt; die Muskelcontractilität war wenig vermindert. Pécholier fand das Blut nach Verabreichung grosser Dosen stets flüssig und constatirte die Anwesenheit von Antimon und Zucker in der Leber. Als Unterschiede der Wirkung der Ypecacuanha von der des Tartarus stibiatus ergaben sich nach früheren Versuchen Pécholier's: raschere Zunahme der Hyposthenisation bis zur Lebensgefahr und wiederum raschere Abnahme der Zufälle, Fehlen der Reactionsperiode, des flüssigen Zustandes des Blutes und der localen Irritationen, Zerstörung der zuckerbildenden Functionen der Leber und vollständigere Vernichtung der Sensibilität.

In Bezug auf die fettige Degeneration als Folge von Stibismus vgl. die Angaben von Saikowsky auf Seite 154 des Supplements.

3. Wismuth, Bismuthum (S. 860).

[Zusatz zu §§. 616 und 617. S. 860—862.]

Nach Leon Bricka (Du Sous-Nitrate de Bismuth et de ses applications. Thèse. Strasb. 1864) sind die in den Pharmacien Frankreichs befindlichen Präparate meist nicht das salpetersaure Wismuthoxyd des Code français, sondern enthalten Ueberschuss von Wismuthoxyd und sind mit arseniger Säure verunreinigt. Reines Bismuthum subnitricum ist selbst in hoher Gabe und bei längerem Fortgebrauche ungiftig; auch das verunreinigte wirkt nur schädlich, wenn es im Magen mit sauren Flüssigkeiten in Contact kommt, welche es in Lösung bringen, was durch überschüssiges Wismuthoxyd gehindert wird. Ebenso ist basisch kohlensaures Wismuthoxyd ungiftig. Bismuthacetat kann in grösseren Gaben Erbrechen und Unwohlsein und in kleineren bei längerer Darreichung den Tod von Thieren bewirken; es ist dies aber nur Folge der im Magen freiwerdenden Essigsäure. Ein Theil der Wismuthsalze wird durch den Urin eliminirt; eine andere localisirt sich in der Leber und kann Wismuth noch mehrere Monate nach der Suspension der Wismuthzufuhr in diesem Organe nachgewiesen werden. (Arsen fand Bricka nach dem Gebrauche arsenhaltiger Wismuthpräparate niemals in der Leber.)

4. Molybdän (S. 867).

[Zusatz zu §. 621. S. 867.]

Molybdänwasserstoff erwies sich H. Eulenberg (dessen Monographie, p. 475) als sehr schwach irritirendes, nur etwas wässerigen Ausfluss aus dem Munde bewirkendes Gas.

5. Silber, Argentum (S. 867).

[Zusatz zu §§. 622—629. S. 867—873.]

Nach Benj. Ball (Gaz. med. 40. 1865) tödtet Silberalbuminat zu 0,3 Grm. in Wasser (60 Grm.) gelöst und in die Venen gespritzt Hunde in ½ Std.; der Tod erfolgt asphyktisch, in den Bronchien findet sich schaumiger Schleim in Menge. Phosphorsaures und namentlich unterschwefligsaures Silber wirken viel energischer; 0,2 Grm. des letzteren in 60 Grm. Wasser bewirken fast sofortigen Tod unter Convulsionen, 0,05 Grm. in 7—8 Min. unter Bronchitis. Mit der

Asphyxie verbindet sich Paralyse und Anästhesie der hinteren Extremitäten; die Section ergibt Lungenödem und schaumigen Schleim in den Bronchien, die Muskelreizbarkeit besteht. 0,001—0,005 Mgrm. bedingen nur vorübergehendes Unwohlsein. In dem Schleim ist Silber nicht nachweisbar.

6. Quecksilber und Quecksilberverbindungen (S. 873).

[Zusatz zu §§. 630—643. S. 873—898.]

Zur Casuistik der Vergiftung durch Mercurialia fortiora glauben wir folgende hervorheben zu müssen: Fall von Vergiftung mit 2 Drachmen Sublimat statt Jalappenpulver dispensirt, in 26 Tagen tödtlich verlaufen, wo nach dem Tode Quecksilber in Leber und Blut nachgewiesen wurde, von Ogston (Brit. rev. 493. Oct. 1861); Fall von Intoxication mit ⅓ Drachme Sublimat, in welchem das sog. galvanische Antidot von Buckler (Limatura ferri et auri) zur Anwendung kam und am 2. Tage nach Beseitigung der acuten Zufälle Ptyalismus eintrat, von Christoph Johnson zu Baltimore (Hay's Amer. Journ. 339. Apr. 1863) mitgetheilt; 2 Fälle von Vergiftung durch Sublimat als Salbe gegen Krätze eingerieben, die in 4½ resp. 6 Tagen tödtlich endeten, und wobei die Section ausser den Erscheinungen an der Haut Entzündung der Serosa und Mucosa des Magens und des Netzes, zinnoberrothe Färbung der Luftröhre und Bronchien, in einem Falle auch Entzündung der Nieren und Blase, Congestion des Uterus und der Tuben, Entzündung des Endocardiums und der inneren Haut der grossen Arterien constatirte, die chemische Analyse das Quecksilber nur in den Nieren einer der Verstorbenen, nicht in dem Darminhalte und den übrigen Organen dieser und der zweiten nachwies. Einen ganz ähnlichen Sectionsbefund hatte E. Vidal (Journ. de Chim. med. Oct. 1864. Schmidt's Jahrb. CXXVI. 283. 1865) bei einer nach Einreibung mit salpetersaurem Quecksilberoxydul in 9 Tagen Verstorbenen; hier ergab nur die Leber, aber kein sonstiges Organ Quecksilbergehalt.

Von hohem Interesse sind die Mittheilungen über Intoxicationen mit Quecksilbermethyl (Merkurmethyl), eine von Buckton 1858 entdeckte Verbindung von Hg C^2 H^3, eine farblose, stark lichtbrechende, 87% Quecksilber enthaltende, schwach süsslich riechende und wiederlich ätherisch schmeckende, zwischen 93 u. 96° siedende, aber schon unter ihrem Standpunkte verdampfende Flüssigkeit von 3,067 spec. Gew., deren Dämpfe in der Luft vertheilt höchst ekelerregend riechen, gab im Laboratorium zur Vergiftung von mehreren Chemikern Veranlassung, über deren Verlauf die Berichte des St. Bartolomäus Spitals in London (I, 141—150) Näheres enthalten. In dem einen Falle, welcher übrigens einen schon früher an Epilepsie Leidenden betraf, trat während der 3 Monate, welche hindurch er mit der Bereitung des Quecksilbermethyls beschäftigt war, anfangs Verschlechterung des Sehvermögens, ohne dass der Augenspiegel etwas Krankhaftes nachzuweisen vermochte, ein, dann, 2 Tage vor seiner Aufnahme in das Spital, Steifigkeit der Hände, Schwerhörigkeit, grosse Schwäche, wundes Zahnfleisch und nach 10tägigem Aufenthalte im Spitale Tod; die im Hospitale beobachteten Erscheinungen waren Zunahme der Schwäche und Apathie, starker Eiweiss- und Epithelgehalt des Urins, sehr kleiner, jedoch nicht besonders frequenter Puls, höchst unangenehmer Geruch des Athems und Körpers, nächtliche Delirien, mit einem comatösen Zustande am Tage abwechselnd, Unregelmässigkeit der Respiration, so dass manchmal gar einige Secunden nicht, dann wieder schnell und keuchend geathmet wurde, zwei Tage vor dem Tode Anästhesie, erst partiell, später total und starke Mydriasis. Bei der Section fand sich die harte Hirnhaut äusserlich congestionirt, die Gefässe der pia mater strotzend gefüllt und zahlreiche weisse Flecken in der Substanz der Membran eingebettet, die Gehirnsubstanz ebenfalls stark blutreich, ödematös, graue Substanz rosenroth, weisse Substanz normal; ausserdem Leber und Nieren blutreich, die Oberfläche der l. Niere injicirt, ecchymosirt, Schnittfläche injicirt. In dem zweiten Falle hatte nur 14tägige Beschäftigung mit der Darstellung von Mercurmethyl stattgefunden, auch hier begann das Unwohlsein mit Gesichtsschwäche, daneben Schwindel, Uebligkeit und Erbrechen grüner Massen; es war nach 14 Tagen Besserung erfolgt, doch stellte sich 6 Wochen später, ohne dass weitere Beschäftigung mit Quecksilberverbindungen stattgefunden, wiederum Sehschwäche, ausserdem Verlust des Geschmackes, Anschwellung des Zahnfleisches und Schmerzhaftigkeit desselben, mehrere Tage anhaltende Empfindungslosigkeit der Zunge, Ptyalismus, dann auch Verlust des Gehörs und Taubsein in Händen und Füssen ein; nachdem dieser Zustand mehrere Tage gedauert, trat plötzlich ein Anfall von Bewusstlosigkeit mit stertoröser Respiration ein, und es entwickelte sich im Hospital im Verlaufe von 4 Monaten ein vollständiger Zustand von Idiotie, so dass der Pat. Niemanden erkennen, kein Wort sprechen konnte und völlig taub war; auch bei ihm wurde der fötide Athem bemerkt und zeigten sich die nächtlichen Delirien; Eiweiss war im Urine nicht vorhanden; einer Privatmittheilung zufolge ist auch dieser Patient später gestorben.

Saikowsky (Verch. Arch. XXXVI, 3. p. 346) studirte die Wirkung der Quecksilberverbindungen auf Thiere, wobei er sich besonders des Sublimats bediente, das er in wässriger Lösung bald innerlich, bald subcutan applicirte. Subcutane Application wirkt bedeutend schneller und intensiver als innere Darreichung, so dass Kaninchen nach 0,04 bis 0,06 Grm. in 2 Tagen subcutan beigebracht nach 3 Tagen sterben, während die tägliche innere Darreichung von 0,03 bis 0,05 Grm. erst in 12—16 Tagen den Tod bewirkt. Subcutane Injection von Sublimat bewirkte stets Diarrhoe und post mortem Hyperämie und hämorrhagische Heerde in der Darmschleimheit; die Experimente enthalten sehr deutliche Spuren Quecksilber, das indessen möglicherweise aus dem verschluckten Speichel herrührt, in welchem Saikowsky so viel Quecksilber fand, dass er dasselbe crystallisch als Jodverbindung darzustellen vermochte. In allen Bauchorganen, besonders aber in Nieren und Leber, fand Saikowsky beträchtliche Gefässerweiterung, namentlich bei Kaninchen, ausserdem beobachtet man bei letzteren noch nach subcut. Injection von 0,02—0,04 Grm. schon nach 18—28 St. eine beträchtliche Ablagerung von Salzen in den gestreckten Harnkanälchen in der Rindensubstanz, welche in 2 Tagen bis zur völligen Ausfüllung zunimmt und sich dem blossen Auge als weisse derbe die betreffende Region der Niere durchziehende Streifen zu erkennen gibt; die Hauptmasse dieser Ablagerungen besteht aus phorphorsaurem Kalk, neben welchem in weit geringerer Menge kohlensaurer Kalk und Spuren von Chlornatrium vorkommen. Bei Hunden findet man statt dieser Ablagerung oft intensive Fettdegeneration des Epithels dieser Harncanälchen, die aber auch unter normalen Verhältnissen vorkommen kann. Beide Processe breiten sich nie gleichmässig, sondern gewissermassen sprungweise aus, so dass immer gesunde Parthieen zwischen kranken liegen. Der Urin wird bei Kaninchen in der Regel blass, durchsichtig, wird in grösseren Mengen abgesondert und enthält mehr oder weniger bedeutende Mengen Zucker. Dieser Diabetes dauert manchmal 4—5 Tage und kommt auch bei Hunden (nach Kletzinsky auch bei mercurialisirten Menschen) vor. Calomel bewirkte zu 5 Gran 2–3 Tage eingespritzt am 4. Tage Tod, und der Leichenbefund war derselbe; Hydrarg. lijodatum Diabetes von 2—4 Tagen Dauer, aber nur unbedeutende Ablagerungen der Kalksalze. — Auf Mäuse wirkt nach Saikowsky

Calomel schon zu $\frac{1}{80}$—$\frac{1}{40}$ Gr. in 2 Stunden paralysirend, während erst $\frac{1}{16}$ Gran Sublimat dieselbe Erscheinung erst frühestens in $1\frac{1}{2}$—2 Tagen bewirkt.

A. Polotschnow (Virch. Arch. XXXI. 1. p. 35. 1864) studirte die Einwirkung von Quecksilberalbuminat auf das Blut und thierische Gewebe, sowie dessen Diffusion. Die Quecksilberalbuminatlösung wurde bereitet durch Zugiessen einer 8—10% Sublimatlösung zu Pferdeblutserum oder Eiweisslösung, bis sich Niederschlag zeigte; die abfiltrirte concentrirte Solution von Quecksilberalbuminat enthält 1 Ccm. 1,4—1—5 Millgm. Sublimat. Die Wirkung auf das Blut wurde geprüft, indem zu je 10 Ccm. Quecksilberalbuminatlösung und zum Vergleiche anderer Blutquantitäten entsprechende Mengen Pferdeblutserum zugesetzt wurden. Die Blutkörperchen des auf die letzte Art behandelten Blutes wurden sehr langsam zerstört und verloren wenig von ihrem Hämatingehalt. Nach Zusatz der gesättigten Quecksilberalbuminatlösung erschieuen die Blutkörperchen länglich und an beiden Enden mit eigenthümlichen Auswüchsen versehen, und nur die wenigsten nahmen später ihre rundliche Form wieder an, meist wurden sie unregelmässig dreieckig, polygonal und gingen schliesslich zu Grunde. Die Zeit dieser Veränderung verhält sich umgekehrt zur Stärke der angewandten Lösungen. Einige Körperchen blieben rund und schienen nur ihren Farbstoff zu verlieren, ehe sie zu Grunde gingen. Nicht gesättigte Lösung übte denselben Einfluss auf die Blutkörperchen. Schütteln und Erhöhung der Temperatur auf 37° beschleunigte die Veränderung (letztere influirte auf Gemische von Blut und Serum nicht). Der Farbstoff ging nach Einwirkung der Quecksilberalbuminatlösung rasch verloren, und zwar um so rascher, je schleuniger die Formveränderung eintrat. Die weissen Körperchen änderten sich weniger schnell und auffallend. Das geschüttelte Gemisch von Blut und Blutserum nahm bei Luftzutritt eine mehr hellrothe Farbe an, jedoch nicht so hell wie geschütteltes reines Blut; Gemische von Blut und Quecksilberalbuminat blieben dunkel und verloren in einigen Tagen die Fähigkeit, Sauerstoff zu absorbiren; Muskelsubstanz wurde in der Quecksilberalbuminatlösung bleich, nach drei Tagen weiss, die Lösung roth, der Muskel hart, zusammengeschrumpft, bei mikroskopischer Untersuchung war Querstreifung deutlich, das interfibrilläre Gewebe verschwunden. Die Fäulniss begann nach 6—7 Tagen. (Im Serum schwoll der Muskel an, die Querstreifung schwand mehr oder minder.) 24 Std. in der Quecksilberalbuminatlösung liegen gelassenes Bindegewebe erschien mikroskopisch in Form wellenartiger Fasern mit sehr deutlichen Conturen, während der folgenden Tage wurden diese bleicher und an ihrer Stelle erschienen deutliche Bindegewebekörperchen. (Bei Liegenlassen von Bindegewebe im Serum zeigten sich letztere nach mehreren Tagen nicht.)

In Bezug auf die Diffusion ergab sich, dass aus der gesättigten Quecksilberalbuminatlösung mehr Eiweiss diffundirte als aus reiner Eiweisslösung, ehe dieses in Fäulniss überging. Die Diffusion des Eiweisses aus letzterer nahm nach Eintritt der Fäulniss bedeutend zu, aus ersterer dagegen blieb sie lange gleich, bis in Folge der Eiweissveränderung auf der Membran sich Quecksilberalbuminatgerinnsel ablagerten. Das Sublimat ging nur bei Anwendung von Druck durch die Membran und konnte unter gewöhnlichen Verhältnissen nicht nachgewiesen werden.

Nach Dr. Gisb. Kirchgässer in Coblenz (Virch. Arch. XXXII. H. 2. p. 145. 1865) ist von wesentlichem Einflusse auf das Zustandekommen des Ptyalismus bei Schmierkuren die örtlich reizende Wirkung der Quecksilberdämpfe, deren Entwicklung durch die feine Vertheilung der eingeriebenen Salbe, durch die Temperatur des Körpers und die von dem Hautorgane beständig ausgeschiedenen Wasserdämpfe sehr gefördert wird. Kirchgässer fand, dass, je günstiger die Umstände einer Aufnahme von Mercurdämpfen per os waren, desto schneller und intensiver Stomatitis mit oder ohne Ptyalismus auftrat. Bei methodischer Vermeidung der Einwirkung der Quecksilberdämpfe auf den Körper (Verschonen der Mund und Nase näher liegenden Hautparthien mit Einreibungen, festes Aufbinden von Leder auf die eingeriebenen Parthien, Ventilation des geräumigen Schlafzimmers, häufiges Wechseln der Wäsche, Spaziergänge im Freien, Ausspülen des Mundes mit Infusum Chamomillae) kam es in 18 Fällen niemals zu Speichelfluss und nur einmal zu einer rasch ohne Adstringentien schwindenden Stomatitis, trotzdem dass bei mehreren Personen dem Auftreten von Ptyalismus günstige Momente (Abnormitäten des Zahnfleisches und der Zähne, Dagewesensein von Speichelfluss bei früheren Curen) vorhanden waren. In allen Fällen wurden die syphilitischen Affectionen wirksam getilgt und die gefährlichen Nervenzufälle, wie sie bei Schmiercuren beobachtet sind, vermisst. Zwei Kaninchen, welche Kirchgässer Quecksilberdämpfen aussetzte, die sich aus grauer Salbe entwickelten, bekamen nach mehreren Tagen Stomatitis, jedoch keinen Speichelflusss; bei dem einen waren die Speicheldrüsen entzündlich geschwollen. Die von Kirchgässer für seine Theorie des Zustandekommens des Ptyalismus durch örtlichen Reiz der Mercurdämpfe ausserdem angeführten Thatsachen: Häufigkeit der Stomatitis bei Spiegelbelegern nach Kussmaul, Ptyalismus nach der in Persien üblichen Quecksilberdampfinhalation, Reizung der Luftwege und Lungen durch Quecksilberdämpfe (Schiff Triumph) machen dieselbe einigermassen plausibel; doch ist im Auge zu behalten, dass durch das Verfahren von Kirchgässer erhebliche Mengen Quecksilbers der Resorption von Mund u. a. Theilen aus entzogen und somit unwirksam gemacht werden. Sicher resultirt Ptyalismus auch aus der Einverleibung von Calomel, Sublimat u. s. w. in Pillenform.

7. Kupfer und seine Verbindungen (S. 898).

[Zusatz zu §§. 644—652. S. 898—907.]

Eine Vergiftung durch verschluckte Kupfermünzen, 5 Monate lang durch Erbrechen grünlich gefärbter Massen, cardialgische Paroxysmen, mit hartnäckiger Obstipation wechselnder Diarrhoe, Kopfschmerz, Schmerzen in den Beinen charakterisirt und noch 2½ Monat nach dem Abgange der Münzen andauernd, wobei nicht im Erbrochenen, wohl aber im Urin Kupfer nachweisbar war, beschreibt Ad. Senfft (Würzb. med. Ztschr. VI. 3 u. 4. 135. 1865).

8. Blei und seine Verbindungen (S. 907).

[Zusatz zu §§. 653—666. S. 907—927.]

Von forensischem Interesse ist ein zu Cöln vorgekommener Giftmordsprocess, wo der Tod von 2 Personen in Folge von essigsaurem Bleioxyd, öfters verabreicht, nach längerem mehrwöchentlichen Kranksein (Störungen der Verdauung u. s. w.) erfolgte und die Analyse Bleioxyd in fast allen Körpertheilen nachwies (vgl. Schniewind in Casper's Vjschr. XXI. 9. 1863). Eine Vergiftung mit Aqua Goulardi, in 24 Std. 1 Schoppen, die zu mässigen primären Erscheinungen, nach einigen Tagen aber zu heftiger Kolik führte, später mit Kohlendunstvergiftung complicirt, findet sich im Zür. Med. Bericht f. 1862. p. 23. — Viel reichhaltiger ist die neuere Literatur über chronische Vergiftungen. Wir erwähnen hier die Arbeiten von E. Lancereaux (Gaz. med. 45. Nov. 1862), der eine Bleikachexie von 23 Jahren Dauer mit 10 j. Paralyse beschreibt, wo sich post mortem vollständige fettige Degeneration der gelähmten

Muskeln und der zu ihnen gehenden Nervenzweige fand, und von Lemaire (Gaz. des hôp. 72. Juill. 14. 1863), welcher einen Fall von Hämorrhagie des Pons nach Eclampsia saturnina publicirt. Ferner sind zu nennen: ein Fall von intensiver Bleiintoxication durch mindestens 8 jährigen Gebrauch bleihaltigen Schnupftabaks mit Gefühls- und Bewegungslähmung der Musculi deltoidei und der Extensoren, mitgetheilt von Prof. Hugo Ziemsen (Greifsw. med. Beitr. II. 2. p. 234. 1864); Fall von Gesichtslähmung nach längerem Gebrauch eines bleihaltigen Cosmeticums von Cousins (Med. Times Sept. 16. 1864); mehrere Fälle von Bleikolik in drei Dörfern des Dep. Marne et Loire, bewirkt durch Bleigehalt von Mehl (bis 5 Gmm. auf 1 Kgm.) nach Journ. de pharmac. 1864; zwei Fälle von Fronmüller sen. (Memorabil. IX. 11. 1864), welche dem Autor zur Empfehlung des indischen Hanfs statt des Opiums Anlass gaben; ein Fall von Bleilähmung durch die Aachener Schwefelbäder geheilt, von Reumont (Berl. klin. Wchsch. 28. 1865); endlich 2 Fälle von Marmisse (Gaz. des hôp. 25. 1866), der eine durch Verbrennen mit Bleiweiss angestrichenen Holzes, der andere durch 11 jähriges Correcturlesen frisch abgezogener Druckbogen, beides Paralysicen. Von untergeordnetem Werthe sind: C. A. Riebau, de intoxicatione saturnina (Berol. 1864), sowie Mittheilungen von Willshire (Lancet, Juli 3. 1864) und Loignon (Journ. méd. de Bord. p. 208. Mai. 1864), bei welchem letzteren ein Fall von Saturnismus bei einem Matrosen, der in einem Raume geschlafen hatte, wo der Fussboden mit Blei belegt war, vielleicht ätiologisches Interesse hat.

In Bezug auf Resorption und Elimination der Bleiverbindungen ist G. Lewald (Abhandl. der schles. Gesellsch. f. vaterl. Cultur. Abth. f. Naturw. H. 3. p. 296. 1861, Cannst. Jahresber. für 1862. V. 117) zu folgenden Sätzen gelangt: Das Blei ist als Albuminatverbindung im Blute enthalten und wird als solche mit dem Harn entleert. Es gelangt nur dann zur Ausscheidung, wenn gleichzeitig Albumin ein Bestandtheil der Nierensecretion ist. Im Urin an Albuminurie Leidender lässt sich das Blei bei einer Dosis von 0,6 Gr. Plumb. aceticum und 280 Ccm. eiweisshaltigen Harns nicht nachweisen; dagegen nach Verbrauch von 1,6 Gr. in 300 Ccm. Harn. Nach dem Verbrauche von 7 Gr. in 6 Tagen erwies sich der Harn noch 84 Stunden, nicht mehr 112 Stunden nach der letzten Dosis bleihaltig. Ganz ähnlich verhielten sich die Zeiten des Auftretens und Verschwindens des Bleis in einem zweiten Versuche. Während der Bleiausscheidung mindert sich die Eiweissausscheidung. Diese Versuchsresultate stehen einigermassen im Widerspruche zu einer Angabe von Oppolzer (Wien. med. Wchschr. Spitalzeitg. 6. p. 41), wonach Colica saturnina auch nach Darreichung von Bleisalzen gegen Morbus Brightii entstehen kann, was, wenn durch die Anwesenheit von Eiweiss im Nierensecret die Bleielimination so sehr gefördert wird, doch höchst auffallend erscheint. Ganz besonders aber dürften ihnen zwei französische Arbeiten neuerer Zeit entgegenstehen, wenn sie auch nicht das Resultat beeinträchtigen, dass mit dem Blei im Urin zugleich Eiweiss abgeschieden wird. Versuche an Thieren, welchen Aug. Ollivier (Arch. gén. 1863, Novbr. Decbr. 530. 709. 1864) Bleiweissstaub durch die Atmosphäre oder mit ihrer Nahrung incorporirte, liessen ihn das Auftreten von Albuminurie und bestimmten charakteristischen Veränderungen der Nieren, in welchen, wie im Harn, beträchtliche Mengen Blei nachweisbar sind, erkennen und führten ihn zum Studium des Urins bei der Bleikolik des Menschen, welchen er bald vorübergehend, bald längere Zeit hindurch eiweisshaltig fand. Ollivier ist der Ansicht, dass durch die Elimination des Bleis durch die Nieren eine Reizung derselben und dadurch Albuminurie resultirte. — E. Lancereaux (L'Union med. 150. Decbr. 15. 1864) publicirt drei Fälle von vorgeschrittener Bleiintoxication mit

Kachexie, in welchen er Albuminurie und post mortem höckrige Beschaffenheit der Nierenoberfläche, Atrophie der Rindensubstanz, Hyperplasie der Bindesubstanz und Destruction der Epithelien gefunden hat. Bei frischen Fällen hat Lancereaux stets vergeblich nach Eiweiss im Harn gesucht und nur in einem einzigen sah er bei fehlender Albuminurie sparsame Urinsecretion in der letzten Lebenszeit und in cadavere beginnende Nierenaffection. Es muss übrigens im Auge behalten werden, dass die letzteren Arbeiten sich auf toxische Verhältnisse beziehen; dass selbst länger fortgesetzte Gaben essigsauren Bleis bis zu 240 Gran im Ganzen zwar die Harnausscheidung etwas beschränken, Harnstoff, Chlornatrium und Schwefelsäure im Urin mindern, aber keine Albuminurie bedingen, geht aus den Studien von F. Mosler und W. Mettenheimer jun. (Arch. f. Heilk. 522. 1863) hervor.

Beiträge zur Statistik der Bleivergiftungen liefert C. H. R. Tietz (Inauguralschrift. Leipzig 1862). Von 1852—1862 wurden in dem Jacobshospital zu Leipzig 142 Bleierkrankungen an 77 Personen, von denen 24 mehrmal, 53 einmal zur Behandlung kamen, beobachtet. 75 Fälle kamen im Sommer, 67 im Winter vor. Sie betrafen 23 Schriftgiesser, 15 Schriftschleifer, 12 Setzer, 17 Coloristen, 2 Kupferstecher, 2 Pergamentarbeiter, je 1 Stellmacher, Rothgiesser, Goldarbeiter, Notenstecher und Tischler, darunter nur 2 in Schriftgiessereien beschäftigte Mädchen. Dem Alter nach waren 17 zwischen 15 und 20 Jahren, 35 zwischen 20 und 30, 17 zwischen 30 und 50 Jahren, 8 über 50 Jahr. Von den verschiedenen Formen des Saturnismus kamen vor: Kolik 122 Fälle (51 reine), Arthralgie 75 F. (7 reine, 56 mit Kolik, 5 mit Lähmung und 7 mit Encephalopathie), Paralyse 19 F. (6 reine, 12 mit Kolik, 10 mit Arthralgie), Encephalopathie 15 F. (3 reine). Bei den Kolikkranken war der Leib 23 mal normal, 16 mal abgeplattet und gespannt, 56 mal eingezogen, 27 mal aufgetrieben; fast immer bestand Obstipation, nur 6 mal normaler Stuhl, 16 mal Diarrhoe. Die Arthralgie erstreckte sich 30 mal auf alle Extremitäten (je 2 mal auch auf Nacken- und Lendenmuskeln), 3 mal auf die obern und 22 mal auf die untern. Der Sitz der Paralyse war 4 mal in allen Extremitäten, 2 mal in der linken obern und untern, 10 mal in den obern (2 in beiden, 4 in den Händen, 1 in der linken, 1 im rechten Vorderarm und in der Hand) und 3 mal in den untern Extremitäten (2 in beiden, 1 in d. r.). Nur in 2 Fällen bildete die Lähmung die erste Bleierkrankung. Sie combinirte sich 12 mal mit Tremor, 19 mal mit Anästhesie (7 der Extremitäten, 12 ausserdem auch der Sinne) und 15 mal mit Muskelatrophie. Von Encephalopathien wurden 2 Delirien, 13 Krampfzufälle (6 epileptiforme, 3 partielle Krämpfe) beobachtet; in einem Falle der epileptischen Form, dem einzigen Todesfalle, wechselten die Anfälle mit Coma. Bei allen an Encephalopathia saturnina Leidenden war die Dauer der Beschäftigung mit Blei mehrere Jahre. — Complicationen des Saturnismus waren 22 mal vorhanden (1 Pneumonie, 1 Pleuritis, 5 Albuminurie, mehrere Male Tuberculose, Gastritis und Alcoholismus).

Statistische Untersuchungen in den Pariser Spitälern ergeben die überwiegende Frequenz der Bleikolik in den Monaten Juli und August (Gaz. des hôp. 127. 1864).

9. Thallium.

Dieses von Lamy neuentdeckte, durch die grüne Linie, welche es im Spectrum gibt, charakterisirte, dem Blei nahestehende Metall ist nach Paulet (Arch. gén. Oct. p. 507. 1863) ein intensiveres Gift als Blei. Kohlensaures Thallium tödtet zu 1 Gm. Kaninchen in wenigen Stunden; schwächere Dosen bedingen Verlangsamung der Respiration und Motilitätsstörungen (allgemeines

Zittern, Aufheben coordinirter Bewegungen) und Tod in einigen Tagen. Bei subcutaner Application können 0,05 Gm. tödtlich werden. Der Tod erfolgt stets asphyktisch. Sehr schwache Gaben kohlens. Thalliums werden ertragen und sollen ähnlich wie Mercursalze wirken; welche Salze Paulet meint, ist nicht angegeben. Auch Grandeau (Robin's Journ. de l'Anat. 1864. 4. p. 378) fand das Thallium giftiger als das Blei, bediente sich aber eines der Löslichkeitsdifferenz wegen ziemlich ungeeigneten Salzes, des schwefelsauren; Thallium sulfuricum tödtete einen Hund zu 1 Gm. vom Magen aus, Plumb. sulfur. bewirkte zu 4½ Grm. nur Erbrechen. Uebrigens hatte schon der Entdecker des fraglichen Metalls in seinem ersten Memoire (Ann. de chim. et de phys. T. 67. Sér. 2. p. 406) dasselbe als stark giftig bezeichnet und ihm die bei seiner Arbeit empfundene Mattigkeit und Schmerzhaftigkeit der Extremitäten zugeschrieben. Nach einer spätern Mittheilung Lamy's (Gaz. des hôp. 1863. 104) erlagen in seinem Laboratorium nicht weniger als 11 Thiere (2 Hühner, 6 Enten, 2 junge Hunde und 1 erwachsene Hündin) der von ihnen zufällig genossenen Gesammtdosis von schwefelsaurem Thallium unter Symptomen von Darmentzündung und Zittern der hinteren Extremitäten mit consecutiver Lähmung. 0,1 Grm. tödtete einen jungen Hund in 40 Stunden. Schwefelsaures und salpetersaures Thallium sind sehr leicht löslich und deshalb wohl bedeutender giftig. Sowol Lamy als Paulet constatirten in den Organen das Thallium auf spectralanalytischem Wege.

10. Zink, Zincum (S. 927).

[Zusatz zu §§. 667—672. S. 927—933.]

Neuere Fälle von Vergiftung mit Burnetts desinfecting fluid, sämmtlich mit tödtlichem Ausgange, der nach 1 Weinglas voll in 1 Stunde 50 Min., nach 1½ Unzen in 3½ Std. und nach ¼ Weinglas in 42 Std. erfolgte, während in einem 4. Falle erst in einigen Wochen Tod eintrat, referiren John Rich. Wardell (Lanc. p. 35. 1864) und Crossing (ibid. p. 267. 1864), welcher letztere auf den Mangel der Verwesungserscheinungen bei der nach 48 Stunden bei starker Hitze vorgenommenen Section aufmerksam macht. Den ersten deutschen Fall von Vergiftung mit Zinkchlorid, günstig verlaufen und durch Albuminurie und sonstige Zeichen von Nierenentzündung, die vielleicht den verabreichten Antidoten ihre Entstehung verdankten, vor anderen ausgezeichnet, beschreibt Ad. Honsell aus Freiburg i. B. (Berl. klin. Wchschr. 18. 19. 1866) im Anschlusse an eine ausführliche Statistik dieser Intoxication.

Das Vorhandensein einer chronischen Zinkvergiftung stützt Melsens (a. a. O.) auf Thierversuche, indem Hunde nach täglicher Darreichung von 1 Grm. Zinkoxyd nach einer Woche starben oder stark erkrankten. Wurde gleichzeitig Jodkalium verabreicht, so blieben die Thiere bis auf einen gewissen Grad der Abmagerung gesund, während sofort Erkrankung eintrat, wenn man dies fortliess. Zinkweiss äusserlich in grosser Quantität applicirt tödtet nach Melsens Hunde früher als Bleiweiss, der Tod erfolgt aber nur, wenn das Lecken nicht gehindert wird und mittelst Jodkalium kann man den Eintritt der Vergiftungserscheinungen verhindern.

11. Chrom (S. 939).

[Zusatz zu §§. 679 und 680. S. 939—942.]

Wenn auch die früheren Thierversuche das neutrale chromsaure Kali als bedeutend schwächer erscheinen lassen wie das Kaliumbichromat, so kann dasselbe doch auch für den Menschen als ein tödtliches Gift sich erweisen. Dies lehrt die Mittheilung von N. Neese in Kiew (Pharmac. Zeitschr. f. Russland. 1862. Nr. 7) über die Vergiftung des Professor Parochow zu Charkow durch einen Esslöffel voll gelben chromsauren Kalis statt Glaubersalz genommen, wonach schon einige Minuten später sich heftiger Durchfall einstellte und nach 12 Stunden der Tod eintrat

Als Gegengift bei Vergiftung mit chromsaurem Kali hat Prof. Robinson in Charkow essigsaures Bleioxyd empfohlen, um durch Wechselzersetzung unlösliches chromsaures Bleioxyd und unschädliches essigsaures Kali zu bilden; hiergegen bemerkt Pelikan, dass dazu sehr erhebliche, die Grenzen der unschädlichen Gaben von Blei weit überschreitende Mengen nothwendig sein würden, dessen Neutralisation durch ein weiteres Gegenmittel (schwefelsaures Natron) nicht statthaft sei, da das gebildete Bleisalz keineswegs völlig in den Säften des Magens unlöslich ist. C. Frederking in Riga (a. a. O. Nr. 11) macht darauf aufmerksam, dass die meisten organischen Substanzen, namentlich die Kohlenhydrate, die Chromsäure in Chromoxyd zersetzen, besonders schnell die Weinsäure, welche er als Gegengift bei Chromsäure-Vergiftungen für sich allein oder mit Zucker vorschlägt. Versuche an Thieren liegen darüber bis jetzt nicht vor.

Die chromsauren Verbindungen gehören übrigens zu denjenigen Giften, deren Nachweis in vielen Fällen durch die chemische Analyse nicht gelingen wird, weil das heftige Erbrechen und Purgiren in der Regel einen grossen Theil des Giftes fortschafft. Da auch der Leichenbefund nicht immer hochgradige Entzündung nachweist, so wird man, wenn nicht das Erbrochene und die Dejection der chemischen Analyse ein positives Resultat liefern, immer nur aus den choleriformen Erscheinungen und äusseren Umständen eine Wahrscheinlichkeitsdiagnose stellen können, wie dies z. B. neuerdings von Dr. Schrader zu Neustadt in Westpreussen (Vierteljhrschr. f. ger. Med. H. I. p. 113. 1866) in einem Falle geschehen ist, wo doppeltchromsaures Kali als Abortivmittel genommen zu sein scheint.

Die grosse Giftigkeit des doppeltchromsauren Kalis vom Unterhautbindegewebe aus habe ich selbst experimentell constatirt; 2—3 Gran vermögen einen jungen Hund in 21 Stunden zu tödten.

Gesundheitsstörungen der Arbeiter in Chromatfabriken sind neuerdings wieder verschiedentlich in Form von Geschwüren und Pusteln der Haut und Geschlechtstheile, Rhinitis mit Perforation des Septum von Delpech (Bulletin de l'Acad. XXIX., p. 289. 1864), von Bronchitiden, Rachengeschwüren von Hillairet (Gaz. med. No. 4. 1864), sowie von Bécourt und Chevallier (Annal. d'hyg. Juill. 1863.) beschrieben worden. Nach Delpech soll die Rhinitis hauptsächlich bei Darstellung des Bichromats auftreten, nach Bécourt und Chevallier durch Tabaksschnupfen gebessert werden. Hautgeschwüre kommen auch bei Thieren in Chromatfabriken vor. In einer Fabrik zu Havre kam Vergiftung (Colik und Diarrhoe) durch Apfelwein vor, in welchen Arbeiter Kaliumbichromat aus Neckerei geschüttet hatten.

12. Bariumverbindungen (S. 944).

[Zusatz zu §§. 683 und 684. S. 944—946.]

Eine neue Theorie der Bariumvergiftung hat Onsum (Virch. Arch. Bd. XXVIII. p. 233 1863) dahin aufgestellt, dass das Wesen derselben in Verstopfung der Lungenarterienzweige, bedingt durch Embolie von Barytsulfat, der sich im Blute durch Umsetzung der resorbirten Barytsalze mit schwefelsauren Salzen bilde, bestehe. Diese ist von M. Cyon (Reichert's Archiv. H. 2. p. 196 1866) auf Grund weiterer Thierversuche als irrthümlich erwiesen worden, indem die Wirkung der Barytsalze durch Injection von schwefelsaurem Natron in das Blut, wodurch die Bildung von Bariumsulfat begünstigt wird, nicht erhöht, sondern abgeschwächt erscheint. Die Wirkung der Barytsalze muss nach Cyon, womit wir übereinstimmen, als eine doppelte betrachtet werden: einmal auf die Centralorgane des Nervensystems, woraus Paralyse der willkürlichen Muskeln (die Reizbarkeit dieser und der peripherischen Nerven bleibt intact) und bedeutende Herabsetzung der Reflexerregbarkeit resultirt, und zweitens auf das Herz, das namentlich durch directe Injection in das Blut gelähmt wird, was Dyspnoe und klonische Krämpfe bedingt.

Die Lähmung der Hände und Füsse ist auch das Hauptsymptom in einem für die Bestimmung der Dosis lethalis des Chlorbariums wichtigen, von C. Wolf (Casper's Wochenschr. Nr. 37. 1850) beschriebenen, durch antidotarische Behandlung glücklich verlaufenen Falle, in welchem Chlorbarium statt Glaubersalz genommen wurde, und zwar in der Dosis von 3 Theelöffeln (mindestens 3 Drachmen). Ob in einem Falle, über welchen ich mich in Schuchardt's Zeitschrift (1866. H. 4. p. 233) gutachtlich geäussert habe, wirklich der Tod durch fünf innerhalb 2 Tagen eingenommene Pulver von 2 Grm. Barium chloratum erfolgte, ist in hohem Grade zweifelhaft.

13. Ammoniumverbindungen (S. 948).

[Zusatz zu §§. 688—692. S. 948—952.]

Die von H. Eulenberg (dessen Monographie) bei seinen Thierversuchen mit Ammoniakgas beobachteten Symptome waren Respirationsstörungen und kurz vor dem Tode eintretende tetanische Krämpfe, nach 13—25 Min. Im Blute wurde freies Ammoniakgas nachgewiesen; frisches Ochsenblut färbt sich damit dunkel- bis schwärzlichroth und bei reichlichem Zusatz verschwinden die Blutkörperchen; bei den vergifteten Thieren ist das Blut dunkelroth und flüssig. Sonst findet sich noch post mortem Trübung der Cornea und starke Hyperämie und Auflockerung der Respirationsschleimhaut, Emphysem und Oedem der Lunge. — Trèves (L'Union med. 37. 1863) beobachtete äusserst heftiges Harnbrennen bei jeder Emissio urinae in Folge öfters wiederholter Waschungen des ganzen Körpers mit verdünntem Ammoniak. — Die Casuistik der Ammoniakvergiftung ist bereichert durch Mittheilungen von Potain (Gaz. des hôp. 18. 1862), einen Selbstmord durch mehr als 100 Gramm käufliches Aetzammoniak betreffend, wobei im Krankheitsverlaufe das Auftreten von rosenrothen Flecken an den Vorderarmen, die sich vergrösserten und nach einigen Tagen die ganze Innenfläche der Arme einnahmen, bemerkenswerth ist, der Tod in 9 Tagen erfolgte und die Section Anämie und Fettreichthum der Leber, Erweichung der Corticalsubstanz der Nieren, granulöse und fettige Massen in den Tubulis und dem Pelv. renalis nachwies, ferner von Bathurst Woodman (Med. Times. Oct. 8. 1864), eine zufällige Vergiftung durch 1 Unze Liq. Ammon. caustici mit günstigem Ausgange, und von K. H. Bold Williams (ibid. Nov. 12. 1864), eine Intoxication durch Verschlucken eines Ammoniakliniments, wobei die innerliche Anwendung des Eises von Nutzen zu sein schien.

14. Kalium- und Natriumverbindungen (S. 952).

[Zusatz zu §. 692. S. 952.]

Neuere Untersuchungen haben ergeben, dass zwischen den Kalium- und Natriumverbindungen in toxikologischer Hinsicht so bedeutende Differenzen existiren, dass eine gesonderte Besprechung beider Classen giftiger Substanzen in Zukunft geboten ist. Schon von älteren Schriftstellern wurden übrigens die Kalisalze für bedeutend stärker wirkend als die Natronsalze angesehen und namentlich hat schon Blake im Jahre 1839 Versuche im Edinb. med. Journ. veröffentlicht, welche die Qualität der Differenz, wie sie sich nach neueren Versuchen darstellt, deutlich hervorheben, indem er angibt, dass Kalisalze und besonders Nitrum den Tod bei Injection in die Venen durch Stillstand des Herzens bewirken. Diese der Vergessenheit anheimgefallenen Beobachtungen fanden ihre Bestätigung zunächst durch Versuche von L. Grandeau, der ausser dem Kalium und Natrium auch das neu entdeckte Metall Rubidium einer experimentellen Prüfung unterzog (Rob. Journ. de l'Anat. et de la Physiol. 4. p. 378. 1864). Er injicirte in die V. jugularis von Kaninchen Lösungen verschiedener Salze der drei genannten Alkalimetalle (ausser Chlorrubidium die Verbindungen der beiden anderen Alkalien mit Chlor, Kohlensäure und Salpetersäure) und fand, dass Natrium- und Rubidiumverbindungen gar keine Störungen bedingen, selbst wenn sie in grosser Dosis in's Blut gebracht werden, während Kaliumverbindungen auch in sehr mässigen Dosen blitzschnell den Tod herbeiführen. Dieser rührt nicht von Asphyxie her, da bei der Section Lungen und Herz normal sind; das Blut fand Grandeau stets flüssig. Rubidium steht chemisch dem Kalium näher als dem Natrium und ist seine Unwirksamkeit deshalb um so auffallender. Hieran reiht sich der Zeit nach eine Arbeit von Traube über den Kalisalpeter (Berl. klin. Wochenschr. 1864. 24). Nach seinen Versuchen steht das Kali nitricum in seiner Wirkung auf das Herz der Digitalis sehr nahe. Injicirt man 5 Gran in die V. jugularis, so erfolgt augenblicklicher Herztod. Nach Injection kleinerer Mengen erscheinen die nämlichen Pulscurven wie bei Digitalis; der Druck steigt unter Abnahme der Pulsfrequenz. Post mortem ist das Herz für galvanische Reize unempfindlich; andere Muskeln bleiben intact. Durchschneidet man die Vagi, nachdem zuvor durch Injection kleiner Dosen Verminderung der Pulsfrequenz bewirkt ist, so steigt die Pulsfrequenz augenblicklich und mit ihr auch der Blutdruck. Durchschneidet man zuerst die Vagi und injicirt dann kleine Mengen Kalisalpeter, so erhält man zuerst Verminderung der Pulsfrequenz mit Steigerung des Drucks, bei späteren Injectionen bleibt erstere aus.

Durch Injection von 1 Cc. Chlorkaliumlösung (1:5) sah A. Podcopaew (Virch. Arch. XXXIII. H. 4. p. 505. 1865) bei Fröschen anfangs Unruhe, dann in circa 8 Min. Lähmung der hintern, später der vordern Extremitäten und vollständige Bewegungslosigkeit, sowie Aufgehobensein der Reflexe eintreten; das Athmen wurde irregulär, die Herzbewegung selten und schwach, nach 18—20 Min. Herzstillstand, bald in der Systole, bald in der Diastole; mechanische Reize bewirkten noch über ½ Stunde lang Herzcontractionen. Nach directer Application weniger Tropfen auf das Herz cessirte dessen Bewegung bald und das Herz erschien stark contrahirt. Die Lähmung der Muskeln erfolgte stets früher als die des Herzens; nach 30—45 Min. konnten die Muskeln durch den Inductionsstrom nicht erregt werden und erschienen bleicher als gewöhnlich. In Parallelversuchen mit Chlornatrium traten ungeachtet doppelt grosser Dosis die Vergiftungserscheinungen später ein; das Herz war stark von Blut ausgedehnt und mechanische Reize riefen nach 2—3 St. Contractionen hervor; Muskelcontractionen wurden 3 Mal so lange durch den Inductionsstrom erregt und Einführung in den Magen bewirkte häufig Erbrechen. — Bringt man eine hintere Extremität eines Frosches in Chlorkaliumlösung (1:4), so entsteht sofort Unruhe, die Haut wird weiss und rauher, in 5 Min. ist die Reflexthätigkeit erloschen, nach 10—27 Min. der Frosch ganz gelähmt und das Herz steht still. Bei Parallelversuchen mit Kochsalz wird der Frosch später, aber längere Zeit unruhig, die Haut bleibt unverändert, die Extremität schwillt etwas an, 5 Min. langer Aufenthalt und selbst noch längerer bewirkt den Tod nicht. Auch bei andern Kalium- und Natriumverbindungen zeigt sich derselbe Unterschied; die kohlensauren Verbindungen wirken schneller, die chlorsauren und salpetersauren bedeutend langsamer als die Chlorüre.

3 Dr. Chlorkalium, in Verlauf von 2 Std. unter die Haut von Hunden gespritzt, setzen die Herzschläge um die Hälfte und die Temperatur um 2° C. herab, am 3. Tage trat Brand der Wunden ein und der Hund blieb lange Zeit schwach. Aehnliche Resultate gab chlorsaures Kali. Chlornatrium setzte die Herzbewegung nicht, die Temperatur nur um 0,6° herab, die Injectionsstellen heilten bald und Verlust der Munterkeit trat nicht ein. Vom Magen aus rufen 4—5 Dr. Kochsalz Erbrechen und Durchfall, dieselbe Quantität Chlorkalium krampfhafte Contractionen des Zwerchfells, starke Spannung der Bauchmuskeln, blutige Stühle, Sinken der Temperatur um 3°, Tod nach 1 Std. ohne Krämpfe hervor; die Section zeigt diffuse Entzündung der Magenschleimhaut; das Herz contrahirt, doch noch ¼ Std. durch Inductionsströme reizbar, Milz fest und contrahirt; während noch alle Körpermuskeln reizbar sind, können in den Gedärmen keine Bewegungen durch electrischen Reiz mehr bewirkt werden. 10—15 Gran Chlorkaliumlösung (1 : 10) in die Vena cruralis rasch gespritzt tödten Hunde augenblicklich; ebenso chlorsaures Kali in grösserer Menge. Bei langsamer Injection (5—10), welche zur Tödtung des Thieres mehr Chlorkalium erfordert, beobachtet man eine rasche Abnahme der Herzschläge, tieferes und seltneres Athmen, Mydriasis, Ptyalismus, Milzverkleinerung, vollständiges Fehlen der Krämpfe, der Tod gibt sich zuerst durch Herzstillstand kund, künstliches Athmen erregt die Herzthätigkeit nicht wieder und Vagus-Durchschneidung verzögert den Todeseintritt nicht; post mortem sind die Herzwandungen bleich und welk, der linke Ventrikel reagirt nach 3—5 Min. nicht mehr auf die stärksten Inductionsströme, während die Muskeln anderer Theile noch vollkommen reizbar sind. Von der Digitaliswirkung unterscheidet sich die Kaliwirkung nach Podcopaew durch den Mangel der Herzbeschleunigung im Anfange der Vergiftung, der Respirationsbeschleunigung kurz vor dem Tode und des Erbrechens, ferner dadurch, dass das Herz nicht stets in der Systole stehen bleibt und nur bei directer Injection in das Blut, nicht von andern Applicationsstellen aus getödtet wird. Spritzt man Chlorkalium oder chlorsaures Kali in die Arteria cruralis, so ergibt sich post mortem der Verlust der Reizbarkeit in den Schenkelmuskeln und dem Herzen nach 10 Min., während die übrigen Körpermuskeln reizbar bleiben. Chlornatrium, zu 150 Gr. in 60 Cc. Wasser in die Vena cruralis (zu 10 Cc. alle 10 Min.) injicirt, bewirkt Unruhe des Thieres nach jeder Injection, Steigen des Pulses von 70 auf 140 mit Rückkehr zur Norm nach 2 — 3 Min., Ptyalismus, Gurren im Magen, sehr kurz dauernde Milzverkleinerung, nicht Tod. Chlornatriuminjection in die Arteria cruralis hebt die Reizbarkeit der Schenkelmuskeln nicht auf.

Bei directer Application tödten alle Kalisalze Muskeln; die Natronsalze regen dagegen die Muskelthätigkeit an und geben den durch Kali reizungsunfähig gewordenen in schwacher Lösung die Reizbarkeit wieder, so lange nicht Muskelstarre eingetreten ist; nach Eintritt letzterer stellen solche nur die frühere Farbe wieder her. Durch beide Alkalien verschwinden die Querstreifen und die Längsstreifen werden deutlicher; Chlorkalium trübt den Inhalt, Chlornatrium macht ihn heller. Kalisalze ermüden die Nerven rascher als Natronsalze. — Nach Injection von Chlornatrium sinkt der mittlere Blutdruck mit der Steigerung der Pulsfrequenz und kehrt bald zur Norm wieder; Chlorkalium bewirkt dauerndes Sinken des Blutdrucks nach vorübergehender Steigerung. Das Blut wird durch Kalisalze viel heller als durch Natronsalze, in 24 Std. werden nach ersteren die Blutkörperchen klein, eckig und zackig, nicht nach Chlornatrium. Die Ozonreaction ist bei Mischungen von Blut und Kalisalzen viel deutlicher als bei Natron- und Blutmischungen. Eine Mischung von 36 Cc. arteriellen Hundebluts mit 18 Cc. Kochsalzlösung (1:5) enthielt 6,82 Cc. Kohlensäure und 3,48 Sauerstoff, eine gleiche Mischung mit Chlorkalium 8,26 Cc. Kohlenstoff und 3,43 Sauerstoff.

Nach Paul Guttmann (Berl. klin. Wchschr. 35. 36. 1865) sind die Kalisalze gleich intensive Gifte; wenige Gran kohlensaures oder salpetersaures Kali in die Venen des Kaninchens injicirt tödten augenblicklich, 1—1½ Gran von der Haut aus in 20 Min. und eine etwas geringere Menge nach mehreren Stunden. Vom Magen aus wirken Kalisalze erst nach mehreren Stunden und in verstärkter Dosis lethal, beim Frosch ungefähr 3 Gr. Sie wirken alle auf das Herz, mindern die Anzahl und schwächen die Energie der Herzcontractionen, in kleinen Dosen setzen sie die Herzthätigkeit nur vorübergehend herab, häufig wiederholte kleine Dosen haben cumulative Wirkungen und tödten; die Summe der einzelnen Gaben braucht nicht grösser zu sein als die einmalige vergiftende. Der Tod wird hervorgerufen durch die rapide sinkende Herzthätigkeit mit ihren Folgeerscheinungen eines verminderten Gaswechsels und epileptiformen durch verminderte Blutzufuhr zum Gehirn erzeugten Convulsionen. Die Verminderung der Pulsfrequenz wird nach kleineren nur vorübergehende Wirkung äussernden Dosen durch die Erregung der Vagi, in grossen zum Herzstillstand führenden Dosen durch die Lähmung der musculomotorischen Apparate im Herzen bedingt. Es bleibt unentschieden, ob der Herzmuskel direct oder nur seine Nervencentra alterirt werden. Steht das Herz einmal still, so contrahirt es sich auch auf electrischen Reiz nicht mehr. Bei vergiftenden Dosen sinkt die Temperatur beträchtlich, bei kleinen Dosen nur wenig; die Wirkung auf die Temperatur überdauert aber die auf das Herz. Die Kalisalze wirken intensiv schwächend auf die Nervencentra, aber evident nur bei den Kaltblutern. Sie wirken schwach auf die Muskeln, gar nicht auf die peripherischen Nerven, äusserst deletär aber, selbst in ganz verdünnten Lösungen, auf beide Gewebe ausserhalb des Körpers. Blutkörperchen und Herzmusculatur sind nach Kalivergiftung mikroskopisch nicht verändert. Die Natronsalze sind in derselben Dosis wie die Kalisalze unter die Haut oder in die Venen injicirt ganz indifferent, in 2—3 Mal stärkeren haben sie eine vorübergehende Hinfälligkeit, in noch grössern (zu 4—5 Grm.) den Tod zur Folge. Letzterer tritt unter ganz andern Erscheinungen wie bei Kalisalzen ein; das ausgesprochenste Symptom ist Mattigkeit, Dyspnoe fehlt und Convulsionen finden sich nur beim Chlornatrium. Selbst in grossen Dosen haben die Natronsalze, auch nicht Natron nitricum, keine Wirkung auf das Herz, sie setzen weder die Frequenz noch die Energie der Herzcontractionen herab. Die Temperatur vermindern sie nicht. Es fehlt ihnen ferner jede Wirkung auf Muskeln und peripherische Nerven; ausserhalb des Körpers behalten Muskeln und Nerven ihre Erregbarkeit in verdünnten Lösungen eben so lange als in feuchter Luft einer mittleren Temperatur; in concentrirten Lösungen nimmt die Erregbarkeit beider Gewebe ab, jedoch langsamer als in Kalilösungen desselben Procentgehaltes. Chlornatrium und in schwächerem Grade auch Natron nitricum und carbonicum bewirken bei Fröschen Kataract, Chlorkalium und Chlorcalcium aber nur bei directer Berührung mit dem Auge ausserhalb des Körpers, nicht bei Injection.

In einer weiteren Arbeit (Virch. Arch. XXXV. 3. 450. 1866) theilt Guttmann die Resultate neuerer von ihm zur Prüfung der zwischen seinen und Podcopaew's Untersuchungen sich ergebenden Differenzen unternommener Experimente mit. In Bezug auf die Wirkung der Kalisalze auf die Musculatur von Kaltblutern fand Guttmann, dass die Muskelreizbarkeit bei Fröschen, die mit $\frac{1}{10}$ Grm. Chlorkalium vergiftet wurden, nach 24—48 Std., bei noch grösseren Dosen 6—7 Std. sich erhielt und dass dieselbe nach Unterbindung von Arterie und Vene einer Extremität in dieser nur kurze Zeit länger dauert und nicht sehr erheblich stärker ist als in der andern. Da die Muskeln sowol auf directen als auf Nervenreiz antworten, so ist die Lähmung auf Schwächung der Nervencentra zurückzuführen. Hinsichtlich der Wirkung auf die Säugethiere hebt Guttmann hervor, dass er niemals kurz andauernde Convulsionen, sowie Dyspnoe vermisste, welche letztere am reinsten zu beobachten ist, wenn man nach vorheriger Tracheotomie durch künstliche Respiration so viel atmosphärische Luft dem Thiere zuführt, dass es ganz apnoisch ist und in diesem Zustande das Kalisalz injicirt, wo dann mit dem Sinken der Herzthätigkeit trotz fortdauernder Luftzufuhr selbstständige Athembewegungen eintreten. Natronsalze wirken nach Guttmann durchaus nicht herabsetzend auf die Temperatur. Die Wirkung der Kalisalze auf das Herz glaubt Guttmann nicht als Theilerscheinung der allgemeinen Lähmung, sondern als eine specifische bezeichnen zu müssen, da ersteres viel energischer als die übrigen Muskeln afficirt wird, welche letztern bei warmblutigen Thieren sich überhaupt nicht betroffen zeigen. Widerlegt wird Podcopaew's Behauptung, dass die Wirkung der Kalisalze auf das Herz nur nach Injection in's Blut hervortritt, indem Guttmann sowol bei Fröschen als bei Warmblütern vom Magen aus wie nach subcutaner Injection die Kalisalze rapide Herzverlangsamung und die darauf zurückführenden Symptome, Convulsionen und dyspnoetische Respiration, bedingen sah. Bei Blosslegung des Herzens zeigt sich letzteres stets früher afficirt als die Muskeln, und bei Fröschen treten die Lähmungserscheinungen gar nicht ein, wenn man das Herz durch grosse Kalidosen rasch zum Stillstand bringt. Die Querstreifung der Muskeln verschwindet weder durch Chlorkalium noch durch Chlornatrium und beide Salze wirken in gleicher Weise auf Blut und Flimmerbewegung ein.

Salpetersaure Alkalisalze (S. 958).

[Zusatz zu §. 697. S. 958 u. 959.]

Ein lethaler Fall von Vergiftung mit Kalisalpeter, als Purgirmittel genommen (30 Grm. auf 2mal in Thee genommen, Tod $\frac{3}{4}$ Stunde nach der zweiten Gabe nach heftigen Magenschmerzen und Erbrechen; die Section wies starke Entzündung des Magens mit Blutaustritt nach), gab in Paris zu gerichtlichen Verhandlungen Anlass, in welchen Chevallier, de Luynes und Devergie als Experten fungirten (Ann. d'hyg. 2. sér. XVI, 400. 1861), in deren Gutachten auch noch ein weiterer Fall lethaler Intoxication durch dieselbe Dosis von 12stündiger Dauer erwähnt wird.

Nachträge.

[Einige wichtigere Arbeiten, welche erst während des Druckes des vorliegenden Supplements zur Kenntniss des Verfassers gelangten, mögen hier am Schlusse noch zusammengestellt werden.]

1. Physiologischer Nachweis der Vergiftung (S. 17 des Supplements).

Das physiologische Experiment ist in dem S. 149 erwähnten Pritchard'schen Vergiftungsprocesse von Penny und Adams noch in einer anderen Weise angewendet, die wir hier erwähnen müssen. Es handelte sich dabei um die Frage, ob eine im Besitze Pritchard's befindliche Opiumtinctur fremde Bestandtheile, insbesondere Aconit, enthalten habe, was auf chemischem Wege nicht festzustellen war. Hier lag die Aufgabe einfach vor, die betreffende Substanz mit der aus andern Quellen bezogenen durch Thierversuche zu vergleichen, und als sich hier eine erhebliche Differenz ergab, letztere mit Aconittinctur gemischt zu comparativen Experimenten zu verwenden, wobei sich dann die nämlichen Erscheinungen wie bei der Pritchard'schen Tinctur zeigten. Vgl. die in No. 1 der krit. Blätter (1867) besprochene Brochüre über diesen Gegenstand (Glasgow 1866). Wir müssen aber selbst hier hervorheben, dass es sich nur um Wahrscheinlichkeit handelt, da auch andere Substanzen dem Aconit analog wirken und dass die betreffenden Versuche in Wahrheit nur beweisen, dass Pritchard's Opiumtinctur eine Beimischung eines nach Art des Aconits wirkenden Giftstoffes enthielt.

S. 17 Z. 25 von oben ist vor „neu" das Wort „völlig" ausgelassen worden.

2. Chemische Ermittlung der in gerichtlich-medicinischer Hinsicht wichtigsten Gifte (S. 20 des Supplements).

Das Verfahren von Uslar und Erdmann zur Abscheidung der Alkaloide ist von Dragendorff dahin abgeändert worden, dass statt des Amylalkohols Benzin verwendet wird, von welchem z. B. Strychnin (vgl. S. 60 des Supplements) viel leichter als vom Amylalkohol gelöst wird. Das Benzin muss rein, von Kohlenwasserstoffen mit höherem Siedepunkte frei sein, bei + 81 C. sieden, aus Steinkohlentheer, nicht aus Erdöl bereitet sein, auf einem Uhrgläschen verdampft keinen festen Rückstand geben und eine bedeutende Menge Asphalt auflösen können. Die ersten sauren wässrigen Auszüge bei dem in Rede stehenden Verfahren sollen vor der Neutralisation mit Benzin mehrmals geschüttelt werden, um die das Alkaloid begleitenden fremden Stoffe davon zu trennen, wodurch man dann später ein ganz farbloses Alkaloidextract erhält. Dragendorff's Versuche beziehen sich auf Veratrin, Atropin, Aconitin, Chinin, Cinchonin, Chinidin, Codeïn, Narkotin, Theeain, Papaverin, Coniin und Nicotin. Bei Atropin und Cinchonin muss die Extraction des Alkaloides und die Abscheidung der beiden Flüssigkeiten aus der alkalisch gemachten wässrigen Flüssigkeit bei 50 bis 60^0 vorgenommen werden; aus der kalten Lösung krystallisirt das Cinchonin fast vollständig aus. Bei Coniin und Nicotin zieht Dragendorff bei der zweiten Ueberführung dem Benzin Aether vor, weil weniger Alkaloid dadurch verloren geht. Nicht abgeschieden werden nach Dragendorff's Versuchen Coffeïn, Theobromin, Piperin, Cubebin, Colchicin, Curarin, Narceïn, Berberin, Morphin und Solanin. Coffeïn, Colchicin und Piperin gehen schon aus der sauren wässrigen Lösung in Benzin über. Theobromin ist in Benzin fast unlöslich, wird der sauren Flüssigkeit bei mehrmaliger Extraction durch Amylalkohol fast vollständig entzogen. Für die Abscheidung dieses Stoffes, sowie des Morphiums — für welches allein (nicht für die andern Alkaloide) der Methode von Uslar-Erdmann ein beschränkter Werth zukommt — ist also Dragendorff's Verfahren unbrauchbar (Neues Rep. f. Pharmacie. XV. Dec. S. 493. 503. 1866).

3. Canthariden (S. 25 des Supplements).

Durch verschiedene unter der Leitung von Professor Dragendorff in Dorpat unternommene Arbeiten, von denen die von Bluhme bereits S. 95 erwähnt wurde, ist unsere Kenntniss über das Cantharidin nicht unerheblich erweitert worden. Eine Arbeit von Rudolf Friedrich Radecki (Die Cantharidinvergiftung. Dorpat 1866) glauben wir hier nachträglich hervorheben zu müssen, weil sie zum ersten Male den Beweis liefert, dass der Nachweis des resorbirten Cantharidins im Organismus bei Cantharidinvergiftungen möglich sei. Radecki bediente sich bei seinen Versuchen der Methode von Bluhme, zunächst der Behandlung mit einer starken Säure (Schwefelsäure), dann Extraction des Cantharidins mit Chloroform, welche ihm indessen nur beim Harn genügende Erfolge lieferte, während er bei dem Blute und bei den eiweissreichen parenchymatösen Organen erst zuvoriges Zerstören der Albuminate durch Kochen mit Aetzkali nothwendig fand. Es besitzt übrigens dieses modificirte Verfahren von Bluhme-Dragendorff entschiedene Vorzüge vor dem in unserem Handbuche S. 270 angegebenen. Auf diese Weise wies Radecki im Blute, im Harn, in den parenchymatösen Organen und in den Muskeln das Cantharidin nach. Unter den parenchymatösen Organen sind es besonders Leber und Nieren, welche am meisten Cantharidin aufnehmen, auch scheinen die Muskeln verhältnissmässig viel Cantharidin aufzunehmen. Als wesentliches und sogar allein anwendbares Reagens auf Cantharidin erkennt Radecki die physiologische Wirkung auf die Haut des Menschen an, welche sich nach den Versuchen von Bluhme schon nach 0,00014 Gramm in Gestalt einer Blase zu erkennen gibt. Auch in anderen Punkten ist die Arbeit von Radecki nicht unwichtig. So constatirte derselbe experimentell die Immunität des Igels gegen Cantharidin und fand ausserdem die gleiche Erscheinung bei Hühnern, mochte ihnen das Gift durch den Magen, das Unterhautzellgewebe oder in eine Vene beigebracht sein. Auch bei Fröschen erhielt Radecki negative Resultate. In Bezug auf die Symptomatologie hebt Radecki besonders die Beschleunigung der Respirationsfrequenz hervor, die sich nach seinen Versuchen vorzüglich ausgeprägt bei Katzen, und zwar mehr nach Beibringung von reinem Cantharidin, als nach Vergiftung mit gepulverten Canthariden, minder bei Hunden, Tauben u. s. w. zu erkennen gab und welche um so bedeutender war, je früher der Tod eintrat. Diese Beschleunigung fehlte in keinem Falle, wo Krämpfe eintraten; ferner constatirte Radecki, dass auch nach Aufhören der Respiration bei geschlossenem Thorax das Herz seine Thätigkeit eine Zeitlang fortsetzte. Im Gegensatze zu den Angaben von Dumeril, Demarquay und Lecointe, welche die Temperatur nach Canthariden in jeder Dosis erhöht gefunden haben wollen, beobachtete Radecki stets ein Sinken der Temperatur bei toxischen Gaben. Die Einwirkung auf das Nervensystem bezeichnet Radecky als eine secundäre, durch verminderten Sauerstoffgehalt des

Blutes bedingt, ebenso den Tod. In Bezug auf die Ausscheidung des Cantharidins gibt er an, dass ein Theil des resorbirten Cantharidins im Darme ausgeschieden werde, der grösste Theil durch die Nieren, so dass schon 1—1½ Stunden nach der Intoxiation bei Katzen sich findet. Radecki untersuchte auch den flüchtigen Stoff in den Canthariden und fand, dass dessen physiologische Wirkung — von der Vesication abgesehen — der des Cantharidins gleich sei.

4. Venenum putredinis (S. 35 des Supplements).

Die Theorie Panum's, es existire ein bestimmtes Fäulnissgift, das nach Art eines Ferments wirke, aus Eiweisskörpern sich bilde, nicht flüchtig, in Wasser löslich, in Alkohol unlöslich sei, der Siedehitze widerstehe und in sehr kleinen Dosen toxisch wirke, findet eine Stütze in einer Arbeit von Hammer (Experimentelle Studien über die Wirkung faulender Stoffe u. s. w. München 1866), der Panum's betreffende Versuche wiederholte und das alkoholische Extract faulender Flüssigkeiten ganz unwirksam, das wässrige die Wirksamkeit der putriden Flüssigkeit bedingend fand. Wenn im Gegensatze hierzu ein anderer Autor über den Gegenstand, Schweninger, in einer besonderen Schrift (München 1866), gestützt auf den Umstand, dass die nämlichen Erscheinungen durch Fäulnissproducte aus dem verschiedensten Material und aus den verschiedensten Zeiträumen der Fäulniss desselben Stoffes hervorgerufen werden, die Ansicht ausspricht, es handle sich um verschiedene Substanzen: so mag dafür allerdings Manches sprechen; sicher aber ist, dass von den bisher untersuchten bekannten fixen und flüchtigen Fäulnissproducten (Leucin, Tyrosin, Buttersäure, Schwefelammonium u. s. w.) nach Versuchen von Panum (vgl. Biblioth. for laeger VIII. 2. 283. 285. 1856; Schmidt's Jahrb. 1859. H. 2. p. 213) und O. Weber (D. Klin. 45—51. 1864. 2—8. 1865) keines die Erscheinungen bedingt, und auch die Schweninger'schen Versuche erweisen, dass es sich höchst wahrscheinlich um einen Stoff von bestimmten chemischen Eigenschaften, wie sie Panum angab, handelt, nicht etwa aber um Vibrionen, die Hammer in seinem Versuchsmaterial geradezu ausschliesst.

5. Veratrum (S. 41 des Supplements).

P. Guttmann (Reichert's Arch. H. 4 p. 495) bestätigt im Wesentlichen die Angaben von Kölliker über die Wirkung des Veratrins als Muskelgift, nur fand er abweichend von Kölliker, dass in directem Contacte mit sehr verdünnten Veratrinlösungen die Reizbarkeit der Nerven ebenso rasch vernichtet wurde, wie die der Muskeln. Bei kleinen Dosen, z. B. nach 1—2 Tropfen einer 10 % Lösung bei Tauben, resultiren bei Warmblütern nur Lähmungserscheinungen, keine Convulsionen; Restitution ist auch bei kleinen Dosen eine auffallend langsame. Die lähmende Wirkung auf das Herz ist eine verhältnissmässig geringere; rascher Herzstillstand erfolgt selbst durch grosse Dosen nicht; überhaupt bleibt es unentschieden, ob der Tod durch Stillstand des Herzens oder asphyktisch durch Lähmung der Respirationsmuskeln erfolgt, da er auch rein dyspnoëtisch erfolgen kann. Die Herabsetzung der Thätigkeit der Vorhöfe und des Ventrikels ist eine rhythmische.

6. Schwefelkolenstoff (S. 105 des Supplements).

Einen sehr interessanten Fall von Lähmung in Folge von Schwefelkohlenstoffvergiftung bei einem Arbeiter in einer Oelfabrik, wo der Rübsamen mit CS ausgezogen wurde, durch den constanten Strom geheilt, beschreibt Flies (Berl. klin. Wchschr. 32. 1866).

7. Chloroform (S. 105 des Supplements.)

Wir nennen zur Chloroformcasuistik noch die Fälle von Board (Brit. med. journ. Mai 26. 1866), Gillespie (Edinb. med. journ. March 1866), einen Fall aus Bristol (Med. Times Nov. 560. 1866) und die beiden Fälle von Hüter (Berl. klin. Wchschr. 49. 1865. 30. 1866), von welchen der zuletzt beobachtete sehr wichtig dadurch erscheint, dass das Chloroform mit höher gechlorten Verbindungen gemengt war, indem es einen starken Geruch nach Chlorkohlenstoff und Phosgenorgas zeigte und nicht den richtigen Siedepunkt hatte. Auf Verunreinigungen mit Salzsäure, Alkohol und Elaylchlorür, welche in chemisch reiner Chloroform durch die Einwirkung zerstreuten Tageslichtes sich bilden soll, als Ursache schlechter Narkosen weist auch Bartscher (Berl. klin. Wchschr. 33. 1866) hin, welcher die Angabe v. Hasselts, dass chemisch reines Chloroform intensiver als solches verunreinigte wirkte, nicht bestätigt fand. Interressant ist es auch, dass nach den Untersuchungen von Nothnagel (Berl. klin. Wchschr. 4. 1866) bei Intoxicationen mit Aether und Chloroform bei Thieren Fettdegeneration der Leber und insbesondere des Herzens, ausserdem auch Gallenpigment im Harn auftritt.

8. Nitroglycerin (S. 112 des Supplements).

In Bezug auf dieses Gift hatte ich in allerneuester Zeit Gelegenheit, ein Superarbitrium über einen Fall von absichtlicher Nitroglycerinvergiftung, in welchem übrigens nur leichte Erscheinungen, wie Brennen im Halse, Würgen und ein über 48 Stunden anhaltender Kopfschmerz eintraten, da der Vergiftete nur wenig von seinem mit Nitroglycerin versetzten Schnaps genommen hatte, abzugeben. Eine neuere Arbeit von A. Werber enthält für die auch schon von Onsum aufgestellte Vermuthung, dass das Glonoin auch von der unverletzten Haut aus toxisch wirken könne, die experimentelle Begründung, indem sowol bei Fröschen, als auch beim Verfasser selbst bei epidermatischer Anwendung toxische Erscheinungen eintraten; so bei Werber nach Einreibung eines Tropfens 10stündiger Kopfschmerz. Bringt man das Nitroglycerin in eine zur Resorption sich besonders eignende Form, z. B. durch Emulgiren in Gummischleim, so kann man schon durch $\frac{1}{36}$ Gran Tetanus bei Fröschen erzeugen und durch $\frac{1}{10}$ Gran sicheren Tod bewirken, sowie durch 1—2 Tropfen in anderthalb Minuten Tod von Kaninchen veranlassen. Weiter constatirte Werber, dass die Applicationsstellen einen besonderen Einfluss auf die Wirkung des Giftes nicht ausüben und dass keine Gewöhnung, sondern eher eine cumulative Wirkung stattfindet. Werber leugnet die Einwirkung auf die sensiblen Nerven und erklärt auf Grundlage physiologischer Versuche die nach dem Tetanus eintretende Lähmung der motorischen Nerven und Muskeln für eine durch Ueberreizung bedingte. Endlich constatirte Werber, dass das Gift auf Vögel viel weniger intensiv wirke und dass man im Stande sei, durch das Blut der damit vergifteten Thiere Frösche in Tetanus zu versetzen (Deutsche Klin. 49. 1866). Es ist übrigens bisher bei den Streitfragen über das Nitroglycerin niemals in's Auge gefasst, dass bei der Einwirkung von Salpetersäure auf Glycerin drei verschiedene Nitroverbindungen entstehen können und dass die Resultate der Analysen von Williamson und de Vry das wirkliche Vorhandensein eines Trinitroglycerins und eines Dinitroglycerins zu erweisen scheinen, Körper, welche vielleicht toxische Eigenschaften in verschiedener Stärke besitzen.

Gesammtregister.

(Dieses Register umfasst das Handbuch der Toxikologie und den Supplementband. Den auf letzteren bezüglichen Zahlen ist ein S. vorgesetzt.)

Druck von W. Pormetter in Berlin.

FSC
www.fsc.org
MIX
Papier | Fördert gute Waldnutzung
FSC® C083411

Kolibri 360 GmbH
Ferdinand-Jühlke-Straße 7
99095 Erfurt, Deutschland
produktsicherheit@kolibri360.de

METHODOLOGY & TECHNIQUES OF SOCIAL RESEARCH

P.L. BHANDARKAR
M.A., Ph.D., L.L.M.
Former Professor,
Post-Graduate Department of Sociology,
Ex. Vice Chancellor,
Nagpur University,
Nagpur.

T.S. WILKINSON
M.A., Ph.D.
Former Principal & Head (Retd.),
Department of Sociology,
Hislop College,
Nagpur.

Statistical Methods in colloaboration with

DR. D.K. LALDAS
Principal, I.C.S.W.,
College of Social Work,
Hyderabad, A.P.

Himalaya Publishing House
ISO 9001:2015 CERTIFIED

Edition	:	**1977, 1979, 1982, 1984, 1987, 1988, 1990, 1991, 1992, 1993, 1994, 1995, 1996, 1997, 1998, 1999, 2000, 2002, 2004, 2005, 2007**
Twenty Third Revised Edition	:	**2009**
Twenty Fourth Edition	:	**2013**
Reprint	:	**2015, 2017, 2020, 2022, 2024**
Reprint	:	**2025**
Reprint	:	**2026**

Published by	:	Mrs. Meena Pandey for **HIMALAYA PUBLISHING HOUSE PVT. LTD.,** Vishal Industrial Estate, 1st Floor, Office No. 63/64, Bhandup Village Road, Subhash Nagar (Opp. CEAT Tyres), Nahur (W), Mumbai - 400 078. **Phone:** 022-35131464/65/66/67 **E-mail:** himpub@bharatmail.co.in; **Website:** www.himpub.com
Branch Offices	:	
New Delhi	:	Pooja Apartments, 4-B, Murari Lal Street, Ansari Road, Darya Ganj, New Delhi - 110 002. Phone: 011-23270392, 23278631; Fax: 011-23256286
Nagpur	:	Kundanlal Chandak Industrial Estate, Ghat Road, Nagpur - 440 018. Mobile: 09325409992, 09325908881
Bengaluru	:	Plot No. 91-33, 2nd Main Road, Seshadripuram, Behind Nataraja Theatre, Bengaluru - 560 020. Phone: 08041138821; Mobile: 09379847017, 09379847005
Hyderabad	:	No. 3-4-184, Lingampally, Besides Raghavendra Swamy Matham, Kachiguda, Hyderabad - 500 027. Phone: 040-27560041, 27550139
Chennai	:	No. 34/44, Motilal Street, T. Nagar, Chennai - 600 017. Mobile: 09380460419
Pune	:	First Floor, Laksha Apartment, No. 527, Mehunpura, Shaniwarpeth (Near Prabhat Theatre), Pune - 411 030. Phone: 020-24496323, 24496333; Mobile: 09370579333
Cuttack	:	Plot No 5F-755/4, Sector-9, CDA Markat Nagar, Cuttack - 753 014, Odisha. Mobile: 09338746007
Kolkata	:	3, S.M. Bose Road, Near Gate No. 5, Agarpara Railway Station, North 24 Parganas, West Bengal - 700109. Mobile: 09674536325
Printed at	:	Trinity Academy, Delhi. On behalf of HPH.